ESSENTIALS OF INTELLIGENCE

なぜ、インテリジェンスは必要なのか

小林良樹 Yoshiki Kobayashi

慶應義塾大学出版会

はしがき

この本は、一般の方々を含め多くの方々に国家のインテリジェンス機能に関する理解を少しでも深めて頂くことを目的として書かれたものです。詳しくは本文で論じますが、本書では、インテリジェンスのことを「国家安全保障に関する政策決定を支援する政府内のシステム」等と位置付けています。したがって、本書の内容の多くは、行政組織論や意思決定論等に近いものであり、必ずしも「スパイ事件のエピソード集」ではありません。

本書の特徴の第1は、「インテリジェンスに関する学術理論の全体像を俯瞰すること」です。米国を始め欧米諸国においては、国家のインテリジェンス機能に関する学術研究が国際政治学、安全保障学等の一部として根付いており、これまでに多くの研究成果が発表、蓄積されています。他方、日本においては、こうした分野に対する一般的な認知は必ずしも高くないと考えられます。こうしたことから、本書は、インテリジェンスに関する学術理論の全体像を可能な限り分かりやすく紹介することを目指しています。

特徴の第2は、「実践的な問題を学術理論の全体像と関連付けて理解すること」です。第1部（第1～5章）は基礎編として、インテリジェンスの定義や機能、理論体系の全体像、インテリジェンスの生産のプロセス等の基礎的なテーマを扱っています。第2部（第6章以降）は実践論として、日米のインテリジェンス・コミュニティの仕組み、収集、分析、カウンターインテリジェンス、秘密工作活動、民主的統制等のより実践的なテーマを扱っています。その際、個別具体的な論点を検討するに当たっては、「インテリジェンスの基本的な定義と機能に遡って考えること」や「（視野狭窄に陥ることなく）インテリジェンスの理論体系の全体像を踏まえて考えること」を強調しています。

余談になりますが、筆者がインテリジェンス研究に興味を持つようになったきっかけは、２００４年から約3年間、米国のワシントンＤＣに滞在した際の経験です。当時は、２００１年の９１１事件等の教訓を踏まえ、米国のインテリジェンス機能に大きな改革が進行している時期でした。新たなシステムが創造されていく過程において、政治のリーダーシップ、実務家の経験、研究者の学術知識、一般市民の思い等が融合されていく様子は非常に刺激的でした。とりわけ、学術的な知見の蓄積が豊富であることや、一般市民レベルでも一定の知識・見識（リテラシー）が根付いていることは、筆者にとって非常に新鮮に映りました。本書が出来ることは些細なことでしかないと思いますが、本書を通じて一人でも多くの方がインテリジェンスに関するリテラシーを高めて頂けると幸いです。

本書は以上のような趣旨に基づき執筆されています。正確性や緻密さよりも、全体像の把握のし易さ、理解のし易さ等にポイントが置かれています。事実誤認、説明不十分等の点があるとすればそれは専ら筆者自身の不勉強によるものです。また、本書の中に示されている意見等は筆者の個人的な見解です。筆者の所属する（あるいは過去に所属した）組織の見解とは無関係であることを予めお断りしておきます。

本書は、筆者の過去の著作である『インテリジェンスの基礎理論』（立花書房、２０１１年（初版）、２０１４年（第2版））がベースとなっています。前書と重複する内容も一部に含まれていますが、前書の出版以降の新たな状況（国家安全保障会議や国会の情報監視審査会の創設等）等も踏まえ、新しい書籍として書き下ろしたものです。前書の出版元である立花書房には、こうした形での再出発をご快諾頂きました。この場をお借りして深く感謝を申し上げます。

２０２１年6月

小林良樹

目次

はしがき i ／凡 例 viii

第1章 なぜインテリジェンスを知る必要があるのか 1
1 そもそも「インテリジェンス理論」とは何か 2
2 外交、安全保障等の実務家にとっての意義 4
3 実務家以外の人々にとっての意義 8
Column 米国の大学等におけるインテリジェンス研究、教育 12

第2章 インテリジェンスとは何か――定義はない!? 15
1 本書におけるインテリジェンスの定義 16
2 インテリジェンスの機能 18
3 インテリジェンス部門と政策判断者はどのような責任を負うのか 27
4 インテリジェンスの定義をめぐる議論 32
Column 「判断を支援する」と「判断を容易にする」は同義か 39／Column インテリジェンスの失敗 41

第3章 インテリジェンス理論に体系はあるのか 43
1 インテリジェンス理論の体系――4つの基本理念 44
2 基本理念1――客観性の維持 47
3 基本理念2――政策部門からのリクワイアメント（要求）優先 52

4　基本理念3――秘匿性の確保　54
5　基本理念4――民主的統制の実施　57
6　新たな理念　59
7　理論上の課題　61
Column インテリジェンス部門の情勢評価と大統領の政策の矛盾？　65

第4章　インテリジェンスの定義、機能に関連する様々な問題　67
1　インテリジェンス、インフォメーション、情報はそれぞれ異なるものなのか　68
2　同盟国、友好国等を対象としたインテリジェンス活動もあり得るのか　71
3　インテリジェンスは特定の時代のみに重要なものなのか　72
4　「対外インテリジェンス」と「国内インテリジェンス」は本質的に異なるものなのか　74
5　捜査機関とインテリジェンス機関は別個であるべきなのか　76
Column 「短期的インテリジェンス」と「中長期的インテリジェンス」　81

第5章　インテリジェンス・プロセス　83
1　インテリジェンス・プロセスとインテリジェンス・サイクル　84
2　インテリジェンス・プロセスの各段階　86
3　インテリジェンス・プロセス概念への批判と有用性　98
Column 包括的なリクワイアメントの付与――ジョージ・W・ブッシュ大統領の例　102

第6章　インテリジェンス・コミュニティ（1）――意義・日本の組織　103

1 インテリジェンス・コミュニティとは何か 104
2 日本のインテリジェンス・コミュニティ 108
3 日本におけるインテリジェンス機能の強化に向けた取組 124
4 インテリジェンス理論とインテリジェンス・コミュニティの概念 131

第7章 インテリジェンス・コミュニティ(2)——米国の組織 135

1 コミュニティの概要 136
2 取りまとめ機関——国家情報長官、国家情報長官室 146
3 政策部門とインテリジェンス部門の結節点 149
4 米国のインテリジェンス・コミュニティの特徴 151
5 米国のICに影響を与えた主な歴史的出来事 155
6 インテリジェンス理論と米国のインテリジェンス・コミュニティ 163
Column 国家情報長官の主な人事・予算権限 165

第8章 インフォメーションの収集 167

1 情報収集の様々な手法 168
2 オシント(OSINT) 172
3 ヒューミント(HUMINT) 174
4 シギント(SIGINT) 183
5 ジオイント(GEOINT) 188
6 各「イント」に共通の問題 192
7 インテリジェンス理論と収集作業 196

Column ファイブ・アイズ 198／Column 映画、ドラマに見る情報収集の手法 199

第9章 インフォメーションの分析 203
1 「優れたインテリジェンス・プロダクト」とは何か 204
2 分析をめぐる諸問題 213
3 インテリジェンス理論と分析作業 219
Column 分析手法の基礎 221／Column 「麦とモミ殻」 223

第10章 カウンターインテリジェンス――その他のインテリジェンス機能① 225
1 カウンターインテリジェンスの定義と理論体系上の位置付け 226
2 カウンターインテリジェンスの担当機関 229
3 カウンターインテリジェンスの対象 230
4 カウンターインテリジェンスの機能と施策 233
5 カウンターインテリジェンスの直面する課題 239
6 日本におけるカウンターインテリジェンス関連の諸制度の整備の経緯 242
7 インテリジェンス理論とカウンターインテリジェンス 245
Column エイムズ事件 247／Column ハンセン事件 248／Column 映画、ドラマに見るカウンターインテリジェンス 250

第11章 秘密工作活動――その他のインテリジェンス機能② 251
1 秘密工作活動の定義、特徴及び理論体系上の位置付け 252

2 秘密工作活動の類型 256
3 秘密工作活動をなぜ行うのか――秘密工作活動の正当性、要件・手続 260
4 秘密工作活動の直面する課題 261
5 インテリジェンス理論と秘密工作活動 264

第12章 インテリジェンス・コミュニティに対する民主的統制 267

1 基本的な考え方 268
2 米国における民主的統制の制度 276
3 イギリスにおける民主的統制の制度 283
4 その他の主要国における議会によるICに対する民主的統制の制度 286
5 日本における民主的統制の制度 287
6 インテリジェンス理論と民主的統制 302
Column インテリジェンスと文化――米英の比較 304

第13章 インテリジェンスの課題――伝統的な課題から新たな課題へ 307

1 東西冷戦時代のインテリジェンスの課題 308
2 東西冷戦後のインテリジェンスの課題 309
3 インテリジェンス理論との関係 319

本書注 321／引用・参考文献 355／あとがき 363／索　引 370

凡例

法令名称

（日本）

外務省組織令：外務省組織令（平成12年政令第２４９号）
警察法：警察法（昭和29年法律第１６２号）
公安調査庁設置法：公安調査庁設置法（昭和27年法律第２４１号）
国家安全保障会議設置法：国家安全保障会議設置法（昭和61年法律第71号）
国会法：国会法（昭和22年法律第79号）
国家公務員法：国家公務員法（昭和22年法律第１２１号）
情報本部組織規則：情報本部組織規則（平成９年総理府令第１号）
団体規制法：無差別大量殺人行為を行った団体の規制に関する法律（平成11年法律第１４７号）
特定秘密保護法：特定秘密の保護に関する法律（平成25年12月13日法律第１０８号）
内閣官房組織令：内閣官房組織令（昭和32年政令第２１９号）
内閣情報調査室組織規則：内閣情報調査室組織規則（昭和51年12月23日内閣総理大臣決定）
内閣法：内閣法（昭和22年法律第５号）
破壊活動防止法：破壊活動防止法（昭和27年７月21日法律第２４０号）
防衛省設置法：防衛省設置法（昭和29年法律第１６４号）
法務省設置法：法務省設置法（平成11年法律第93号）

（米国）

２００２年カウンターインテリジェンス強化法：Counterintelligence Enhancement Act of 2002
２００４年インテリジェンス・コミュニティ改編法（ＩＲＴＰＡ法）：The Intelligence Reform and Terrorism Prevention Act of 2004
愛国者法：Uniting and Strengthening America by Providing Appropriate Tools to Restrict, Intercept and Obstruct Terrorism Act of 2001
経済スパイ法：The Economic Espionage Act of 1996
国家安全保障法：The National Security Act of 1947
首席監察官法：Inspector General Act of 1978
スパイ法：The Espionage Act of 1917
対外インテリジェンス監視法（ＦＩＳＡ法）：The Foreign Intelligence Surveillance Act of 1978

（イギリス）

インテリジェンス機関法：Intelligence Services Act 1994
調査権限法：Investigatory Powers Act 2016
保安部法：Security Service Act 1989
司法保安法：The Justice and Security Act 2013

英語の組織等名称

ＡＳＩＯ：Australian Security Intelligence Organisation：豪州保安情報部【オーストラリア】
ＡＳＩＳ：Australian Secret Intelligence Service：豪州秘密情報部【オーストラリア】
ＢｆＶ：Bundesamt für Verfassungsschutz：憲法擁護庁【ドイツ】
ＢＮＤ：Bundesnachrichtendienst：連邦情報庁【ドイツ】
ＣＩＡ：Central Intelligence Agency：中央情報局【米国】
ＣＯＩ：The Office of the Coordinator of Information：（ＣＩＡの前身である）情報調整室【米国】

ＣＳＩＳ：Canadian Security Intelligence Service：カナダ保安情報部【カナダ】
ＤＣＩ：Director of Central Intelligence：中央情報長官【米国】
ＤＥＡ：Drug Enforcement Administration：（司法省傘下の）薬物取締局【米国】
ＤＨＳ：Department of Homeland Security：国土安全保障省【米国】
ＤＩＡ：Defense Intelligence Agency：（国防省傘下の）国防情報局【米国】
ＤＮＩ：Director of National Intelligence：国家情報長官【米国】
ＤＯＤ：Department of Defense：国防省【米国】
ＤＯＥ：Department of Energy：エネルギー省【米国】
ＤＯＪ：Department of Justice：司法省【米国】
ＤＯＳ：Department of State：国務省【米国】
ＤＯＴ：Department of Treasury：財務省【米国】
ＦＢＩ：Federal Bureau of Investigation：（司法省傘下の）連邦捜査局【米国】
ＦＳＢ：Federal Security Service of the Russian Federation：ロシア連邦保安庁【ロシア】
ＧＣＨＱ：Government Communications Headquarters：政府通信本部【イギリス】
ＤＧＳＥ：Direction générale de la sécurité extérieure（General Directorate for External Security）：対外安全保障局【フランス】
ＤＧＳＩ：Direction générale de la sécurité intérieure（General Directorate for Internal Security）：国内安全保障局【フランス】
ＤＰＲ：Délégation parlementaire au renseignement（Parliamentary Delegation for Intelligence）：議会インテリジェンス委員会【フランス】
ＨＰＳＣＩ：U.S. House of Representatives Permanent Select Committee on Intelligence：米国連邦下院インテリジェンス問題常設特別委員会【米国】
ＩＣＥ：Immigration and Customs Enforcement：（国土安全保障省傘下の）移民・税関執行局【米国】
ＩＮＲ：Bureau of Intelligence and Research：（国務省の内部部局である）情報調査局【米国】
ＩＯＢ：Intelligence Oversight Board：インテリジェンス監督委員会【米国】
ＩＰＣＯ：Investigatory Powers Commissioner's Office：調査権限委員会事務局【イギリス】
ＩＳＣ：Intelligence and Security Committee：インテリジェンス保安委員会【イギリス】
ＩＳＣ：Intelligence and Security Committee of the Parliament：議会インテリジェンス保安委員会【イギリス】
ＪＩＣ：Joint Intelligence Committee：合同インテリジェンス委員会【イギリス】
ＫＧＢ：Komitet Gosudarstvennoy Bezopasnosti（Committee for State Security）：国家保安委員会【旧ソ連】
ＭＩＰ：Military Intelligence Program：軍事インテリジェンス計画【米国】
ＭＩ５：ＳＳ（保安部）の俗称【イギリス】
ＭＩ６：ＳＩＳ（秘密情報部）の俗称【イギリス】
ＮＣＰＣ：National Counterproliferation Center：（国家情報長官室傘下の）国家拡散対抗センター【米国】
ＮＣＳＣ：National Counterintelligence and Security Center：（国家情報長官室傘下の）国家カウンターインテリジェンス・保安センター【米国】
ＮＣＴＣ：National Counterterrorism Center：（国家情報長官室傘下の）国家テロ対策センター【米国】
ＮＧＡ：National Geospatial-Intelligence Agency：（国防省傘下の）国家地球空間情報局【米国】
ＮＩＣ：National Intelligence Council：（国家情報長官室傘下の）国家インテリジェンス評議会【米国】
ＮＩＥ：National Intelligence Estimate：国家インテリジェンス評価【米国】
ＮＩＯ：National Intelligence Officer：国家インテリジェンス分析官【米国】
ＮＩＰＦ：National Intelligence Priorities Framework：国家インテリジェンス優先計画【米国】
ＮＩＰ：National Intelligence Program：国家インテリジェンス計画【米国】
ＮＩＳＣ：National center of Incident readiness and Strategy for Cybersecurity：内閣サイバーセキュリティセンター【日本】

ＮＲＯ：National Reconnaissance Office：（国防省傘下の）国家偵察局【米国】
ＮＳＡ：National Security Agency：（国防省傘下の）国家安全保障局【米国】
ＮＳＢ：National Security Branch：（連邦捜査局の内部部局である）国家安全保障局【米国】
ＮＳＣ：National Security Council：国家安全保障会議【米国】
ＮＳＣ：National Security Council：国家安全保障会議【日本】
ＮＳＳ：National Security Secretariat：（国家安全保障会議傘下の）内閣官房国家安全保障局【日本】
ＯＤＮＩ：Office of the Director of National Intelligence：国家情報長官室【米国】
ＯＳＥ：Open Source Enterprise：（ＣＩＡ傘下の）公開情報センター【米国】
ＯＳＳ：Office of Strategic Services：（ＣＩＡの前身である）戦略事務局【米国】
ＰＤＤＮＩ：Principal Deputy Director of National Intelligence：首席国家情報副長官【米国】
ＰＩＡＢ：President's Intelligence Advisory Board：大統領インテリジェンス問題諮問委員会【米国】
ＰＪＣＩＳ：Parliamentary Joint Committee on Intelligence and Security：議会インテリジェンス保安合同委員会【オーストラリア】
ＰＫＧｒ：Parlamentarisches Kontrollgremium（Parliamentary Oversight Panel）：議会監視委員会【ドイツ】
ＲＣＭＰ：Royal Canadian Mounted Police：王立カナダ騎馬警察【カナダ】
ＳＩＲＣ：Security Intelligence Review Committee：保安インテリジェンス監督委員会【カナダ】
ＳＩＳ：Secret Intelligence Service：秘密情報部（いわゆるＭＩ６）【イギリス】
ＳＳ：Security Service：保安部（いわゆるＭＩ５）【イギリス】
ＳＳＣＩ：U.S. Senate Select Committee on Intelligence：米国連邦上院インテリジェンス問題特別委員会【米国】
ＳＶＲ：Service of the External Reconnaissance of the Russian Federation：ロシア対外情報庁【ロシア】
ＴＳＡ：Transportation Security Administration：（国土安全保障省傘下の）運輸保安局【米国】

その他の英語略号

ＣＯＭＩＮＴ：Communications Intelligence：コミント（通信の傍受に基づくインテリジェンス）
ＥＬＩＮＴ：Electronic Intelligence：エリント（通信ではない信号の収集に基づくインテリジェンス）
ＧＥＯＩＮＴ：Geospatial Intelligence：ジオイント（地球空間情報に基づくインテリジェンス）
ＨＵＭＩＮＴ：Human Intelligence：ヒューミント（人的情報に基づくインテリジェンス）
ＩＣ：Intelligence Community：インテリジェンス・コミュニティ
ＩＭＩＮＴ：Imagery Intelligence：イミント（画像情報に基づくインテリジェンス）
ＯＳＩＮＴ：Open Source Intelligence：オシント（公開情報に基づくインテリジェンス）
ＰＤＢ：President's Daily Brief：大統領定例報告【米国】
ＳＩＧＩＮＴ：Signals Intelligence：シギント（信号情報に基づくインテリジェンス）
ＴＥＣＨＩＮＴ：Technical Intelligence：テキント（技術的情報に基づくインテリジェンス）
ＵＡＶ：Unmanned Aerial Vehicle：無人偵察機

第1章

なぜインテリジェンスを知る必要があるのか

本書はインテリジェンスに関する理論を取り扱っています。そもそもインテリジェンスの理論を知る意義は何なのでしょうか。例えば、インテリジェンス機関等で勤務している人にとって、インテリジェンス理論を学ぶことは業務上どのように役に立つのでしょうか。また、インテリジェンス機関には勤務していない人、さらにはそもそも日常的に政府とはほとんど無関係な一般の人々にとっても、インテリジェンス理論を知る意義はあるのでしょうか。本章では、こうした諸問題をまず考えてみましょう。

なお、こうした問題を論じるためには、本来はその前提として「インテリジェンス」、「インテリジェンス機関」等の定義を明確にしなければなりません。これらの定義をめぐる問題の詳細については第2章で扱います。本章では便宜上、インテリジェンスとは「国の政策判断者（例えば総理大臣や大統領）が国家安全保障に関わる判断を行う際に、そうした判断を支援するために生産・提供される知識（情勢評価等）」及び「そうした知識（情勢評価等）が生産・提供される政府内の仕組み」を指すものとします（第2章1）。また、インテリジェンス機関とは、「インテリジェンス業務に携わる政府内の機関」を指すものとします。

さらに、本章では「実務家」という概念に言及します。実務家とは一般に「当該業務の専門家として実際に当該業務に携わる人々」と解されます。「インテリジェンスの実務家」と言う場合、「政府、地方公共団体、議会等の公的機関等においてインテリジェンス業務の専門家として勤務している職員等」を指すものとします。[*1]

1　そもそも「インテリジェンス理論」とは何か

インテリジェンス理論を知る意義を考える前提として、まず「インテリジェンス理論」あるいは「インテリジェンス研究」とは何かについて簡単に考えてみます。

インテリジェンス理論（Intelligence Theory）という用語には明確な定義はありません。本書では、インテリジェンス理論とは「国家のインテリジェンス機能の在り方、仕組み等に関する学術理論」を指すものとします。また、インテリジェンス研究（Intelligence Studies）とは、こうした学術理論の研究を指すものとします。

こうしたインテリジェンスの業務や組織の在り方に関しては、実際に各国の法令等である程度定められている場合もあります。他方で、具体的な法令等の根拠はないものの、様々な実務の実態の観察・分析、行政学・政治学等の他の学術理論の応用等によって論理的に導き出されるものもあります。例えば、いわゆるインテリジェンス・サイクル（第5章）、ニード・トゥ・ノウ、サード・パーティー・ルール（第3章4）等は後者の例と言えます。

また、インテリジェンス理論の内容は、実務の実態を比較的忠実かつ普遍的に説明するという側面がある一方、「必ずしも実務の実態とは合致しないが、理論的には本来こうあるべき」との理想論ないし「あるべき論」を語る側面もあります。例えば、情報収集の手法に関する説明（第8章）は前者の側面が比較的強いと考えられます。他方で、前記のインテリジェンス・サイクルをめぐる議論（第5章）、民主的統制をめぐる議論（第12章）等は後者の側面が比較的強いと考えられます。

インテリジェンスに関する理論研究は、歴史的には、主に第二次世界大戦後に米国、イギリス等において発達した学問です（インテリジェンス業務そのものは、もっと長い歴史を持ちます）。

インテリジェンス研究は、米英等においては、国際政治学、安全保障学あるいは歴史学の中に位置付けられることが少なくありません。例えば、国際関係学会（International Studies Association）（米国に本部を置く、国際政治学等に関する国際的な学会）の中にはインテリジェンス研究に関する分科会（Intelligence Studies Section）が常設されています。現在こうした分野の研究・教育が一般の大学においても比較的充実している国は、米国、イギリス、カナダ、ドイツ、イスラエル等との指摘もあります（本章コラム[*2]）。

2 外交、安全保障等の実務家にとっての意義

(1) インテリジェンス機関の職員である実務家（インテリジェンスの生産者）

「インテリジェンス機関の職員である実務家」とは、文字通り、実際にインテリジェンス機関に勤務してインテリジェンス業務に直接携わる人々のことを意味します。これらの人々は、「インテリジェンスの生産者」とも言えます。例えば、日本の場合は、内閣官房内閣情報調査室等に勤務する職員が該当します（第6章）。米国の場合は、国家情報長官室（ODNI）、中央情報局（CIA）等に勤務する職員がこれに該当します（第7章[*3]）。これらの人々にとって、インテリジェンス理論を学ぶことはどのような意義があるのでしょうか。

業務管理、組織運営

一般に、インテリジェンス機関に勤務する職員は、担当する専門分野（例えば、北朝鮮情勢、国際テロ情勢等）の専門家（あるいは将来的に専門家となる候補者）として採用される場合が少なくありません。しかし、組織の幹部となるに従い、そうした専門分野に関する知識に加えて、業務運営や組織管理の在り方に関する知識・見識、すなわちインテリジェンス理論に関する適切なリテラシーが重要になります。特に日本の場合、米国等に比較してインテリジェンスに関する具体的な法令が少ないことから、業務運営や組織運営に関連する様々な判断に当たり、理論に基づく検討の重要性は高いと考えられます。

国民に対する説明責任

一般的に民主主義国家における行政機関は、主権者である国民（あるいはその代表である議会等）に対する説明

責任を負います。これはインテリジェンス機関も例外ではありません。確かにインテリジェンス機関の活動は秘密とされている場合が少なくありません（第3章4）。それでも、議会の監督機関等に対する一定の説明・報告の義務を負う場合があります（第12章）。また、一定の期間の経過後の公文書の開示、メディア報道等によって活動内容が公になる場合もあります。

こうした説明責任を視野に入れた場合、日常的なインテリジェンス機関の業務管理や組織運営に当たり法令や理論に基づいた判断を行うことは、個々の判断の妥当性を担保するためにも重要です。

例えば、2004年の米国のインテリジェンス機構の改編や2008年以降の日本のインテリジェンス機構の改編に当たっては、当時のインテリジェンス理論の先端的な知見が反映されています（第6章3、第7章1）。また、イラクにおける大量破壊兵器問題（2003年〜）の背景には、CIA等による当時のインテリジェンス分析の失敗があったとみられます。当該問題に関する米国における事後的な様々な検証作業に当たっては、「政治とインテリジェンスの関係」やインテリジェンス分析の手法等に関するインテリジェンス理論の知見が多く活用されています（第3章6及び7、第7章1及び5、第9章2）。

諸外国との協力等に当たっての「共通言語」

インテリジェンス業務においては、諸外国の関係機関との協力等が重要な役割を担っています（第8章6）。例えば、国際テロ対策においては、諸外国の関係機関との情報共有等は非常に重要と考えられます。

前記のとおり、インテリジェンス理論は、主に第二次世界大戦後に米英等において発達した学問です。したがって、インテリジェンス理論には、米英を始め西側先進諸国等において広く普及しているインテリジェンス機関の業務や組織の在り方に関する実務上の慣習や考え方も多く含まれています。例えば、サード・パーティー・ルール（第3章4）、「政策部門とインテリジェンス部門の分離」（第3章2）等の考え方です。

したがって、こうしたインテリジェンス理論の知識は、諸外国の関係機関等との間で様々な協力を行うに当たっての前提知識、すなわち一種の「共通言語」として重要となります。

(2) インテリジェンス機関の職員以外の外交、安全保障等の実務家（インテリジェンスの利用者）

各国の政府、議会等において、インテリジェンス機関には属さないものの、インテリジェンス機関から提供されたプロダクト（第2章1）を活用して外交、安全保障等の政策立案・決定過程の実務に関与している人々は少なくありません。こうした人々は、インテリジェンスの利用者あるいは顧客（カスタマー）と言えます。日本の場合は、内閣総理大臣、内閣官房長官、外務大臣、防衛大臣等の関係閣僚、内閣官房の国家安全保障局、外務省や防衛省等関係省庁の政策立案部門の関係者等がこうしたインテリジェンスの利用者に該当します。これらの人々にとって、インテリジェンス理論を知ることはどのような意義があるのでしょうか。

道具を適切に使いこなす必要性

インテリジェンスの利用者とインテリジェンス機関の関係は、言わば「スポーツ選手とスポーツ用具」の関係にもたとえられます。スポーツ選手は、たとえ高性能の用具を利用したとしても、必ずしも目標の成績を達成できるとは限りません。そうした用具の特徴等を理解してこれを上手く使いこなさなければ、「宝の持ち腐れ」となってしまう場合もあり得ます。また、そもそも自分の目的に適合した道具を適切に選択するためにも、道具に関する適切なリテラシーが必要となります（例えば、一口に「登山」と言っても、富士山、北アルプス、高尾山等それぞれに最も適した登山用具は異なります）。

同様に、インテリジェンスの利用者（内閣総理大臣及びその他の関係閣僚、関係省庁の政策部門の幹部等）が外交、安全保障等に関する政策立案や判断を適切に行うためには、インテリジェンスを上手く使いこなす必要があります。加えて、自身の政策決定に必要なインテリジェンスが十分に得られていない場合には、自身の権限と責任の範囲内において、インテリジェンス機能の改善を図ることが必要となります。そのためには、こうした利用者側としても、インテリジェンス組織の行動原則、特徴、限界（何ができて何ができないか）等に関する適切なリテラシーが重要になります。インテリジェンスの機能不全が指摘される過去の事例の中には、インテリジェンス機関側の問題のみならず利用者側のリテラシーに問題があると考えられる場合もあります（例えば、政策部門側からの圧力による「インテリジェンスの政治化」の問題（第3章2））。

国民に対する説明責任

前記（本章2(1)）の場合と同様、政策決定者等がインテリジェンスに関する適切なリテラシーを持つことは、国民に対する説明責任を視野に入れた場合、個々の政策決定・判断の妥当性を担保するためにも重要と考えられます。

例えば、テロ情報に基づく活動制限（公共施設の一時封鎖等）が実施された場合、当該政策判断の妥当性に関し、国民等に対する説明が求められる場合があります（逆に、テロ情報があったにもかかわらずあえて活動制限をしない判断がなされた場合も含まれます）。また、「十分なインテリジェンスがなくて政策判断を誤った」との場合にも、「なぜ、組織幹部は、必要なインテリジェンスが得られるように予め組織、制度等を整備しておかなかったのか」との問題に関する説明が求められる場合もあり得ます。これらの場合、政策決定者（すなわちインテリジェンスの利用者）等の側のインテリジェンスに関するリテラシーが問われることも少なくありません。*4

3　実務家以外の人々にとっての意義

(1)　研究者、報道関係者等

前記のような公的機関等に属する実務家以外にも、外交、安全保障等の問題を扱っている研究者、報道関係者等の人々は少なくありません。これらの人々にとって、インテリジェンス理論を知ることはどのような意義があるでしょうか。

米国を始め多くの国において、外交、安全保障等の政策立案・決定過程においてインテリジェンス機関が一定の役割を担っている例は少なくありません。例えば、キューバ・ミサイル危機（１９６２年）の際、米国のケネディ（J.F. Kennedy）大統領が政策判断を行うに当たって、ＣＩＡ等の提供したキューバ情勢に関する分析・評価が大きな役割を果たしたとみられます。９１１事件（２００１年）後の米国によるアフガニスタン攻撃（同年）及びイラク戦争の開始（２００３年）に際しても、ＣＩＡ等による国際テロ情勢やイラクにおける大量破壊兵器問題に関する分析・評価は、Ｇ・Ｗ・ブッシュ（George W. Bush）政権の政策判断に影響を与えたとみられます（第７章５）。

したがって、研究者、報道関係者等がこうした国際政治上の諸問題を適切に把握・分析するためには、関係国のインテリジェンス機関の動向、影響力等に関する適切なリテラシーが重要となります。例えば、米国の外交、安全保障政策等を把握・分析するに当たっては、大統領府、国務省、国防省等のみならず、ＣＩＡを始めインテリジェンス機関の動向も踏まえることが重要です。

(2)　その他の一般市民

では、外交、安全保障等の実務家でもなければ、当該分野に関する研究者、報道関係者等でもない一般の人々にとって、インテリジェンス理論を知る意義はあるのでしょうか。

民主主義体制を採る各国の歴史を振り返ると、外交、安全保障等の諸問題が国政上の最重要課題の一つとなり、大統領選挙、議会選挙等における重要な論点となる場合も少なくありません。過去にも、米国においては、911事件（2001年）やイラク戦争（2003年開始）以降の一定期間、テロ対策等が政治上の優先課題の上位に位置付けられていました。[*5] また、近年は、いわゆるスノーデン（Edward Snowden）による暴露事案（2013年）にみられるように、インテリジェンス機関による人権侵害の可能性、インテリジェンスに対する民主的統制の在り方等が国政上の論点の一つとなる場合もあります（第7章5）。

こうした場合、主権者である国民一人一人が適切な判断を行うため、外交、安全保障、さらにはインテリジェンスの問題等に関する適切なリテラシーを持つことが期待されます。[*6]

□ **本章のエッセンス**

「インテリジェンス理論」とは——

・本書において「インテリジェンス理論」とは、「国家のインテリジェンス機能やインテリジェンス機関の在り方に関する学術理論」を指すものとします。また、「インテリジェンス研究」とは、こうした学術理論の研究を指すものとします。

外交、安全保障等の実務家にとっての意義——

・インテリジェンス機関の職員である実務家（**インテリジェンスの生産者**）にとって、インテリジェンス理論に関する適切な知識・見識（リテラシー）は、①業務管理や組織運営、②国民に対する説明責任、②諸外国との協力等に当たっての共通言語、等の観点から重要です。

- インテリジェンス機関の職員以外の外交、安全保障等の実務家（インテリジェンスの利用者）にとって、インテリジェンス理論に関する適切なリテラシーは、①インテリジェンスを適切に使いこなす必要性、②国民に対する説明責任、等の観点から重要です。

実務家以外の人々にとっての意義——

- **外交、安全保障等の問題を扱っている研究者、報道関係者等**にとって、インテリジェンス理論に関する適切なリテラシーは、国際政治上の諸問題を適切に把握・分析するために重要です。なぜなら、各国の外交、安全保障等の政策立案・決定過程においてインテリジェンス機関が一定の役割を担っている例は少なくないからです。
- **外交、安全保障等の実務家でもなければ、当該分野に関する研究者、報道関係者等でもない一般の人々**にとっても、外交、安全保障、さらにはインテリジェンス理論に関する適切なリテラシーは重要です。なぜなら、各国において、外交、安全保障等の問題、そしてインテリジェンスの問題が国政上の重要課題の一つとなり、選挙等における重要な論点となる場合もあり得るからです。

【さらに学びたい方のために】

以下は、インテリジェンス理論を学ぶのに有益と思われる文献の一覧です。可能な限り、日本語で読めるもの、日本でも入手しやすいもの等を優先的に掲載しました。

①Lowenthal, Mark M. (2019). *Intelligence: From Secrets to Policy* (8th Edition). CQ press, Thousand Oaks, CA.

本書は、米国の研究者であるローエンタール（Mark Lowenthal）による理論書です。「定番」のテキストとして、米国の大学、大学院等におけるインテリジェンス理論に関する講義で広く利用されています。理論的な記述と事例がバランス良く配置されているほか、数年ごとに改訂されており内容的にもほぼ最新の情勢がカバーされています。ただし、米国の行政機構、現代史等に関する知識がないとやや理解が困難な部分も含まれています。初学者の場合は本書の前に③から取り組むのも良いかもしれません。

本書には日本語訳も出版されています（『インテリジェンス―機密から政策へ』慶應義塾大学出版会、２０１１年）。ただし、翻訳の基となっている版が古いので、一定の注意が必要です。

②小谷賢（２０１２）『インテリジェンス―国家・組織は情報をいかに扱うべきか』筑摩書房。

本書は、日本語で読むことができる数少ないインテリジェンス理論に関する書籍です。前記のローエンタールのテキストが基本的に米国の制度を中心に解説しているのに対し、本書はイギリス等の制度に多く着目しています。また、歴史学的な視点も豊富です。両者を読み比べることも有意義と考えられます。なお、出版から期間が経過している点には一定の注意が必要です。

③Jensen III, Carl J., David H. McElreath, and Melissa Graves. (2017). *Introduction to Intelligence Studies* (2nd Edition). Routledge, New York.

本書は、３人の米国の研究者によって書かれたテキストです。大学等における教育に使用されることを念頭に執筆されており、従来からの定番のテキストであるローエンタールの著作（①）に比較して、論点を絞りやや読みやすい内容になっています。初学者の場合はこちらから読み始めるのも良いかもしれません。ただし、基本的には米国の組織等に特化した内容になっています。

④モレル・マイケル（月沢李歌子訳）（２０１６）『秘録 ＣＩＡの対テロ戦争―アルカイダからイスラム国まで』朝日新聞出版（原著：Morell, M. (2015). *The Great War of Our Time: the CIA's Fight Against Terrorism--from al Qa'ida to ISIS*. Twelve.）。

本書は、ＣＩＡの副長官（２０１０〜２０１３年）を務めたモレル（Michael Morell）の約30年間のＣＩＡ勤務時代の回顧録です。同人は、９１１事件（２００１年）発生時にＧ・Ｗ・ブッシュ大統領へのブリーファーを務めていたほか、イラクにおける大量破壊兵器問題（２００３年〜）、オサマ・ビン・ラディン（Osama bin Laden）掃討作戦（２０１１年）、アラブの春（２０１０年〜２０１２年頃）、スノーデンによる暴露事案（２０１３年）等への対応にＣＩＡの高官として関与していました。

ＣＩＡを始め米国のインテリジェンス機関の元職員による回顧録は多数出版されています。こうした中でも、本書は、最近の状況を比較的網羅的に記載しており、かつ日本語でも読めるものとしては、現時点では最も優れている著作です。

COLUMN

米国の大学等におけるインテリジェンス研究、教育[◇1]

本文中でも指摘したとおり、実務家のみならず、国民の幅広い層がインテリジェンスに関する一定の知識・見識（リテラシー）を持つことは重要なことと考えられます。現在、日本においてインテリジェンス理論に関する講義を提供している大学及び大学院は必ずしも多くありません。これに対し、米国の大学等においては、国際政治や安全保障関連の学部や大学院を中心に、インテリジェンス理論に関する講義が提供されている例は少なくありません。現在、全米の１００以上の大学等においてインテリジェンス関連の講義が提供されており、20以上の大学等においてインテリジェンス研究を専門とした学位コースが設置されています[◇2]。こうした状況の背景要因としては、次のような点が考えられます。

そもそも伝統的に米国の大学等においては、法科大学院や経営学大学院の制度にみられるように、実学教育や専門職教育が非常に活発です。加えて、２０００年代初頭以降の社会情勢の変化があります。すなわち、９１１事件（２００１年）、イラクにおける大量破壊兵器問題（２００３年～）等を契機に、国家としてのインテリジェンス機能の向上を期待する社会的な機運が盛り上がりました。こうした状況は、インテリジェンス機構の改編（２００４年）につながったのみならず（第7章1）、インテリジェンスに関する学術研究及び教育を取り巻く環境にも次のような変化をもたらしたと考えられます[◇3]。

第1は、インテリジェンス研究に対する**需要の高まり**です。前記のとおり、２０００年代初頭以降、米国のインテリジェンス機関は、大規模な機構改革を含む能力の向上を迫られることになりました。このための諸施策の中には、連邦政府のインテリジェンス機関はもとより地方自治体の治安機関のインテリジェンス部門等の「組織人員数の拡大」と「人材の質の向上」が含まれていました[◇4]。こうした状況の下、インテリジェンス機関側としては、量的にも質的にも全ての教育訓練等を部内において自前でまかなうことは困難となり、外部においても実施可能な基礎的な教育訓練等については大学等を始めとする外部機関にアウトソース（外部委託）する傾向を強めたとみられます[◇5]。加えて、インテリジェンス機関等への就職機会を求める学生側からも、インテリジェンス関連の教育への要望が高まったと考えられます[◇6]。

第2は**資金の増加**です。９１１事件の後、米国においては連邦及び各州等地方の双方のレベルにおいてテロ対策関連を始めインテリジェンス関連の予算が大幅に増加しました（第7章1）。具体的な統計等は不明ですが、こうした予算の一部は研究補助金等として大学等に提供され、各大学等におけるインテリジェンスに関する学術研究及び教育の環境の向上に活用されたとみられます。例えば、国土安全保障省は「Homeland Security Centers of Excellence」[7]という補助金プログラムを通じて、全国の大学等におけるテロ対策や安全保障関係の研究プログラムに出資を行ってきました[8]。

この他、**教員たる人材の供給**もあります。ＣＩＡが現職職員を大学等に出向させる制度（「研究員派遣プログラム（Officer in Residence Program）[9]」）を始め、実務家が研究・教育に比較的携わりやすい環境があります。ちなみに、２０１３年当時の調査では、米国の大学等においてインテリジェンス研究・教育に携わっている教員等の約7割は実務経験者となっています[10]。また、**教材の供給**もあります。例えば、ＣＩＡの付置機関である「インテリジェンス研究センター（Center for the Study of Intelligence）」の刊行するインテリジェンス関連の学術論文集「Studies in Intelligence」は、一部がＣＩＡの公式サイト上でも公開されています[11]。

1 本コラムは、小林（２０１４ｂ）の第13章の内容を要約し、加筆及び修正を加えたものです。
2 Thomas et al. (2019), p. 1. なお、全米で最初にインテリジェンス研究を専門とした学位コースを設置したのは、ペンシルバニア州のマーシーハースト大学（Mercyhurst University）とみられます。
3 Thomas et al. (2019), p. 1.
4 Campbell (2011), p. 321.
5 フィダス（George Fidas）・ジョージワシントン大学客員教授、筆者によるインタビュー、於ワシントンＤＣ、２００６年９月。
6 Thomas et al. (2019), pp. 1-2.
7 国土安全保障省ＨＰ https://www.dhs.gov/science-and-technology/centers-excellence
8 Rudner (2009), pp. 114-115; 注5同様、フィダス・ジョージワシントン大学客員教授、筆者によるインタビュー。
9 同プログラムは、ＣＩＡが職員を一定の要件（博士号等高級学位の有無、教育者としての適性等）に基づき選抜して一定期間客員教授等の身分で国内の大学等に派遣し、派遣先大学等における学術研究及び教育を支援するものです。同制度は１９８５年に発足し、これまでにハーバード、プリンストン、ジョージタウン等の主要大学を含め多数の大学等に派遣実績があります。派遣された職員の中には派遣期間終了後も派遣先の大学等に残留して教職に転ずる者も少なくないとみられます（Hedley (2005)）。
10 Thomas et al. (2019), p. 3.
11 ＣＩＡのＨＰ https://www.cia.gov/resources/csi/studies-in-intelligence/

第2章

インテリジェンスとは何か――定義はない⁉

インテリジェンス（intelligence）とはそもそも何なのでしょうか。何らかの普遍的な定義はあるのでしょうか。いわゆるスパイ（Spy）活動とは違うのでしょうか。より根本的に、インテリジェンスとは何を目的とした活動なのでしょうか。本章では、こうした諸問題を検討します。

1　本書におけるインテリジェンスの定義

(1)　インテリジェンスとはそもそも何か

インテリジェンスとはそもそも何なのでしょうか。実は、インテリジェンスの概念に関しては様々な異なる見解が存在し、学術的にも実務的にも普遍的な定義を示すことは困難です（本章3）。

その点を踏まえた上で、本書においては、インテリジェンスとは**「国家安全保障上の重要な問題に関する知識が、要求に基づいて収集・分析されて政策決定者（policy makers）に提供される仕組み（プロセス又はシステム）及び「そうした仕組みによって生産された成果物（プロダクト）」**との定義を使用します（政策決定者の意義に関しては本章2）。

より平易に言い換えると、インテリジェンスとは、**「国の政策判断者（例えば総理大臣や大統領）が国家安全保障に関わる判断を行う際に、そうした判断を支援するために生産・提供される知識（情勢評価等）」**（定義の後段部分）及び**「そうした知識（情勢評価等）が生産・提供される政府内の仕組み」**（定義の前段部分）と言えます。

こうした定義は、インテリジェンスの定義をめぐる各種の学術的な議論（本章3）を踏まえつつ、インテリジェンスの機能や特徴等に基づき帰納的に導かれたものです。また、米国の代表的な研究者であるローエンタール（Mark Lowenthal）の見解にも近いものです。[*1] 現在の日米のインテリジェンス・コミュニティ（IC）（第6章1）

における実務も概ねこうした定義に沿ったものになっています。こうした定義の特徴は、根底に「**インテリジェンスの最も重要な機能は、国家安全保障に関し、政策決定を支援することである**」との認識があることです（本章2）。

なお、言うまでもなく、こうした本書の定義は学術的、実務的に普遍的な「正解」ではありません。後述のとおり、他にも様々な定義があり得ます（本章3）。重要なことは、このように、現時点においてインテリジェンスの普遍的な定義は存在しないことを認識した上で、インテリジェンスに関する議論を行う際には予め定義に関する認識の相違の確認を行うことです。そうした概念定義の確認を経ない場合、論者の間で議論が上手く嚙み合わず混乱してしまう可能性があります。

(2) インテリジェンス概念の多義性――3つの意義

定義の問題とは別に、実際に「インテリジェンス」との用語が使用される場合、状況に応じてやや異なった意義があり得ます。前記のローエンタールは、以下の3つの意義を指摘しています[*2]（なお、こうした観点からもやはり、インテリジェンスに関する議論を行う際には、予め用語の定義や意義に関する認識の確認を行うことが重要です）。

仕組み（プロセス）としてのインテリジェンス（Intelligence as Process）

「仕組み（プロセス）としてのインテリジェンス」とは、前記のインテリジェンスの定義の前段部分（国家安全保障上の重要な問題に関する情報が、要求に基づいて収集・分析されて政策決定者に提供される仕組み）に対応するものです。こうした政府内の仕組みはインテリジェンス・プロセスと呼ばれることもあります（第5章）。

例えば、「我が国のインテリジェンスは諸外国に比べて立ち遅れている」と言う場合のインテリジェンスとは、こうした仕組みを意味していると考えられます。

成果物（プロダクト）としてのインテリジェンス（Intelligence as Product）

「成果物（プロダクト）としてのインテリジェンス」とは、前記のインテリジェンスの定義の後段部分（そうした仕組みによって生産された成果物）に対応するものです。具体的には、インテリジェンス機関が生産した個別の事案に関する情勢評価等を指します。実務の場面においては、書面（報告書）、口頭説明（ブリーフィング）等の様々な形式で政策部門に提供されます。

例えば、「大統領はホワイトハウスにおいて中央情報局（CIA）より今回のテロ事件に関するインテリジェンスの報告を受けた」と言う場合のインテリジェンスとは、こうした成果物を意味していると考えられます。

組織としてのインテリジェンス（Intelligence as Organization）

「組織としてのインテリジェンス」とは、前記の「仕組み（プロセス）としてのインテリジェンス」に関与している個別の政府機関（インテリジェンス機関）のことを指すものです。一般に、政府内のインテリジェンス・プロセスには複数のインテリジェンス機関が関与しています。米国の場合は、CIAを始め10個以上の複数のインテリジェンス機関が関与しています（第7章）。

例えば、「あの人は実はインテリジェンスに勤めている」と言う場合のインテリジェンスとは、こうした個別のインテリジェンス機関を意味していると考えられます。

2　インテリジェンスの機能

(1)　国家安全保障に関し、政策決定を支援する

前項で紹介した定義からは、インテリジェンスとは端的には「国家安全保障に関し、政策決定に役立つ知識」

及び「そうした知識が生産・提供される仕組み」と言えます。こうした定義に基づくと、**インテリジェンスの最も重要な機能は「国家安全保障に関し、政策決定を支援すること」**と考えられます。[*3] 以下では、「政策決定の支援とは何か」及び「国家安全保障とは何か」の2つの側面からこうした機能を概観します。

なお、本書では、**政策決定**（policy making）には、**政策立案**（policy planning）及び**政策判断**（policy decision）の双方を含むこととします。一般に「政策決定」と言う場合には、政策立案と最終的な政策判断の両方を含む場合（広義の政策決定）、後者の最終的な政策判断のみを指す場合（狭義の政策決定）の双方があり得ます。

最終的な政策判断（狭義の政策決定）を行うのは組織の最高責任者です。国家レベルであれば大統領、総理大臣等となります。政策立案を担当するのは最高責任者に仕える幕僚です。国家レベルであれば当該問題の担当閣僚、官僚機構等となります。省庁レベルの政策決定であれば、政策判断を担うのは大臣であり、政策立案を担うのは大臣の下の官僚機構となります。

本書では、政策立案部門及び最終的な政策決定を担う政策判断者（狭義の政策決定者）の双方をまとめて**政策部門**と呼びます（図表2-1）。「政策決定を支援する」というインテリジェンスの機能に鑑み、政策部門はインテリジェンスの**カスタマー**（customer：顧客）と呼ばれることもあります。

(2)「政策決定を支援する」とはどういうことか

「インテリジェンスによる政策決定の支援」とは、具体的にはどのようなことでしょうか。以下では、図表2-1に基づいてより具体的な説明を行います。一般に、国家安全保障に関する政策決定のプロセスには、政策判断者（狭義の政策決定者）、政策立案部門、インテリジェンス部門の3種類のアクターが関与しています。

例えば「近隣の某国が核実験を実施した可能性がある」旨の速報が大統領、総理大臣等の国の最高責任者（政

図表2-1　政策決定過程におけるインテリジェンス部門の機能

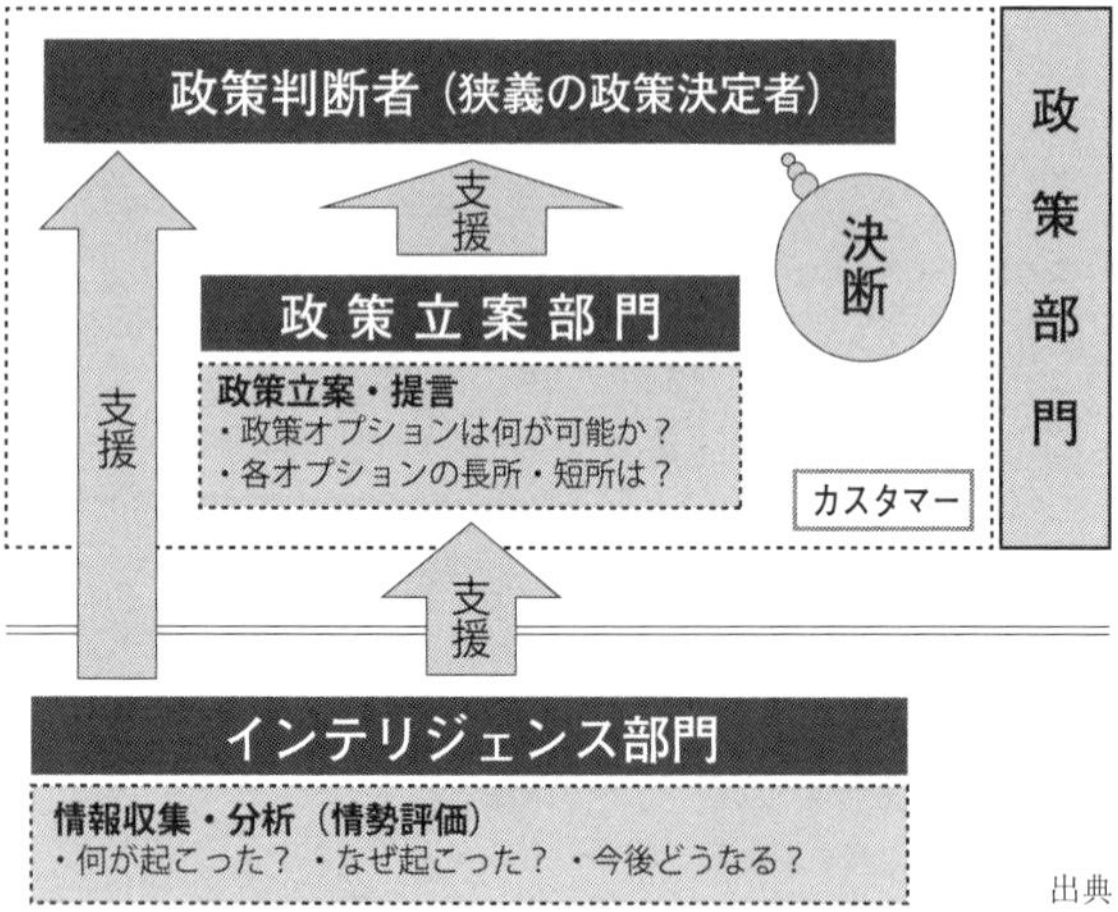

出典：筆者作成。

策判断者、狭義の政策決定者）に届いたとします。最高責任者としては、こうした速報ニュース（素材情報）のみに基づいて直ちに政府としての対応に関する判断を行うことは困難です。適切な判断を行うためにはまず、「実際には何が起こったのか」（事実確認）、「なぜそのようなことが起こったのか」（背景分析）、「今後どのようなことが起こると考えられるか」（将来予測）等に関する情勢評価が必要です。加えて、こうした情勢評価を基に、自国が取るべき複数の政策オプション（例えば、軍事的な措置、外交的な対話、静観等）と各政策オプションのメリット・デメリットの検討が示されること、すなわち政策立案が必要です。

こうした一連の意思決定プロセスの中で、前者の「政策立案部門による政策立案」及び「政策判断者の決断」を支援するために、「情勢評価等を提供する仕組み」を担うのが**インテリジェンス部門**です。一般に、各国政府にはこうした業務を担う様々な組織のグループ（インテリジェンス部門又はインテリジェンス・コミュニティ（第6章））が存在します。日本の場合には、内閣官房の内閣情報調査室を始め警察庁、公安調査庁、外務省及び防衛省がこうしたグループの主要なメンバーとなっています（第6章2）。

一方、「情勢評価等に基づく政策立案を行う業務」を担うのが**政策立案部門**です。日本の場合には、内閣官房の国家安全保障局、外務省及び防衛省の政策部局等がこうした業務を担っています。

このように、大統領、総理大臣等の**政策判断者（狭義の政策決定者）**としては、情勢評価等と政策オプションの提示を得て初めて、適切な決断（政策判断（狭義の政策決定））を行うことが可能となると考えられます。逆に、適切な情勢評価等がなければ、政策部門による政策決定（政策立案、政策判断）は極めて困難となります。その意味で、インテリジェンス部門は、政策判断者（狭義の政策決定者）及び政策立案部門とともに、政策決定のプロセスにおいて重要かつ不可欠なアクターの一つと言えます。

「インテリジェンスの客観性の維持」、「政策部門とインテリジェンス部門の分離」との関係

「インテリジェンスの最も重要な機能は、国家安全保障に関し、政策決定を支援することである」との考え方は、「政策とインテリジェンスの分離」という考え方と緊密に結び付いています（第3章2）。なぜならば、インテリジェンスが政策立案・政策決定に対する支援の責務を適切に果たすためには、インテリジェンスの客観性が維持されなければなりません。客観性が確保されていない場合、すなわちインテリジェンスが歪曲されている場合には、政策部門が誤った政策立案や政策判断を行ってしまう可能性が高くなります。例えば戦時において、客観的には敗北する可能性が高まっているにもかかわらず、「勝つ可能性が高い」と歪曲された内容の情勢評価が政策部門に報告されるような場合です。

このような事態を避けてインテリジェンスの客観性を維持するため、学術上は、インテリジェンス部門と政策部門は、組織的にも機能的にも分離されるべきとされます。すなわち、情勢評価等を担当する**インテリジェンス部門は政策立案や政策判断に関与するべきではない**と考えられます。政策立案や政策判断に関与すると、どうしても特定の政策に対する志向（好き嫌い）が生じてしまい、情勢評価の客観性が損なわれてしまう可能性があるからです（詳細は第3章2）。

「政策部門からのリクワイアメント（要求）優先」との関係

「インテリジェンスの最も重要な機能は、国家安全保障に関し、政策決定を支援することである」との考え方の背景には、「国家安全保障における政策決定の『主役』は政策部門（政策判断者と政策立案部門）であり、インテリジェンス部門は主役を支援する『道具』である」という考え方があります。前記のとおり、政策部門がインテリジェンスの**カスタマー（顧客）**と呼ばれるのも、こうした考え方の反映と考えられます。

こうした考え方は、「政策部門からのリクワイアメント（要求）優先」、すなわち、「インテリジェンスは政策部門からのリクワイアメント（要求）の付与に基づいて初めて機能する」という考え方、さらにはインテリジェンス・サイクルの考え方等にも結び付きます（詳細は第3章3）。[*4] この背景には、ともすると、政策部門とインテリジェンス部門の主従関係が逆転し、インテリジェンス部門が政策部門の意思に反して暴走する可能性への危惧があると考えられます。「インテリジェンス機関の権限強化とインテリジェンス部門の暴走の危険性の排除をどのようにして両立させるか」という問題は、民主主義国家におけるインテリジェンス研究の重要な課題の一つです（安全と権利自由のバランスの問題とも言えます）。

【事例】：オサマ・ビン・ラディン（UBL）掃討作戦に関する政策決定

政策決定過程における政策判断者、政策立案部門、インテリジェンス部門の3者の具体的な関係性に関し、米国によるオサマ・ビン・ラディン（UBL：Usama bin Laden）掃討作戦（2011年5月）を例として概観してみます（UBLはテロ組織・アルカイダの創設者であり、911事件の首謀者）（図表2-2）。[*5]

図表 2-2　ビン・ラディン掃討作戦（2011 年）をめぐる米国政府内での政策決定

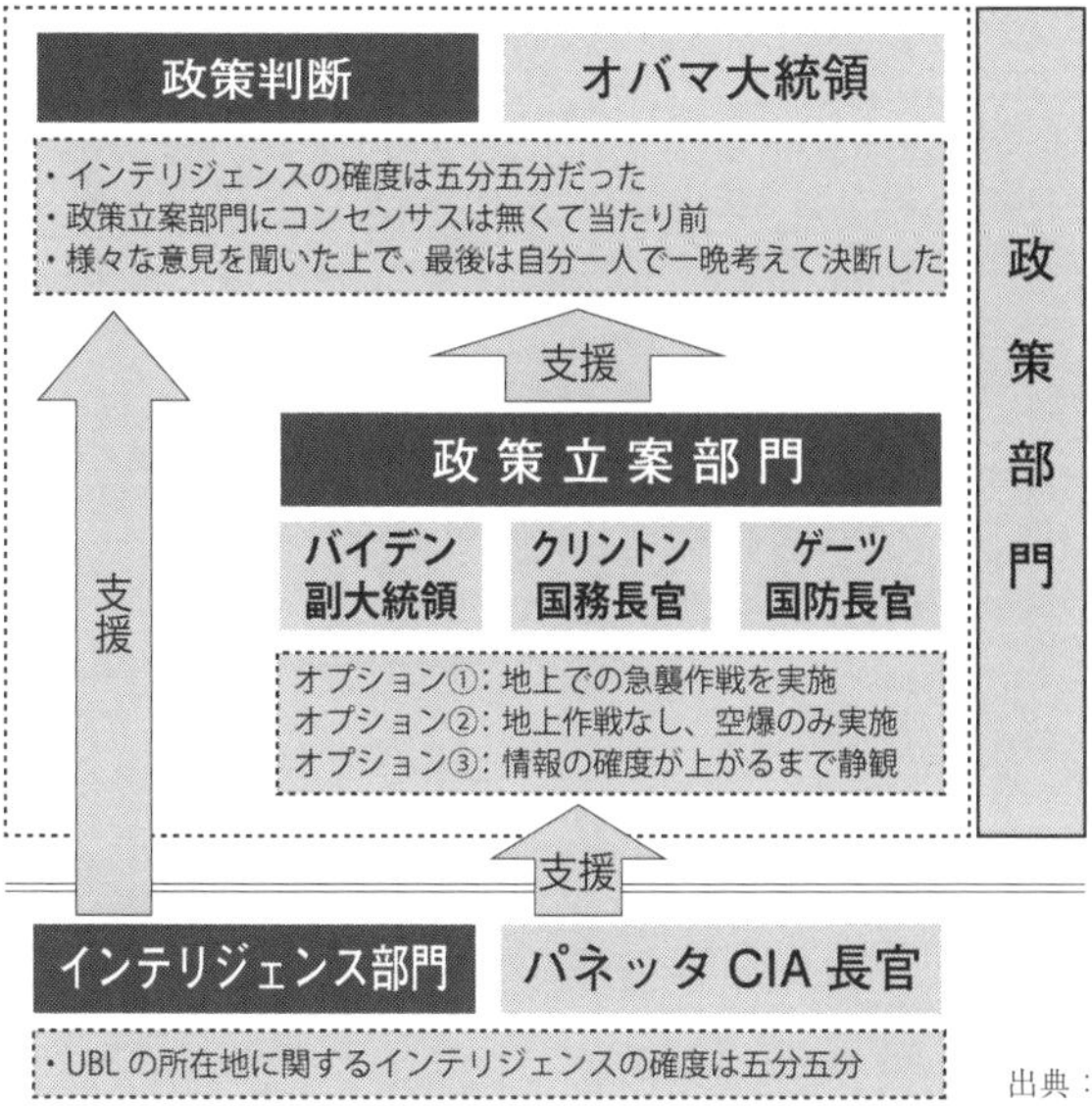
政策判断
オバマ大統領
・インテリジェンスの確度は五分五分だった
・政策立案部門にコンセンサスは無くて当たり前
・様々な意見を聞いた上で、最後は自分一人で一晩考えて決断した
支援
政策立案部門
バイデン 副大統領
クリントン 国務長官
ゲーツ 国防長官
オプション①：地上での急襲作戦を実施
オプション②：地上作戦なし、空爆のみ実施
オプション③：情報の確度が上がるまで静観
支援
支援
政策部門
インテリジェンス部門
パネッタ CIA 長官
・UBL の所在地に関するインテリジェンスの確度は五分五分

出典：筆者作成。

2011 年 5 月 1 日、オサマ・ビン・ラディン掃討作戦時の
米国大統領府のシチュエーション・ルーム（Official White House Photo by Pete Souza）

【当時の米国政府内における本件に係る政策決定の主要なアクター】

○ 政策判断者（狭義の政策決定者）

オバマ（Barack Obama）大統領。

○ 政策立案部門

主な人物はバイデン（Joe Biden）副大統領、クリントン（Hillary Clinton）国務長官、ゲーツ（Robert Gates）国防長官（国家安全保障会議（NSC）の主要メンバー）。

○ インテリジェンス部門

主な人物はパネッタ（Leon Panetta）CIA長官。

※ この他、インテリジェンス部門と並び、軍事技術的なアドバイザーとしてマレン（Michael Mullen）統合参謀本部議長も協議に参加。

【各アクターの主な働き】

○ インテリジェンス部門

2010年夏頃、パネッタCIA長官は、イミント（画像情報）等に基づくインテリジェンスとして「UBLである可能性が高い不審人物が潜伏中である家屋をパキスタン国内で特定した」、「ただし、当該不審人物が実際にUBLである可能性は五分五分である」旨をオバマ大統領及び関係する政策立案部門に報告。

○ 政策部門

関係閣僚等が、前記のインテリジェンスに基づき協議を行った結果、次の3種類の政策オプションとそれぞれのメリット・デメリット等を大統領に提示（第1案はクリントン国務長官、第2案はゲーツ国防長官、第3案はバイデン副大統領がそれぞれ支持）。

・第1案は、特殊部隊を現地に派遣し、当該家屋に対する急襲作戦を実行。
・第2案は、特殊部隊等の派遣はせず、当該家屋に対する空爆のみを実行。
・第3案は、静観（インテリジェンスの確度が上がるまでもうしばらく様子をみる）。

○政策判断者（狭義の政策決定者）

オバマ大統領が事後の報道機関によるインタビューにおいて述べた内容の要点は以下のとおり。

・「CIAによるインテリジェンスの評価（当該不審人物が本当にUBLである可能性）は五分五分だった。」
・「政策立案部門にはコンセンサスはなかった。各当事者がそれぞれの立場において異なった価値観に基づき意見を述べるのだから、コンセンサスができなくて当然である。最終的に決断を下す者として、コンセンサスを必ずしも期待するべきではないことを自分自身は理解していた。」
・「それぞれの意見を十分に聞いた後、『あとは自分が引き取る』と宣言して、一晩一人で考えた。最終的に第1案で行くと判断し、翌朝、関係者に対して決定内容を伝達した。」（この点に関し、バイデン副大統領はインタビューの中で、「最終的に決断を下す際の大統領は本当に孤独（"All alone, all alone"）なものだ」と述べています。）

(3) インテリジェンスとは国家安全保障に関するものである

「国家安全保障」とは何か

インテリジェンスは国家安全保障（National Security）に関連する政府の機能であるとされます。本書におけるインテリジェンスの定義もそうした認識に基づいています。

では、国家安全保障とは何でしょうか。実は、国家安全保障という言葉には必ずしも普遍的かつ明確な学術上の定義が存在しません。[*6] 例えば、国際政治学の伝統的なリアリズムの立場からは「国家が、自国の領土、独立、および国民の生命、財産を、外敵による軍事的侵略から、軍事力によって、守る」との定義もあります。[*7] このように軍事的要素を中心に据えた**伝統的な安全保障概念**の背景には、東西冷戦時代、特に米国及び西側先進諸国においては、ソ連等による軍事的脅威が国家安全保障の中心的な課題であったことが影響していると考えられます。

これに対し、近年、東西冷戦の終了によるこうした軍事的脅威の相対的な低下を背景として、経済、環境・健康等の非軍事的な事項、テロリズム、国際組織犯罪等の非国家主体による活動等も国家安全保障の概念に含めるとの考え方（**非伝統的な安全保障概念**）も顕著になっています（いわゆる「経済安全保障」に関しては第13章2参照）。[*8]

こうした国家安全保障概念の変化に対応し、近年、米国及び西側先進諸国等においてインテリジェンスが対象とすべき課題も、伝統的な国家主体による軍事的脅威のみならず、非軍事的事項、非国家主体による諸活動等に到るまで多様な広がりを見せています（第13章）。

ビジネス・インテリジェンス等との関係

仮にインテリジェンスの定義から「国家安全保障に関連するものである」との限定を取り除くとすれば、実際には私企業や一般個人の日常的な活動においても、政府のインテリジェンスと同様に「判断を支援する」機能を果たしている仕組みは広く存在します（ただし、こうした仕組みの検討は本書の射程に含まれません）。

例えば、多くの人々は毎朝、「傘を持って出勤しようか」、「洗濯をしようか」等の判断を行うために天気予報を見ます。この際、気温、気圧、風力などの気象データ、すなわち素材情報を示されただけでは、「傘や洗濯の問題」について適切な判断を下すことは困難です。そこで、気象予報士等の専門家が気象データ（素材情報）に基づいて分析を行い、降水確率という「情勢評価」を視聴者に示してくれます。視聴者、すなわち専門家ではない一般人でも、こうした「素材情報を加工して生産された、判断に役立つ情勢評価（＝降水確率）」を提供されることによって、「傘や洗濯の問題」について適切な判断を行うことが可能になります。

また、一般企業の経営者が「次は新製品A、B、Cのうちのどれを売り出すか」といった経営戦略判断を行う場合には、市場の動向、自社とライバル社の強み・弱みの比較、それぞれの戦略オプションに関するメリット・デメリット等に関する分析・評価等を参考にした上で、最終的な判断を行うと考えられます。一般企業におけるこうした機能については、「ビジネス・インテリジェンス（Business Intelligence）」や「コンペティティブ・インテリジェンス（Competitive Intelligence）」と呼ばれる場合もあります[*9]。

3　インテリジェンス部門と政策判断者はどのような責任を負うのか

(1)　それぞれの理論的な責任

前記のとおりインテリジェンスの機能と目的を「国家安全保障に関し、政策決定を支援すること」とした場合、政策決定過程において、インテリジェンス部門と政策判断者（狭義の政策決定者）は、それぞれどのような責任を負うのでしょうか。例えば、前記のUBL掃討作戦において、実際の結果とは逆に「当該家屋にはUBLは滞在しておらず、派遣された特殊部隊も損害を負うなど急襲作戦は失敗に終わった」とした場合、誰が責任を負うのでしょうか。こうした点は必ずしも法令に明記されていることではありません。学術上の理論的な見解としては次のように整理されます（図表2–3）。

第1に、**インテリジェンス部門は、「業務遂行の時点において、客観的に最善のインテリジェンス**（情勢評価等）**を政策部門に提供すること」**に対してのみ責任を負うと考えられます。

第2に、これに対して、**政策判断者は、「政策判断とその結果に対して責任を負う」**と考えられます。

実際には、政治情勢等に鑑み、こうした理論上の見解とは異なる責任追及がなされる場合、例えば、インテリ

図表 2-3 「政策判断者の責任」と「インテリジェンス部門の責任」

【政策判断者（狭義の政策決定者）の責任】

◎（インテリジェンス部門が下記の責任を果たしている限りにおいて）
政策判断とその結果に対して全ての責任を負う。

・「インテリジェンスの任務は『100% の真実解明』ではない」ことを理解する。

【インテリジェンス部門の責任】

◎**「業務遂行の時点において、客観的に最善のインテリジェンス（情勢評価等）を政策部門に提供すること」に対してのみ責任を負う。**

・「100% の真実解明」の責任を負う訳ではない。
・（上記の責務を果たしている限り）政策決定とその結果に対する責任は負わない。
・政策部門に提供したインテリジェンスが必ずしも全て政策決定に反映されるとは限らないことを理解する。
・上記の責務を果たしてない場合は「インテリジェンスの失敗」として責任を負う。

※ 実際の事例では、責任の所在が不明確であったり、理論とは別次元の事由で責任を問われる場合もあり得る。

出典：筆者作成。

ジェンス部門が理論上の責任範囲を超えた責任を問われる等の事例もあり得ます。

(2) 前提にある考え方

以下では、こうした考え方の前提にある理由をやや詳しく説明します。

インテリジェンス部門は「100%の真実解明」の責任を負うものではない

インテリジェンス部門の責務とは——

インテリジェンスの責務はあくまで、「業務遂行の時点において、客観的に最善のインテリジェンスを政策部門に提供すること」です。すなわち、いかに優れたインテリジェンス機関であっても、担当業務の全ての事項に関して100%の真実解明を行うことは不可能です[*10]。例えば、米国のICが作成する情勢評価のプロダクトの結論部分は、100%の断言をするのではなく、「高い確信を持って、○○が発生する可能性は低いと判断している」等の表現であるのが一般的です（第9章1）。

こうした考え方をインテリジェンスのカスタマーであ

る政策部門側からみると、政策部門としても「インテリジェンス機関に対して『100%の真実解明』を期待することは適切ではない」旨を十分に認識するべきと考えられます。[*11] 前記の米国によるUBL掃討作戦においても、CIAが大統領等に報告した内容は「当該不審人物が実際にUBLである可能性は五分五分である」とされており、オバマ大統領もそれを客観的に見てやむを得ないと納得していた様子がうかがわれます（本章2）。

インテリジェンス部門が責務を果たしていない場合：インテリジェンスの失敗――

実際には、インテリジェンス部門が「業務遂行の時点において、客観的に最善のインテリジェンスを政策部門に提供すること」を怠ったと評価される場合もあります。こうした事例は、「インテリジェンスの失敗（intelligence failure）」と言われます。例えば、真珠湾攻撃（1941年）は、当時の米国におけるインテリジェンスの失敗と評価されています（本章コラム参照）。

ただし、実際の個別具体的な事例が、果たしてインテリジェンス部門が責任を問われるべきインテリジェンスの失敗に該当するのか否かの評価は容易ではありません（次項参照）。

インテリジェンス部門は「政策決定とその結果」に対する責任を負うものではない

政策判断者（狭義の政策決定者）の責任とは――

例えば、戦争に敗北した場合、「開戦の決断」及び「その結果としての敗戦」に対して責任を負うのは政策判断者（狭義の政策決定者）であると考えられます。すなわち、インテリジェンス部門は、前記の責務（客観的に見て最善の情勢評価を政策側に提供すること）を果たしている限り、開戦の決断や敗戦に対して特段の責任を負うものではないと解されます。2011年のUBL掃討作戦においても、仮に急襲作戦が失敗に終わったとしても、インテリジェンス部門が提供した「当該不審人物が実際にUBLである可能性は五分五分である」との情勢評価が客観的にみて当時の最善のインテリジェンスである限り、インテリジェンス部門が急襲作戦失敗の責任を問われるものではないと考えられます。

ただし、実際の個別具体的な事例が、「インテリジェンス部門が適切に責務を果たしていなかった事例」（インテリジェンスの失敗）に該当するのか、あるいは「インテリジェンス部門は適切に責務を果たしており、むしろ政策部門側の判断等に問題があった事例」に該当するのかの評価は容易ではありません。インテリジェンスの失敗と一般的には認識されている事例の中にも、実際には「政策部門側の判断等に問題があった事例」に該当する可能性のあるものがあります。米英等においては、重要な事案に関して事後に専門の調査委員会等が設置されて詳細な検証が実施される場合もあります。例えば、９１１事件（２００１年）やイラクにおける大量破壊兵器問題（２００３年～）に関しては、両国においてそうした検証が実施されました（第７章５）。

なお、政策決定とその結果に対する責任を負わないことの裏返しとして、インテリジェンス部門も「自身が政策部門に提供したインテリジェンスが必ずしも全て政策決定に反映されるとは限らない」旨を理解し受け入れるべきと考えられます（第３章コラム）。

インテリジェンス部門が結果責任を免れる理由――

ではなぜ、インテリジェンス部門は、仮に戦争に敗北したような場合においても責任を免れ得るのでしょうか。主な理由としては以下の２点があります。

第１は、**政策判断者のインテリジェンス・ソースの多様性**です。大統領、総理大臣等の政策判断者（狭義の政策決定者）は、政策判断に必要な情勢評価等を得るに当たり、常に政府内のインテリジェンス部門のみに依存しているとは限りません。あわせて、政府外の有識者、他国の最高首脳等から異なった見解を得る場合もあります。例えば、東西冷戦期の米国のトルーマン（Harry S. Truman）政権下では、米国の対ソ連戦略決定過程においてＣＩＡが提供したインテリジェンスの影響力は限定的であったとの指摘もあります。[*12] すなわち、大統領を始めとする政策部門側からみると、ＣＩＡの提供したインテリジェンスは様々な判断材料の一部に過ぎず、部分的に採用されたに過ぎなかったとみられます。

　こうした状況に鑑みると、政策判断者の決断の基となった情勢評価等の全てに関して政府のインテリジェンス部門が責任を負うのは適切ではないと考えられます。

　第2は、**政策判断における判断者自身の価値観や判断能力の役割**です。実際の国家安全保障上の政策判断においては、客観的な情勢評価等とあわせて、政策判断者の持つ価値観や判断能力も大きな役割を果たします。したがって、ある一つの情勢評価に対して常に唯一の「正しい」政策決定が存在するわけではありません。言い換えると、同一の情勢評価に対しても、政策判断者の持つ価値観等の違いに応じて様々な異なる判断があり得ます。

　例えば、「戦争に勝てる可能性は30％」という情勢評価に対し、「人命確保が最優先」との価値観に基づき「開戦見送り」と決断する政策判断者もいる一方で、「降伏する位なら全滅の方がまし」との価値観に基づき開戦を決断する政策判断者もいるとみられます。他方、「勝てる可能性70％」という情勢評価に対し、「戦争勝利が最も国益にかなう」との価値観に基づき開戦を決断する政策判断者いる一方で、「人道上の見地から戦争は可能な限り避けるべき」との価値観に基づき（たとえ軍事的勝機があっても）開戦見送りを決断する政策判断者もいるとみられます。加えて、考慮すべき価値、利害要素等が多い場合、決断はより複雑かつ困難な作業になります。こうした場合、政策判断者の判断能力（各種のバイアスを排除する能力、決断を下す胆力等）も、最終的な決定に影響を与えると考えられます。[*13]

　このように、実際の国家安全保障上の政策判断は、情勢評価のみならず、大統領、総理大臣等政策判断者の持つ価値観や判断能力にも左右されます。一般に、インテリジェンス部門は情勢評価等の提供にのみ関与し、価値観や判断能力の部分には関与していません（第3章2）。したがって、インテリジェンス部門は、「最善のインテリジェンスの提供」という責務の範囲を超えて、政策判断者の価値観等が関わる判断及び判断がもたらした結果に対する責任までも問われるのは適切ではないと考えられます。他方、政策判断者の価値観、判断能力、インテリジェンスの活用方法等が適切であったか否かの評価は、民主主義国家においては、最終的には主権者である国民の判断に委ねられます。

こうした考え方は、「政策部門とインテリジェンス部門の分離」、すなわち「情勢評価等を担当するインテリジェンス部門は政策立案や政策判断に関与するべきではない」との考え方（本章2、第3章2）と通底するものです。すなわち、「関与しない」ということと「責任を負われない」ことは表裏一体の関係にあると言えます。また、インテリジェンス部門が政策に関与しないのは、インテリジェンスの客観性の維持のためです（第3章2）。したがって、インテリジェンス部門が「政策決定とその結果」に対しては責任を負わないということと、「インテリジェンスの客観性の維持」に対して責任を負うということは、やはり表裏一体の関係にあります。

4 インテリジェンスの定義をめぐる議論

(1) 背　景

前記のとおり、インテリジェンスの概念に関しては様々な見解が存在し、学術的にも実務的にも普遍的な「正解」としての定義を示すことは困難です。この背景には、各国において「インテリジェンス機関」と称される組織の機能や活動実態が必ずしも同一ではなく、その結果として、実務上の実態から帰納的に導き引き出される学術理論上の定義も多様化せざるを得ないという状況があると考えられます。こうした状況は、各国のインテリジェンス文化の相違の反映、すなわち、各国における外交・安全保障政策決定メカニズムの特徴の反映と考えられます。より根本的には、各国の政治的、歴史的、社会的文化的特徴の反映とみられます。[14]

重要なことは、現時点においてインテリジェンスの普遍的な定義は存在しないことを認識した上で、インテリジェンスに関する議論を行う際には予め定義に関する認識の相違の確認を行うことです。そうした概念定義の確認を経ない場合、論者の間で議論が上手く嚙み合わず混乱してしまう可能性があります。

以上を踏まえ、以下においては、インテリジェンスの定義をめぐる議論の動向を簡単に紹介します。

(2) 法令上の定義

第1に、インテリジェンスの法令上の定義を確認します。日本はもとより、インテリジェンス研究の先進国である米英においても、法令上、インテリジェンスに関する明確な定義は存在しません。

米国においてインテリジェンス機関の設置、活動等の重要な根拠法となっている国家安全保障法（The National Security Act of 1947）では、対外インテリジェンス（foreign intelligence）及びカウンターインテリジェンス（counterintelligence）の定義、国家インテリジェンス（national intelligence）の機能等が示されています。しかし、インテリジェンスそのものの明確な定義は示されていません。[15][16] イギリスにおいても、インテリジェンス機関法（Intelligence Services Act 1994）[17] 及び保安局法（Security Service Act 1989）[18] において、各インテリジェンス機関の目的、機能等は示されているものの、インテリジェンスの明確な定義は示されていません。

日本においても、法令上のインテリジェンスの定義は存在しません。[19]

(3) 学術理論上の定義

第2に、インテリジェンスの学術理論上の定義に関する議論を概観します。主要な見解は、次の2つの基準に

図表2-4　インテリジェンスの定義の整理

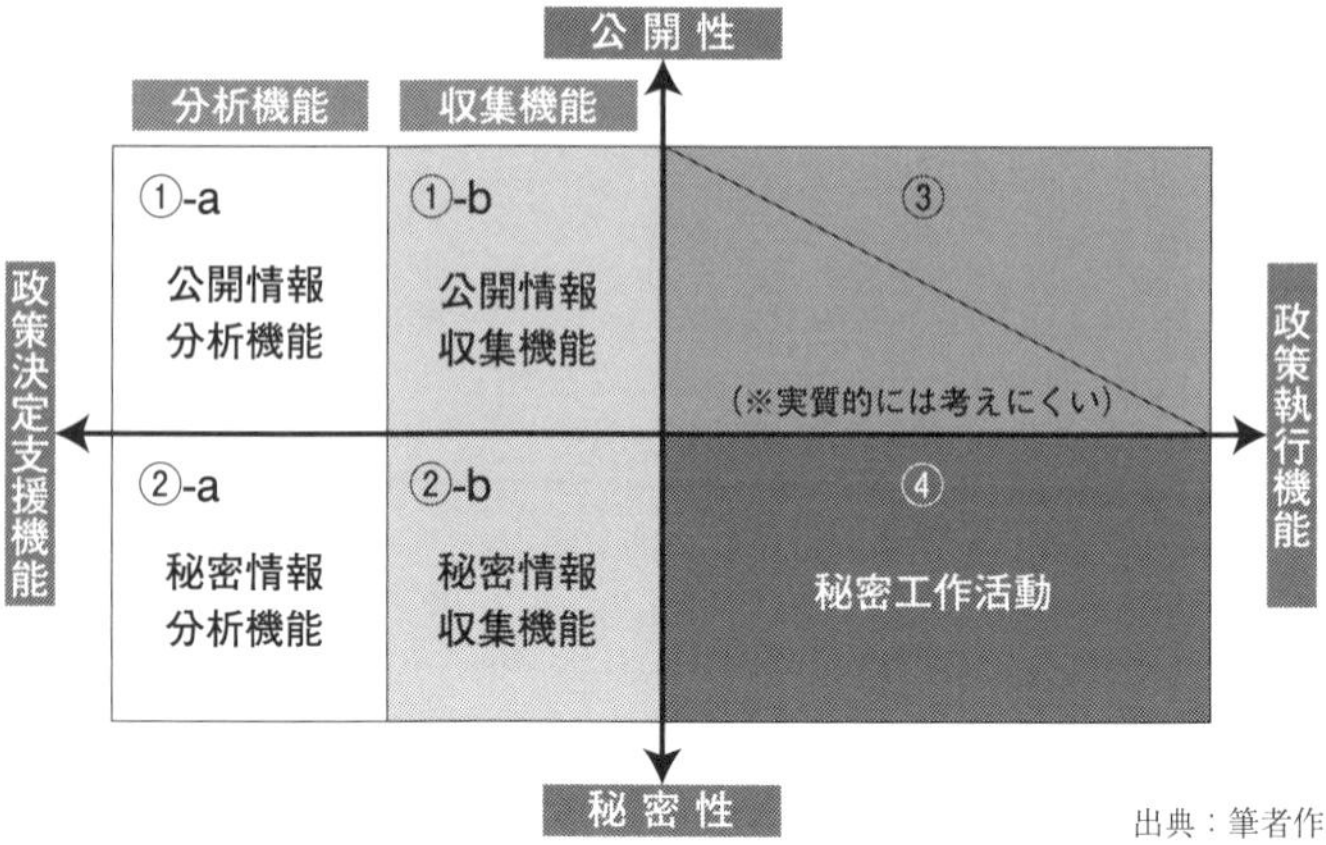

出典：筆者作成。

基づき、図表2–4のように大まかに整理することが可能です。

- 【横軸】インテリジェンスの機能の評価（インテリジェンスの機能として、政策決定支援と政策執行のいずれを重視するか）
- 【縦軸】インテリジェンスと秘密性の関係の評価（インテリジェンスの性質として、素材情報や活動の秘密性をどの程度重視するか）

米英における代表的な見解

政策決定の支援機能を重視する立場：米国――

インテリジェンスの定義に関する様々な見解のうち、米国における現在の有力説と考えられるローエンタールの見解は、インテリジェンスの定義の核心部分を「国家安全保障上の重要な問題に関する情報が、要求に基づいて収集・分析されて政策決定者に提供される仕組み」及び「そうした仕組みによって生産された成果物」としています。[20] こうした立場は、インテリジェンスの政策決定支援機能（カスタマーである政策部門の政策立案及び政策判断を支援する機能）を重視するものであり、[21] 図表2–4における①–a、①–b、②–a及び②–bの全てがインテリジェンスに含まれると考えます。米国及び日本における現在の実務も、概ねこうした立場に基づいています。

こうした立場は、その論理的帰結として、情報の収集と分析の両方ともインテリジェンスの機能として等しく重視します。なぜならば、収集と分析の双方が揃って初めて、カスタマーである政策部門の政策決定の役に立つ成果物（プロダクト）の生産が可能になるからです。

また、こうした立場は、インテリジェンスの素材として秘密情報のみならず公開情報をも同様に重視します。カスタマーである政策部門の政策決定に資するものであれば、秘密情報と公開情報をあえて区別する特段の合理性はないからです（第8章2）。

秘密情報の収集機能を重視する立場：イギリス――

イギリスの研究者であるデイビス（Philip Davies）は、同国においては、インテリジェンスの機能として、政策決定支援機能の中でも特に秘密情報の収集を重視する傾向がある旨を指摘しています。*22 こうした立場は、前記の米国的な考え方に比較して、インテリジェンスの範囲を狭く捉えるものです。すなわち、インテリジェンスの機能の中では収集機能の方が分析機能よりも重視されることになります。また、インテリジェンスの素材として公開情報は必ずしも重視されないことになります。図表2-4の中では、②-bのみがインテリジェンスの主要な機能と理解されます（なお、これは、同国の政府が全体として「分析機能や公開情報を重視していない」という意味ではありません。あくまで、同国において「インテリジェンス機関」と称される組織が主にどのような機能を重視しているかという議論です）。

秘密工作活動（Covert Action）の扱いに関する議論

図表2-4の④に該当するのは、いわゆる「秘密工作活動（Covert Action）」です（第11章）。例えば、外国政府転覆活動の支援、政治的影響力の拡大を目的とした偽情報の拡散等の謀略活動、様々な準軍事的活動等がありま す。インテリジェンスの政策決定支援機能を重視する立場からは、こうした秘密工作活動は、理論的にはインテ

リジェンスの範疇には含まれないと解されます。こうした活動は「**政策部門によって既に決定された政策を執行する機能**」であり、政策決定を支援する機能とは本質的に異なるからです。

しかし、例えば米国においては、同国に特有の歴史的背景事情等もあり、ＣＩＡ等のインテリジェンス機関がこうした秘密工作活動を担っている現実があります。こうした現象は、理論的には、「この種の活動を担い得る適当な組織が他にないという実務的な事情に基づき、インテリジェンス機関が言わば『副業』的にこれを担っている」と説明されます（第11章1）。

論者の中には、秘密性こそがインテリジェンスの本質であるとの認識に基づき、秘密情報の収集に加えてこうした秘密工作活動をインテリジェンスの中心的な機能に含めるとする見解もあります[*23]。こうした立場は、図表2−4の中では②−b及び④がインテリジェンスに含まれると考えます。他方、こうした立場では、その論理的帰結として、インテリジェンスの機能の中で政策決定支援機能は必ずしも絶対視されないことになります。また、インテリジェンスの素材として公開情報は重視されないことになります。

日本における議論及び実務の動向

日本においても、現時点では、インテリジェンスの定義に関する学術理論上の通説は十分には確立していないと考えられます。この背景事情として、第1に、日本においては、第二次大戦以後のインテリジェンス活動は欧米先進諸国に比較して小規模にとどまっていること（第6章2）、第2に、（その結果として）インテリジェンスに関する学術理論研究も十分には進展していないこと、などが考えられます。すなわち、「インテリジェンスの定義に関する通説がない」という状況自体が日本の政治・社会状況の反映であり、インテリジェンス文化の特徴の一つであるとも考えられます。そうした状況の中で、主な見解の例は次のとおりです。

外交官の北岡元は、「インテリジェンスとは、国家安全保障にとって重要な、ある種のインフォメーションから、要求・収集・分析というプロセスを経て生産され、政策立案者に提供されるプロダクトである」としています[*24]。こうした見解は、インテリジェンスの政策決定支援機能を重視する米国における立場に近いものです。

元内閣情報調査室長の大森義夫は、インテリジェンスの定義として「敵対勢力あるいはライバルについての秘密情報」や「対象側が隠している本音や実態すなわち機密を当方のニーズに合わせて探り出す合目的的な活動」と論じています[*25]。こうした立場は、インテリジェンスの機能を秘密情報の収集に限定する傾向が強いイギリスにおける立場に近いものです。

研究者の山本武利は、戦前の陸軍中野学校を始め戦前・戦中の日本軍のいわゆる「特務機関」の活動、すなわち秘密工作活動に関する研究成果を多く発表しています[*26]。この前提として、政策決定支援機能よりも秘密性をインテリジェンスの定義の中心に据えていると考えられます。一般に、歴史研究及びこれに近い研究分野においてはこうした傾向が強いとみられます。

近年の日本政府における実務上の各種のインテリジェンス機能改革（とりわけ２００８年以降の機構改革）は、インテリジェンスの政策決定支援機能を重視したものになっています（第６章３）。すなわち、ロ－エンタ－ル等に代表される米国的な考え方に概ね基づいたものです。こうした状況も踏まえ、本書におけるインテリジェンス定義も、政策決定支援機能を重視するものとしています（本章１）。

□本章のエッセンス

定　義――

・インテリジェンスに関して普遍的な定義を示すことは、学術的にも実務的にも困難です。

・本書では、「**国家安全保障上の重要な問題に関する情報が、要求に基づいて収集・分析されて政策決定者（policy makers）に提供される仕組み（プロセスあるいはシステム）**」及び「**そうした仕組みによって生産された成果物（プロダクト）**」との定義を使用します。

機　能――

・こうした定義に基づくと、インテリジェンスの最も重要な機能は「**国家安全保障に関し、政策決定を支援すること**」と考えられます。

・インテリジェンス部門は、政策判断者（狭義の政策決定者）及び政策立案部門とともに、政策決定において重要かつ不可欠なアクターの一つと言えます。

責　任――

・インテリジェンス部門は、「**業務遂行の時点において、客観的に最善のインテリジェンス（情勢評価等）を政策部門に提供すること**」**に対してのみ責任を負う**と考えられます。

・すなわち、インテリジェンス部門は、前記の責務を果たしている限り、「100％の真実解明」の責任や、「政策決定とその結果」に対する責任を負うものではないと考えられます。

インテリジェンスの定義をめぐる議論――

・インテリジェンスの定義が多様である背景には、各国のインテリジェンス文化の相違、すなわち、各国における外交・安全保障政策決定メカニズムの相違があると考えられます。

・現在の米国や日本の実務では、前記の定義のとおり、インテリジェンスの**政策決定支援機能**を重視する立場が主流と考えられます。これに対して、イギリスでは、この中でも特に**秘密情報収集機能**を重視する立場が主流と考えられます。また、歴史研究等の立場からは、**秘密性、特に政策執行機能である秘密工作活動**を重視する見方もあります。

COLUMN 「判断を支援する」と「判断を容易にする」は同義か

本文中で述べたように、インテリジェンスの最も重要な機能は「国家安全保障に関し、政策決定を支援すること」です。では、大統領、総理大臣等の政策判断者（狭義の政策決定者）にとって、「インテリジェンスの支援がある」ということは、「政策判断をより容易に行える」ことを意味するのでしょうか。実際には必ずしもそうとは限りません。すなわち、**インテリジェンスによる「判断の支援」は「判断を容易にする」ことを必ずしも意味しない**と考えられます。

理由として、本章3のとおり、政策判断を行うには、客観的な情勢評価等と主観的な価値判断の双方が必要です。すなわち、国家安全保障にかかる判断の多くは、客観情勢が十分に把握できたとしても、なお、複雑かつ困難な価値判断を伴う場合が少なくありません。**インテリジェンスが支援し得るのは主に前者の情勢評価等であり、後者の価値判断の負担を軽減し得るものでは必ずしもありません。**[◇1] 政策判断者が適切な価値判断を行うためには、別途、然るべき判断能力（各種のバイアスを排除する能力、決断を下す胆力等）が必要とされます。

加えて、客観的な情勢評価の精度が向上することによって、価値判断がより困難になる場合もあります。こうした例としては、第1に、俗に言う**「現実に向き合う辛さ」、「知らない方が幸せ」等の問題**があります。すなわち、インテリジェンスによって客観的な情勢評価がより詳細に把握できるようになった結果、そうした状況に向き合う作業は、政策判断者に対してより厳しい精神的な負担を課す場合もあります。特に、客観的な情勢評価が政策判断者にとって不愉快、不都合なものである場合にはそうした傾向が高くなると考えられます（例えば、戦時中に、戦況の見通しが芳しくない旨の情勢評価に向き合うこと）。

第2に、インテリジェンスによって客観的な情勢がより詳細に把握・評価できるようになった結果、**政策オプションの幅が広がる**（すなわち、判断の際に考慮に入れるべき要素が多くなる）ことがあります。こうした状況は、より適切な判断の確保のために客観的には好ましいことと考えられる一方、**政策判断者自身が直面する価値判断はより複雑化かつ困難化する**可能性があります。[◇2] その結果、政策判断者に対しては、より高度な判断能力が求められることになります。

こうした課題はあるにせよ、インテリジェンス理論は、「政策判断者（狭義の政策決定者）はこれらの課題を克服し得る能力を備えている」、「インテリジェンスによる支援があった方が、政策判断者はより適切な判断をし得る総合的な可能性が高まる」との前提に基づいて構築されています。

加えて、**民主主義国家**においては、政策判断者（狭義の政策決定者）**が適切なインテリジェンスを踏まえた上で（＝承知した上で）判断を行うことは、当該判断の正統性(legitimacy）を確保するために重要**と考えられます。

すなわち、各種の政策に対する評価は一般に、「当該政策がもたらした結果に対する評価」と「政策決定過程（手続き）に対する評価」の双方に基づき総合的に判断されると考えられます。後者の部分（政策決定過程に対する評価）に関し、インテリジェンスを踏まえた判断は、そうではない判断に比較して正統性が高いと評価されると考えられます。こうした点は、国民等に対する説明責任の観点から重要です（第1章2）。

なお、インテリジェンスを「踏まえる」（＝承知する）ということは、これに「従う」ことを必ずしも意味しません。大統領、総理大臣等の政策判断者（狭義の政策決定者）が、

インテリジェンス部門の情勢評価等とは必ずしも平仄が合わないとみられる政策判断を行うこともあり得ます（本章3、第3章コラム）。そうした判断に対して国民の支持を得るためには、政策判断者自身による十分な**リスク・コミュニケーション**が求められます。

1　こうした問題は、リーダー論、意思決定論等において研究されています。主に心理学的なアプローチの他、近年では行動経済学のプロスペクト理論を応用した研究等もみられます（例えば、牧野（2018））。

2　国家安全保障とは離れますが、例えば、個人が自分の健康問題に関して今後の治療方法等を検討する場合、1人の主治医に依存するよりも複数の医師の見解を求める方が、自己の健康状態や今後の治療オプションの可能性をより客観的かつ詳細に把握できる可能性が高まります。しかし同時に、そうした場合、自己の健康状態の現実に向き合う精神的なストレスが高まる場合があります（「現実に向き合う辛さ」、「知らない方が幸せ」等の問題）。また、今後の治療方法のオプションの幅が広がることによって、当該個人としては、治療方針の選択決定に際してより複雑・困難な判断に直面することを余儀なくされる場合があります。

COLUMN

インテリジェンスの失敗（Intelligence Failure）[1]

本文中で述べたように、インテリジェンスの最も重要な機能は「国家安全保障に関し、政策決定を支援すること」です。ローエンタールは、こうした機能の中でも特に重要なことは「戦略的サプライズ（Strategic Surprise）の回避」、すなわち、「国家を存亡の危機に陥れかねないような深刻な脅威や出来事等の動向を見過ごさないこと」と指摘しています。[2] なぜならば、こうした事態が発生する可能性を事前にある程度予測できれば、政策判断者は最悪の事態を避けるために然るべき政策判断ができる可能性があるからです。

逆に、インテリジェンス部門がこうした事態の予測に失敗すれば、政策判断者は決断を誤ってしまう（＝予めの対応措置を採れない）可能性が高く、結果として国家を存亡の危機に陥れてしまう可能性が高くなると考えられます。こうした事例は、「インテリジェンスの失敗（Intelligence Failure）」と言われます。

２０１２年１月３日付の米国フォーリンポリシー誌（Foreign Policy）は、「米国における『インテリジェンスの失敗』の10大事例」として次を指摘しています（年代順）。[3] ①真珠湾攻撃（１９４１年）、②ピッグス湾事件（１９６１年）、③ベトナム戦争におけるテト攻勢（１９６８年）、④第４次中東戦争（１９７３年）、⑤イラン革命（１９７９年）、⑥ソ連のアフガニスタン侵攻（１９７９年）、⑦ソ連崩壊（１９９１年）、⑧インドの核実験（１９９８年）、⑨９１１事件（２００１年）、⑩イラクにおける大量破壊兵器問題（２００３年〜）。以上に加えて、例えば、アラブの春（２０１０〜２０１２年）等も「インテリジェンスの失敗」の主要事例と考えることが可能です。

なお、国家安全保障上の深刻な結果をもたらした様々な事例が、インテリジェンス部門が責任を問われるべきインテリジェンスの失敗に該当するのか、あるいは「インテリジェンス部門は十分な責務を果たしており、むしろ政策部門側の判断等に問題があった」事例に該当するのかの評価は容易ではありません（本章３）。前記の10個の事例の一部に関しても、そうした評価はあり得ます。

1　インテリジェンスの失敗に関しては、米国の研究者であるワーツ（James J. Wirtz）による詳細な研究書籍（Wirtz (2016)）があります。
2　Lowenthal (2019), pp. 2-3.
3　"The Ten Biggest American Intelligence Failures." *Foreign Policy*, January 3, 2012. https://foreignpolicy.com/2012/01/03/the-ten-biggest-american-intelligence-failures/（２０２１年４月１日閲覧）

□第3章□

インテリジェンス理論に体系はあるのか

インテリジェンスの理論には何らかの基本的な理念、鳥観図的な体系等はあるのでしょうか。また、理論研究上の課題にはどのようなものがあるのでしょうか。本章では、前章（第2章）で確認したインテリジェンスの定義、基本的な機能を踏まえ、こうした諸問題を検討します。

1 インテリジェンス理論の体系[*1]

(1) 基本的な考え方――理論体系は、定義、機能から導き出される4つの基本理念

第2章で確認したとおり、本書では、インテリジェンスを「国家安全保障上の重要な問題に関する情報が、要求に基づいて収集・分析されて政策決定者に提供される仕組み」及び「そうした仕組みによって生産された成果物」と定義し、インテリジェンスの最も重要な機能を「国家安全保障に関し、政策決定を支援すること」と位置付けます。こうした考え方は、現在の米国における有力な学説、日米における実務の立場に近いものです（第2章4）。

現在の米国等におけるインテリジェンス理論の学術研究は、こうしたインテリジェンスの定義及び機能を前提として、**「国家安全保障に関する政策決定の支援」という制度目標を達成するため、政府のインテリジェンスの組織、制度等の適切な在り方を探求することを主要な課題**としています。図表3-1はそうしたインテリジェンス理論の体系を示したものです。

こうしたインテリジェンス理論の体系では、前記のような制度目的を達成するための主要な理念として、**①客観性の維持、②政策部門からのリクワイアメント**（要求）**優先、③秘匿性の確保、④民主的統制の実施、**が重視されています。加えて、それぞれの理念を実現するため、より具体的な制度、実務上の慣習、その他の考え方等

図表 3-1　インテリジェンス理論の体系（その 1）：従来の体系

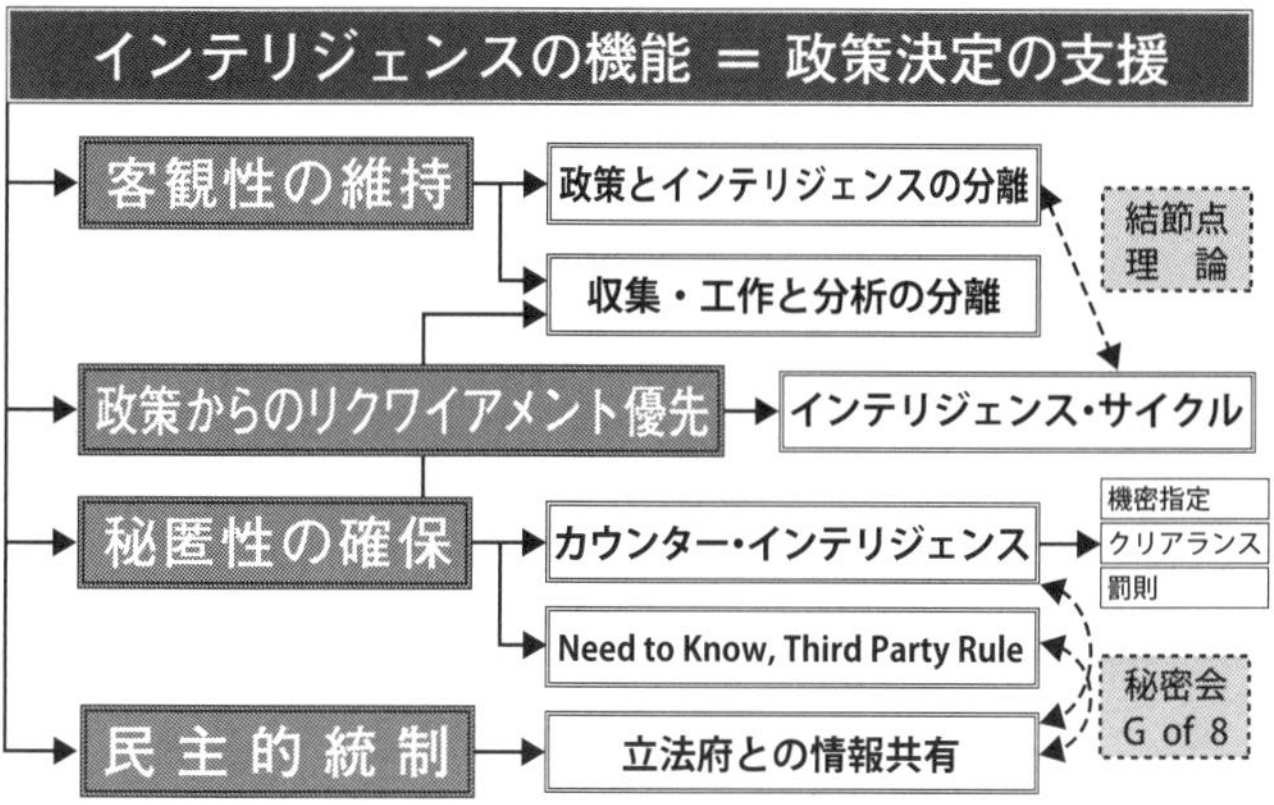

出典：筆者作成。

図表 3-2　インテリジェンス理論の体系（その 2）：新たな体系

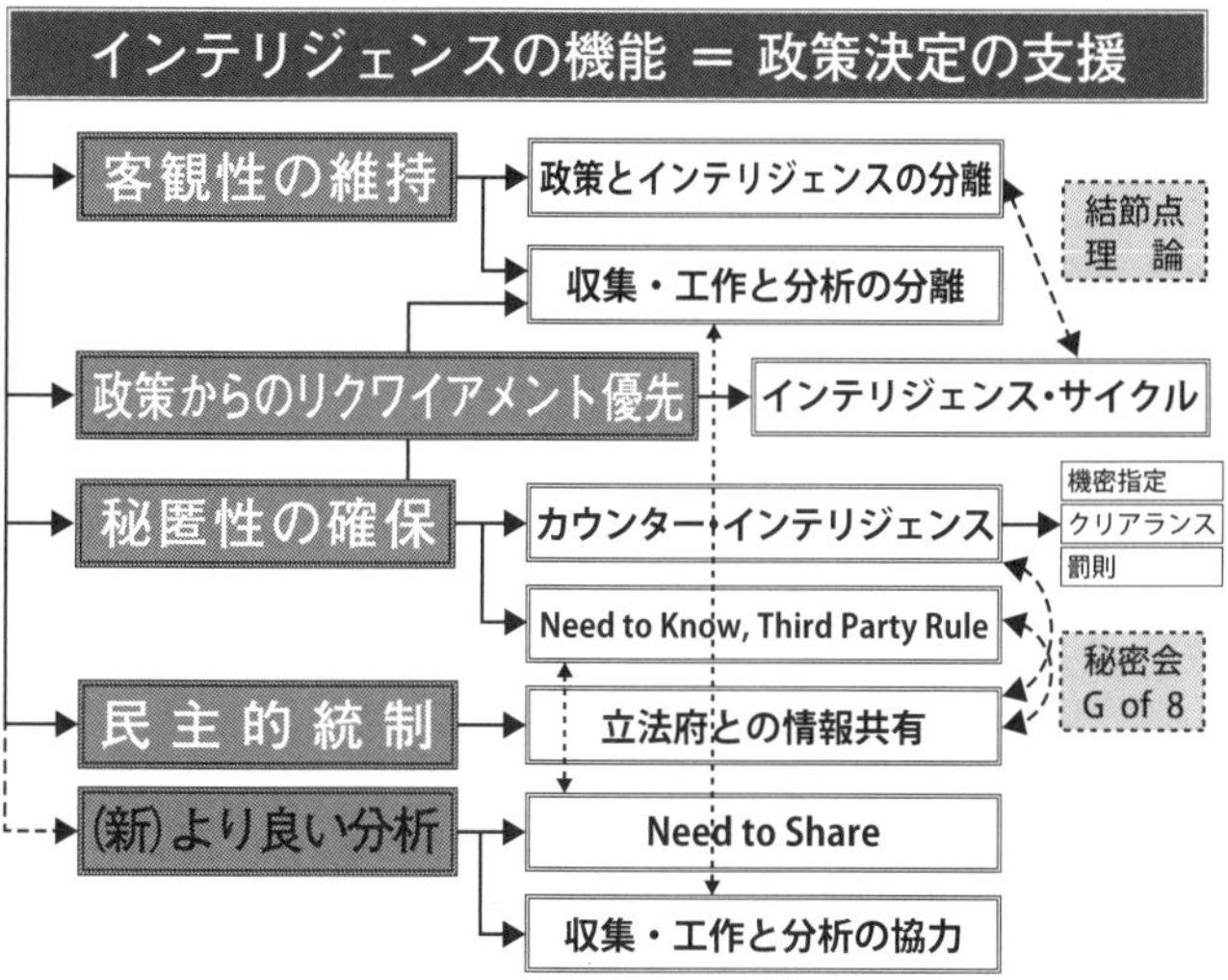

出典：筆者作成。

が派生しています。

なお、21世紀に入り、米国等においては、９１１事件（２００１年）、イラクにおける大量破壊兵器問題（２００３年～）等からの教訓を踏まえ、より良いインテリジェンス活動の実践（特に分析の向上）を目指して、従来からの考え方に加えて、ニード・トゥ・シェア（Need to Share）、分析部門と収集部門・工作部門の協力等の新しい考え方が主張されるようになっています（図表３-２）。

(2) 課 題

理論と実務の乖離の調整

これらの基本的な理念等の中には、法令に基づく制度、実務上の慣習等として実際に実行されているものもあります。他方で、理論的な目標ではあるものの、実務上は必ずしも十分には実行されていないものもあります。インテリジェンス理論の学術研究の課題の一つは、こうした理論的な目標と実務上の実態の乖離をどのようにして克服するかという点にあります。

理念同士の矛盾の調整

これらの理念はいずれも、「国家安全保障に関する政策決定の支援」というインテリジェンスの目標を達成するために導き出されたものです。しかし、実際の局面においてはそれぞれの理念が相互に矛盾を来す場合も少なくありません。インテリジェンス理論の学術研究のもう一つの課題は、こうした各種の理念の間の矛盾や緊張関係をどのようにして調整するかという点にあります（本章７）。

以下では、それぞれの代表的な理念の内容を概観した上で、課題の所在、特に、各理念の間の矛盾や緊張関係について概観します。

2　基本理念1──客観性の維持

(1)　客観性の維持の必要性

インテリジェンスの最も重要な機能は「国家安全保障に関する政策決定の支援」です。インテリジェンスがこうした機能を果たすためには、インテリジェンスの客観性が維持されることが極めて重要です。なぜならば、客観性を欠くインテリジェンス、すなわち歪曲されたインテリジェンスは、カスタマーである政策部門、とりわけ大統領、総理大臣等の政策判断者（狭義の政策決定者）の判断を誤らせる可能性が高いからです。例えば、戦時中において、客観的には戦況は芳しくないにもかかわらず、「勝つ可能性が高い」と意図的に歪曲された内容の情勢評価が政策判断者である最高指導者等に届けられるような場合です。

したがって、いわゆる「悪い知らせ」、すなわちカスタマーである政策部門にとって不快、不都合なインテリジェンス（例えば、「戦況が芳しくない」旨の情勢評価）であっても、客観性を維持したまま政策部門に伝達されるべきと考えられます。

なお、インテリジェンスの客観性の維持、さらにはこれを確保するための「政策部門とインテリジェンス部門の分離」（後述）の帰結として、インテリジェンスの情勢評価等と政策判断者の最終的な決断が必ずしも平仄が合わない場合もあり得ます。すなわち、インテリジェンス部門が政策部門に提供した情勢評価等は必ずしも全て政策決定に反映されるとは限りません（第2章3）。例えば、戦時中に「戦況が思わしくない」、「このままでは敗色濃厚」等との情勢評価をインテリジェンス部門が報告した場合でも、政策判断者は戦争の続行を決断する場合があり得ます（本章コラム）。

(2) インテリジェンスの政治化

インテリジェンスが客観性を欠く事態、すなわちインテリジェンスの歪曲は、何らかの政治的意図によって発生する場合が少なくないと考えられます。したがって、インテリジェンスの歪曲は、**インテリジェンスの政治化**（Politicized Intelligence）の問題として論じられることが少なくありません。インテリジェンスの政治化に関する確立した定義はありませんが、例えば、「政治的な理由により、インテリジェンスの内容が意図的に歪曲されること」と言えます。[*2]

インテリジェンスの政治化は、政策部門、インテリジェンス部門のいずれの主導によっても発生し得ます[*3]（ただし、実際には、両者の区別は曖昧な場合も少なくありません）。

政策部門の主導による政治化

第1のカテゴリーは、政策部門がインテリジェンスの政治化を主導する場合です。典型的には、政策部門に属する政治家が、自己の好む政策オプションを支持するようなインテリジェンス・プロダクトを得るために、分析の内容を歪曲するようにインテリジェンス部門に働き掛ける、あるいは圧力を掛ける場合です。

例えば、米国の中央情報局（CIA）の元分析官は、2001年の911事件の後、G・W・ブッシュ（George W. Bush）政権（当時）の高官（リビー（Lewis "Scooter" Libby）副大統領首席補佐官）から、同事件を引き起こしたテロ組織・アルカイダとイラクのフセイン（Saddam Hussein）政権の緊密な関係を裏付けるような情勢評価を作成するよう圧力を受けた旨を証言しています。[*4] 背景として、同高官らは、フセイン政権に対する軍事攻撃を実行する口実を探していたとみられます。

インテリジェンス部門の主導による政治化

第2のカテゴリーは、インテリジェンス部門自身がインテリジェンスの政治化を主導する場合です。これは更に2つの場合に分かれます。

第1は、インテリジェンス機関（あるいはインテリジェンス機関内の特定の部署、個人等）が、ある特定の政策の実現を意図し、政策部門に伝達するインテリジェンス（情勢評価評価等）の内容を故意に歪曲する場合です。例えば、戦時中に、インテリジェンス機関（あるいはインテリジェンス機関内の特定の部署、個人等）が「戦争の続行こそが好ましい政策判断である」との考えを持ち、戦況に関する情勢評価を戦争続行が有利であるとの方向に歪曲して政策部門に伝達するような場合です。なお、こうしたインテリジェンス側の特定の政策に対する志向（好き嫌い）は、当事者の主観としてはあくまで国益を追求する意図である場合もあれば、特定の組織や個人の利益の実現を追求する意図である場合もあります。

第2は、インテリジェンス機関（あるいはインテリジェンス機関内の特定の部署、個人等）が政策部門、特に大統領等の政策判断者（狭義の政策決定者）に対しておもねる（忖度する）目的で、インテリジェンスの内容を故意に歪曲する場合です。例えば、2003年のイラク戦争の開戦に当たっては、米国のG・W・ブッシュ政権（当時）が従前から開戦に向けて積極的であったことから、CIA等もイラクの大量破壊兵器の開発状況に関する情勢評価に関して、政権の意図に沿うような歪曲を行ったのではないかとの疑惑が持たれました（イラクにおける大量破壊兵器問題（第7章5））。特に、2003年2月5日の国連安全保障理事会におけるパウエル（Colin Powell）国務長官（当時）の演説（イラクによる大量破壊兵器の開発疑惑を強調する内容）に関し、同演説の起草に関与したCIAにおいてインテリジェンスの政治化があったとの見方もあります（ただし、2005年3月、同問題に関する大統領の調査委員会は、そうしたインテリジェンスの歪曲は認められなかった旨の結論を出しています[*5]（第12章2））。

こうした過去の経緯もあり、米国においては、インテリジェンスの客観性の維持、特に政治性の排除の問題は、国家情報長官（DNI）、CIA長官等インテリジェンス・コミュニティ（IC）の幹部の人事に際しても、「不可欠な資質の一つ」としてしばしば議論の俎上にあげられています。例えば、バイデン（Joe Biden）政権の発足とともに新たな国家情報長官に指名されたヘインズ（Avril Haines）は、２０２１年１月19日、連邦議会上院インテリジェンス問題特別委員会での自身の指名承認に関する公聴会において次の通り証言しています[*6][*7]。

「国家情報長官が効果的に機能するためには、同長官は**権力に対して真実を語ることを決して躊躇してはならない**。たとえそれが不都合、困難である場合でもそうである。インテリジェンス・コミュニティーの健全性を守るため、国家情報長官は、**インテリジェンスに政治が入り込む余地はない**との姿勢を堅持しなければならない」（ゴチックは筆者が付したもの）。

(3) 政策部門とインテリジェンス部門の分離

インテリジェンスの政治化等を防止してインテリジェンスの客観性を担保するため、学術上、政策部門とインテリジェンス部門は、組織的にも機能的にも分離されるべきとされます。すなわち、情勢評価等を担当するインテリジェンス部門は政策立案や政策判断に関与するべきではないと考えられます（第2章2）。なぜならば、政策立案や政策判断に関与すると、特定の政策に対する志向（好き嫌い）が生まれてしまい、情勢評価等の客観性が損なわれてしまう可能性があるからです。

実際に、日本を始め欧米先進諸国のインテリジェンス部門は政策担当部門とは別の組織になっており、原則として政策立案・政策判断には関与しない仕組みになっています。実務の場面においても、インテリジェンス部門は政策部門に対して情勢評価等を示すにとどまり、政策の可否（どの政策オプションをとるべきか等）に関する見解を示すべきでないとされます。同時に、政策部門も、インテリジェンス担当者に対しては客観的な情勢評価等を求めるにとどめ、政策の可否に関する見解までも求めることは慎むべきと考えられます。[8][9]

こうした考え方は、現在の日本のＩＣの在り方の基本的な考え方を示した文書である「官邸における情報機能の強化の方針」（平成20年（２００８年）２月14日情報機能強化検討会議）（第６章３）においても次のとおり明示されています。

「適正な政策判断を行うためには、収集された情報を政策部門から独立した客観的な視点で評価・分析する別個の部門が必要であることから、官邸における**政策部門と情報部門は**、官邸首脳の下、**別個独立の組織とし、政策と情報の分離を担保する**」（情報機能強化検討会議（２００８）、２頁）（ゴチックは筆者が付したもの）。

それ以前にも、例えば１９９７年（平成９年）12月に発表された行政改革会議の最終報告の中にも、「内閣機能の強化」に関する部分において「情報機能については、(1)『**情報と政策の分離**』の観点及び(2)情報分析業務の専門性に照らし、内閣官房に、総合戦略を担う部門とは別に、**独立かつ恒常的な組織を設ける**」との記載がみられます（ゴチックは筆者が付したもの）[10]。

(4) 分析部門と収集部門・工作部門の分離

インテリジェンス機関の中においても、学術上、分析の客観性を確保するため、分析担当部門は収集担当部門、秘密工作活動担当部門等と分離されるべきとされます。

仮に分析担当者が分析の対象たる素材情報の収集活動や秘密工作活動に自ら関与しているならば、そうした自分自身の担当業務に関心が向き、これを積極的に支持するような分析内容に傾いてしまう可能性が危惧されます（第9章2）。

加えて、収集活動における情報源の秘匿の確保の観点からも、両部門は分離されるべきとされます。これは、後述のニード・トゥ・ノウの考え方（本章4）の組織論への応用と言えます（第8章3）[*11]。

(5) 課題

政策部門とインテリジェンス部門の分離の考え方からは、実務面においても、両部門が組織的、機能的に（場合によっては物理的にも）分離されていることが望ましいとされます。他方、後述の政策部門からのリクワイアメント優先の考え方（本章3）は、リクワイアメント付与のために、両部門の間で緊密なコミュニケーションが確保されることが重要と考えます。

分析部門と収集部門・工作部門の分離の考え方に関しても、911事件（2001年）、イラクにおける大量破壊兵器問題（2003年〜）等の教訓を背景として、逆にこうした関係部門を緊密に連携させた方がより的確な分析、より迅速な工作等が可能になるとの考え方もあります（本章6）[*12]。

したがって、こうした一見緊張関係にある理念同士の調整が課題となります（本章7）。

3 基本理念2——政策部門からのリクワイアメント（要求）優先

(1) リクワイアメント（要求）優先の意義

インテリジェンスの最も重要な機能を「国家安全保障に関する政策決定の支援」と捉える考え方の背景には、

「国家安全保障における政策決定の『主役』は政策部門（政策判断者と政策立案部門）であり、インテリジェンス部門はそれを支援する『道具』である」という考え方があります。政策部門がインテリジェンスの**カスタマー（customer：顧客）**と呼ばれるのも、こうした考え方の反映と考えられます。

こうした考え方は、政策部門からのリクワイアメント優先、すなわち、「インテリジェンスは政策部門からのリクワイアメントの付与に基づいて初めて機能する」という考え方に繋がります（詳細は第5章2）。

このような理念は、米国を始めとする西側先進諸国におけるインテリジェンスに関する学術研究の中でも重視されています。[*13]この背景には、ともすると両部門の主従関係が逆転し、インテリジェンス部門が政策部門の意思に反して勝手に暴走する事態（インテリジェンスの暴走）の危険性が認識されていると考えられます。例えば米国においては、イラン・コントラ事件（1986〜1987年）のような「暴走」の事例が実際に発生しています（第7章5）。

(2) インテリジェンス・サイクル

政府内においてインテリジェンス・プロダクト（第2章1）が生産される一連の過程はインテリジェンス・プロセスと呼ばれます。こうしたプロセスは、政策部門を始点及び終点とした循環形（サイクル）と考えられます。したがって、インテリジェンス・プロセスはインテリジェンス・サイクルとも呼ばれます（第5章1）。

こうしたインテリジェンス・サイクルの考え方は、政策部門からのリクワイアメントの付与をインテリジェンス活動が始動する「前提」と位置付けています。その意味で、インテリジェンス・サイクルの考え方は、リクワイアメント優先の考え方を実務的に具体化したものと言えます（詳細は第5章）。

(3) 課　題

政策部門からのリクワイアメント優先を実践するためには、政策部門からICに対してリクワイアメントの付与が適切に行われることが必要です。そのためには両部門の間で緊密なコミュニケーションが確保されることが重要です（第5章2）。

他方、両部門の緊密なコミュニケーションは、政策部門とインテリジェンス部門の分離（本章2）と矛盾を来す可能性もあります。こうした一見緊張関係にある理念同士の調整が課題となります（本章7）。

4　基本理念3――秘匿性の確保

(1) 秘匿性の確保の必要性

インテリジェンス活動は、時として「相手側が隠している事項」を情報収集や分析の対象とすることがあります（例えば、他国の軍事能力、外交交渉上の本音等）。インテリジェンス部門のカスタマーである政策部門が、自国の国家安全保障上の問題に関して政策決定を行うためにこうした「相手側が隠している事項」に関するインテリジェンスを必要としているのであれば、インテリジェンス部門がそうした相手方の機密事項を活動の対象とすることは、自己の責務を果たす上で当然とも言えます。したがって、インテリジェンス活動や能力の詳細は（そうした活動の存在も含めて）極めて秘匿性の高い事項とされます。

理由の第一として、インテリジェンス活動の意図（どのような事項に関するインテリジェンスを欲しているのか）や能力（体制、手法、情報源の所在等）が相手側に承知されてしまった場合、相手側としては防御措置が採りやすくなります。例えば、米国のエイムズ事件（1994年摘発）及びハンセン事件（2001年摘発）（CIA及び連邦捜査局（FBI）職員がソ連及びロシアのインテリジェンス機関にリクルートされ秘密情報を漏洩していた事案）の結果、ソ連・ロシア内部における米国インテリジェンス機関の人的情報源が一網打尽にされ、米国の対ソ・露インテリジェンス活動に大きな支障を来したとみられます（第7章5、第10章コラム）。第二に、秘匿性の確保が不十分なインテリジェンス機関は、他のインテリジェンス機関からの十分な信頼と協力を得にくくなる可能性があります（第8章6）。こうした状況は、当方のインテリジェンス活動を困難なものとし、政策決定の支援というインテリジェンスの責務を果たすことを困難とします。

(2) カウンターインテリジェンスのための諸制度

多くの国においては、インテリジェンスの秘匿性を確保するため、カウンターインテリジェンス（第10章）に関する諸施策が実施されています。特に、秘密情報の漏洩の未然防止を図るべく、次のような制度が整備されているのが一般的です（第10章4）。

第1は**機密指定制度**（Classification System）です。[*14] 同制度では一般に、個別の情報の機密の区分（例えば、極秘、秘、取扱注意）の定義及び認定手続のほか、指定を受けた秘密情報の取扱方法、アクセス手続等が定められています。文書の収納場所の性能等を始め物理的管理の基準等が定められている場合もあります。

第2は**セキュリティクリアランス制度**（Security Clearance System）です。[*15] 同制度では一般に、機密指定制度に基づき指定を受けた秘密情報に関する各政府職員等の取扱権限、そうした権限を決定する手続等が定められています。[*16] 一定の資格要件を満たした者に対してのみ指定を受けた秘密情報の取扱権限等を認めるという意味で、言わば「資格制度」とも言えます。機密指定制度が各情報の属性に着目した制度であるのに対し、セキュリティクリアランス制度は情報を取り扱う各個人の属性に着目した制度です。一般的に両者は一体あるいは緊密な関係にあります。

第3は処罰法令の制定です。多くの国において、公務員の守秘義務違反、秘密情報の取扱手続違反等に対する罰則が定められています。加えて、特定の種類の重要な秘密情報に関しては、特別な法令等に基づいて特に罰則が重く科される場合もあります。

日本においては、特定秘密保護法がこれらの3項目をカバーしています（詳細は第10章4）。

(3) 実務上の慣習――ニード・トゥ・ノウ、サード・パーティー・ルール

米英を始め多くの国においては、秘匿性の確保を目的として、前記のような諸制度に加え、インテリジェンス活動における実務上の慣習として、いわゆるニード・トゥ・ノウやサード・パーティー・ルールが重視されています（第10章4）。これらはいずれも、インテリジェンスの共有を必要最小限度に限定することを目的としたものです。

第1のニード・トゥ・ノウ（Need to Know）とは、政府やインテリジェンス組織の内部においても、「そのインテリジェンスを本当に必要としている者にしか伝えない」として、不必要なインテリジェンス共有を避ける慣習です。*17 あくまでも実務上の慣習ですが、セキュリティクリアランス制度等によって制度化されている部分もあります。分析部門と収集部門・工作部門の分離（本章2）は、分析の客観性の維持の視点に加え、収集活動における情報源の秘匿を徹底するべくニード・トゥ・ノウを組織論に適用している面もあると考えられます（第8章3）。

第2のサード・パーティー・ルール（Third Party Rule）とは、「他者から提供を受けたインテリジェンスを、提供元の承諾なく勝手に別の第三者に提供してはならない」という実務上の慣習です。*18 例えば、報道によると、2017年5月、米国のトランプ（Donald Trump）大統領（当時）は、ロシア外相等と会談した際、シリアにおけるISISによるテロに関するインテリジェンスを披露したとされています。当該インテリジェンスはそも

そもイスラエルが米国に提供したものであり、ロシアへの提供に際して米国側は事前にイスラエル側の承諾を得ていなかったことから、イスラエルは米国に厳しく抗議したと報じられています。イスラエル側は、同国のシリアにおける人的情報源等がロシアを介して敵対するイラン等に漏洩される可能性を危惧していたとみられます。[*19]

(4) 課題

インテリジェンス活動の秘匿性の確保、特にニード・トゥ・ノウ、サード・パーティー・ルール等の慣習や考え方は、インテリジェンスに対する民主的統制、特に立法府とのインテリジェンス共有等の励行（本章5）等の考え方と矛盾を来す可能性もあります。こうした一見緊張関係にある理念同士の調整が課題となります（本章7）。

5 基本理念4——民主的統制の実施

(1) 民主的統制の必要性

国家のインテリジェンス機能は、軍事力や警察力と同様に、国民の権利自由に制約を加える作用を伴うことがあります。加えて、秘匿性が高い機能でもあります（本章4）。したがって、仮にインテリジェンス部門が暴走するようなことがあるとすれば、国民の権利自由を著しく侵害し、場合によっては国家の存亡を危うくしかねない潜在的な危険性があり得ます。実際、欧米先進諸国における先例に鑑みると、政府のインテリジェンス機能の強化にともない、こうした国民の懸念が高まった事例は少なくありません。やや古い例としては、米国のイラン・コントラ事件（1986〜1987年）があります（第7章5）。また、2001年の911事件の後の米国による様々なテロ対策の中では、国家安全保障局（NSA）による米国内の関係者に対する無令状の通信傍受（第8章4）、

ＣＩＡによるテロ容疑者等に対する拷問の疑いのある取調べ（第7章5、第8章3、第12章2）、ＣＩＡによるテロ容疑者等の第三国への不適切な移送（rendition）（第8章3、第11章及び4）、ＣＩＡによる無人偵察機（ドローン又はＵＡＶ）を利用したテロリスト等に対する攻撃（第8章5、第11章2及び4）等があります。さらに、２０１３年に発覚したスノーデン（Edward Snowden）による暴露事案（第7章5）では、米国の国家安全保障局等による大量の通話記録データの収集活動、インターネット上の通信情報の収集活動（いわゆるプリズムプログラム）、友好国の首脳に対するインテリジェンス活動等の状況が詳細に報道されることとなりました（第8章4）。

こうした状況に鑑みると、民主主義国家においては、インテリジェンス部門の権限強化とインテリジェンス部門に対する民主的統制の強化は適切なバランスの下に実行されるべきと考えられます。そうでなければ、インテリジェンス部門に対する国民からの信頼とインテリジェンス部門の民主的正統性（Democratic Legitimacy）が低下する可能性があり、そうした事態は結局のところインテリジェンス機能の低下を招く可能性があります。言い換えると、**民主主義国家においては、効果的なインテリジェンス活動を確保するためにも、インテリジェンス部門に対する適切な民主的な統制の制度を確立することが重要**と考えられます。米英を始め西側先進諸国におけるインテリジェンスに関する学術研究においても、こうした観点からインテリジェンス部門に対する民主的統制の重要性が強調されています。[*20]

本書が依拠しているインテリジェンスの定義及び機能の理解は、「国家安全保障における政策決定の『主役』は政策部門（政策判断者と政策立案部門）であり、インテリジェンス部門はそれを支援する『道具』である」というものです（第2章2）。こうしたインテリジェンスの本質に関する考え方からも、インテリジェンスに対する民主的統制の重要性が導き出されます。

西側先進諸国の多くにおいて、議会におけるインテリジェンス部門に対する監視機関の設置（例えば、米国の連邦上下両院におけるインテリジェンス問題担当の特別委員会）を始め、インテリジェンス部門に対する民主的統制のための諸制度が設置されています（詳細は第12章）。

(2) 課　題

インテリジェンスに対する民主的統制、特に立法府による統制は、インテリジェンス部門から立法府に対する報告等を前提とします。民主主義国家における議会審議は原則として公開である場合が多いことから、こうした立場は、インテリジェンス活動の秘匿性の確保、特にニード・トゥ・ノウやサード・パーティー・ルールといった実務上の慣習（本章4）等と矛盾を来す可能性もあります。こうした一見緊張関係にある理念同士の調整が課題となります（本章7）。

6　新たな理念

(1) 新たな考え方の登場

米国においては、911事件（2001年）及びイラクにおける大量破壊兵器問題（2003年〜）を契機に、従来のインテリジェンス機関の組織や業務の在り方に関して、様々な見直しが図られました。そうした中で、これらの事案からの教訓を踏まえ、より良いインテリジェンス活動の実践、とりわけより良い分析プロダクトの生産・提供を目的として、幾つかの新たな考え方が主張されるようになっています。

第1は**ニード・トゥ・シェア**（Need to Share）です。これは、インテリジェンスを関係機関、関係者等の間で可能な限り広く共有するとの考え方です。背景として、911事件の一因として米国のICの中で関係機関（特にCIAとFBI）同士のインテリジェンス共有が不十分であったとの認識があります。[*21] 同事件後の２００２年11月に国土安全保障省（DHS）が創設された狙いの一つには、同省を媒介として、連邦機関と地方自治体の法執行機関同士のインテリジェンス共有を促進することがあります。また、２００４年の国家情報長官（DNI）の創設は、インテリジェンス共有を含めたICの統合と協力の推進を目的としたものです（第7章1）。

第2は**分析部門と収集部門・工作部門の協力**です。これは、文字通り、分析部門と収集部門及び工作部門の協力をより緊密化させるという考え方です。[*22] 背景として、イラクにおける大量破壊兵器問題に関する分析の失敗があります。すなわち、米国ICによる当該事案に関する「インテリジェンスの失敗」の一因として、CIAの分析部門と収集部門の連携不足が指摘されています。当該事案においては、人的情報源の信用性に関する収集部門の懸念（低い評価）が分析部門に正確に共有されておらず、分析部門において誤った分析評価が継続して累積されてしまったとみられます（分析におけるレイヤリングの問題（第9章2））。[*23] こうした問題は、当該事案に関する大統領の調査委員会の報告書（２００５年3月）でも指摘されています（第7章5）。加えて、２００1年以降、CIA等の任務の中で、中東地域等における日々の戦術的な対テロ軍事活動への支援業務の比重が高まり、分析と工作のより迅速な連携が求められるようになりました。こうしたことから、例えばCIAにおいては、**ミッションセンター**（**Mission Center**）制度、すなわち、イラン問題、北朝鮮問題等の特定の課題に関し、収集、分析、工作等の担当者を一つの部署に集めて協働させる仕組みが導入されるようになっています[*24]（第8章6、第9章2）。

⑵ 課　題

ニード・トゥ・シェアの考え方は、秘匿性の確保を目的とした伝統的なニード・トゥ・ノウの考え方（本章4⑵）と矛盾を来す可能性があります。また、分析部門と収集部門・工作部門の協力の考え方は、インテリジェンスの客観性の維持を目的とした伝統的な分析部門と収集部門・工作部門の分離の考え方（本章2）と矛盾を来す可能性があります。こうした一見緊張関係にある理念同士の調整が課題となります（本章7、第8章6）。

7　理論上の課題

前記の4種類の理念はいずれも、「国家安全保障に関する政策決定の支援」というインテリジェンスの根本的な制度目標を達成するために導き出されているものです。しかし、実際の局面においてはそれぞれの理念が相互に矛盾を来す場合も少なくありません。こうした各種の理念の間の矛盾や緊張関係の調整は、インテリジェンス理論研究の重要な課題の一つです（本章1）。以下では主な例を概観します。

(1)「インテリジェンス部門と政策部門の分離」と「政策部門からのリクワイアメント（要求）優先」の調整

インテリジェンス部門と政策部門の分離の考え方に基づくと、両部門は、組織的、機能的に（場合によっては物理的にも）分離されていることが重要とされます（本章2）。実際に、日本を始め西側先進諸国のインテリジェンス部門は政策部門とは別の組織になっており、原則として政策立案・政策判断には関与しない仕組みになっています。これに対し、政策部門からのリクワイアメント優先の考え方に基づくと、リクワイアメント付与のために、両部門の間で緊密なコミュニケーションが確保されることが重要とされます（本章3）。政策部門からのリクワイアメントを経ないインテリジェンス活動は「インテリジェンスの暴走」となる危険性を孕むと考えられます（本章3、第5章2）。

こうした一見相矛盾する双方の考え方の調整を図るための仕組みと考えられるのが、「政策部門とインテリジェンス部門の結節点（連接点）（Hub）」の制度です。これは、正式な意思疎通のチャンネル（結節点）を通じた両部門の緊密な意思疎通を制度的に保証する一方で、こうした正式な意思疎通のチャンネルを通さない両部門間の恣意的な連絡を抑制するという制度です。例えば、米国においては国家安全保障会議（NSC）及び国家情報長官、日本においては内閣情報会議、内閣情報官、国家安全保障会議（NSC）及びその事務局である内閣官房国家安全保障局（NSS）等が主に両部門の結節点の機能を担っています（第5章2、第6章2、第7章3）。

前出（本章2）の「官邸における情報機能の強化の方針」（平成20年（2008年）2月14日情報機能強化検討会議）においても次のとおり明示されています（第6章3）。

「政策と情報の分離を前提としつつ、政策判断に資する情報の提供を確保するためには、**両者の有機的な連接が必要**である。そのため、官邸首脳の指揮の下、官邸の政策部門からの情報関心が明確かつタイムリーに情報部門に伝えられ、他方、（中略）情報が政策部門に提供されるよう、**内閣情報会議、内閣情報官及び各情報機関が連携して機能する**」（情報機能強化検討会議（2008）、2頁）（ゴチックは筆者が付したもの）。

(2) 秘匿性と民主的統制の調整

インテリジェンス機関が相手側の防御を回避するとともに、友好国等からの信頼と協力を十分に得るためには、秘匿性の確保が重要です。こうした観点から、カウンターインテリジェンスのための諸制度と並び、ニード・トゥ・ノウ、サード・パーティー・ルール等の実務上の慣習が広く認められています。これらはいずれも、インテリジェンスの共有を必要最小限度に限定することを目的としたものです（本章4）。他方、民主主義国家においては、効果的なインテリジェンス活動を確保するためにも、インテリジェンス部門に対する適切な民主的な統制の制度、特に立法府による統制の制度の確立が重要と考えられます。こうした統制制度は、インテリジェンス部門から立法府に対する報告等を前提とします（本章5、第12章1）。

こうした一見相矛盾する双方の考え方の調整を図るための仕組みとして、米国連邦議会においては秘匿性の確保のための様々な制度が取り入れられています（詳細は第12章2）。第1に、連邦議会におけるインテリジェンス関連の審議等は必要に応じて非公開の**秘密会**（closed session）として開催されます。第2に、インテリジェンス機関による秘密工作活動（Covert Action）（第11章）等に関する極めて機微な秘密事項に関しては、（インテリジェンス問題担当の委員会の委員全員ではなく）同委員会の最高幹部を含む少数の議会指導者のみに報告すれば足りるとされています（**ギャング・オブ・エイト**（Gang of Eight）及び**ギャング・オブ・フォー**（Gang of Four）の制度）[*25]。第3に、上下両院のインテリジェンス問題担当の委員会で勤務する議院職員は、業務上機微なインテリジェンスに触れる場合もあることから、必要に応じて行政府からセキュリティクリアランスの発行を受ける必要があります。

日本においても、衆参両院の情報監視審査会において、第1及び第3と類似の制度が採用されています。

(3) 新たな考え方と伝統的な考え方の調整

図表3-2のとおり、21世紀に入り、米国等においては、911事件（2001年）、イラクにおける大量破壊兵器問題（2003年〜）等からの教訓を踏まえ、より良いインテリジェンス活動の実践（特に分析の向上）を目指して、従来からの考え方に加えて、ニード・トゥ・シェア、分析部門と収集部門・工作部門の協力等の新しい考え方が主張されるようになっています。例えば、米国における国土安全保障省の創設（2002年）は連邦機関と地方機関の連携・協力、国家情報長官の創設（2004年）は連邦のインテリジェンス機関の統合・協力、をそれぞれ目的としたものです（本章6）。また、CIA等におけるミッションセンター制度の積極活用は、分析と

収集・工作の協力の推進を目的としたものです（本章6）。

しかし、ニード・トゥ・シェアの考え方は、秘匿性の確保を目的とした伝統的なニード・トゥ・ノウの考え方（本章4）と矛盾を来す可能性があります。また、分析部門と収集部門・工作部門の協力の考え方は、インテリジェンスの客観性の維持を目的とした伝統的な分析と収集・工作の分離の考え方（本章2）と矛盾を来す可能性があります（第8章6）。

前記の諸制度は新しい考え方の推進に一定の効果を果たしていると考えられる一方、必ずしも十分に課題を克服し切れていないとの指摘もあります。[*26] 例えば、スノーデンによる暴露事案（2013年）（第7章5）、いわゆるウィキリークス（WikiLeaks）による暴露事案（2010年）[*27] 等はニード・トゥ・シェアのもたらした弊害とも考えられ、まさにこうした危惧が現実化した事例と評価することも可能です。このように、様々な考え方の調整は引き続きの課題となっています。これらの課題に対する明確な回答を直ちに得ることは容易ではありません。ただし、検討に当たっては、局部的な視点のみではなく、インテリジェンス理論の体系の全体像を踏まえることが重要と考えられます。

□本章のエッセンス

- 現在の米国等におけるインテリジェンス理論の学術研究は、第2章で紹介したインテリジェンスの定義を前提として、「国家安全保障に関する政策決定の支援」という制度目標を達成するため、政府のインテリジェンスの組織、制度等の適切な在り方を探求することを主要な課題としています。
- こうした制度目的を達成するための主要な理念として、①客観性の維持、②政策部門からのリクワイアメント（要求）優先、③秘

匿性の確保、④民主的統制の実施、などが基本的な理念として重視されています。

・加えて、それぞれの理念を実現するため、より具体的な制度、実務上の慣習、その他の考え方等が派生しています。例えば、**政策部門とインテリジェンス部門の分離、分析部門と収集部門・工作部門の分離、インテリジェンス・サイクル、カウンターインテリジェンス、ニード・トゥ・ノウ、サード・パーティー・ルール、立法府との情報共有**等があります。

・21世紀に入り、米国等においては、９１１事件（２００１年）、イラクにおける大量破壊兵器問題（２００３年〜）等からの教訓を踏まえ、より良いインテリジェンス活動の実践（特に分析の向上）を目指して、従来からの考え方に加えて、**ニード・トゥ・シェア、分析部門と収集部門・工作部門の協力**等の新しい考え方が主張されるようになっています。

・これらの理念はいずれも、「国家安全保障に関する政策決定の支援」というインテリジェンスの目標を達成するために導き出されたものです。しかし、中には、実務上は必ずしも十分には実践されていないものもあります。また、実際の局面においてはそれぞれの理念が相互に矛盾を来す場合もあります。**こうした理論と実態の乖離の克服や各理念の間の矛盾の調整**は、インテリジェンス理論の学術研究における重要な課題となっています。

COLUMN

インテリジェンス部門の情勢評価と大統領の政策の矛盾？

２０１９年１月29日、米国のコーツ（Daniel Coats）国家情報長官（ＤＮＩ）（当時）は、連邦議会上院のインテリジェンス問題特別委員会において、議員からの質問に対し、「北朝鮮が核開発計画を断念する可能性は低いと評価している」、「イランは核合意を順守していると評価している」等の証言を行いました。こうした情勢評価は、トランプ（Donald Trump）大統領（当時）の対北朝鮮政策（対話の促進）や対イラン政策（核合意からの離脱）とは必ずしも平仄の合う内容ではありませんでした。こうした同長官の発言はどのように評価されるのでしょうか。

少なくとも理論的には、こうした発言は許容されると考えられます。

第1に、コーツ長官の発言は、大統領の政策そのものに関する評価（政策に関する支持・不支持等）を表明したものではありません。理論的には、**「政策そのものに対する評価」と「政策の前提となる情勢評価等」は別々**のものとして区別されます。[1] その上で、まず、インテリジェンスの客観性の確保、政策部門とインテリジェンス部門の分離の観点からは、インテリジェンス部門が前者（政策そのものに対する評価）に踏み込むことは慎むべきと考えられます。同時に、後者（政策の前提となる情勢評価等）に関しては、インテリジェンス部門は、仮に政策決定者の政策的志向とは平仄が合わないとしても、その客観性の維持に努めるべきと考えられます（本章2）。

こうした考え方の前提として、政策判断者は、自身の価値観等に基づき、インテリジェンス部門の情勢評価等とは必ずしも平仄が合わない政策判断を行うことも許容されると考えられます（本章2、第2章3及びコラム）。ただし、そうした場合、政策判断者は、国民に対してより丁寧な説明責任を負うと考えられます。こうした問題は、リスク・コミュニケーションの課題として論じられる場合もあります。

第2に、コーツ長官の発言は、議会における公聴会の場において、議員からの質問に応える中で行われたものです。こうした議会における答弁は、民主主義国家において各行政機関が国民に対するアカウンタビリティーを維持するためには重要な機会です。

以上は、あくまで理論的な考察です。実際には、こうしたインテリジェンス評価は政策判断者から私的な不興を買う可能性はあり得ます。背景として、特に、前記のような理論上の区別は、一般には理解されにくいと考えられます。コーツ長官はこの後、同年8月に辞任します（在任期間約2年5カ月）。背景に大統領との不仲があったとみられ、当該議会発言も大統領の不興を買う一因だった可能性があります。[2] 同長官（在2017年3月～2019年8月）の評価としては、本件も含めてインテリジェンスの客観性の維持（政治化の阻止）には、相当に尽力したとみられます。ただし、カスタマーであるトランプ大統領とのコミュニケーションには困難な面があったとみられます。

2021年1月19日、連邦上院インテリジェンス問題特別委員会は、バイデン（Joe Biden）政権（当時）によって国家情報長官に指名されたヘインズ（Avril Haines）の承認公聴会を開催しました。コーツ（元共和党）は同公聴会に出席し、ヘインズ（民主党）を支持するスピーチを行いました。こうした出来事は、コーツが党派を超えて、インテリジェンス関係者から一定の支持を得ていたことの証左と考えられます。

1　Lowenthal (2019), pp. 259-260.

2　"On North Korea and Iran, Intelligence Chiefs Contradict Trump," *The New York Times*, January 29, 2019; "Dan Coats to Step Down as Intelligence Chief: Trump Picks Loyalist for Job," *The New York Times*, July 28, 2019.

第4章

インテリジェンスの定義、機能に関連する様々な問題

インテリジェンスの定義等に関連する議論には、「何となくわかっているようで、実は良くよくわからない」と言われる論点もあります。例えば次のようなものです。

- インテリジェンス、インフォメーション、情報はそれぞれ異なるものなのでしょうか。
- 同盟国、友好国等を対象としたインテリジェンス活動もあり得るのでしょうか。
- インテリジェンスは特定の時代（例えば東西冷静期）のみに重要なものなのでしょうか。
- 「対外インテリジェンス」と「国内インテリジェンス」は本質的に異なるものなのでしょうか。
- 捜査機関とインテリジェンス機関は別々であるべきなのでしょうか。

本章では、このような各論点に関し、これまでに論じてきたインテリジェンスの定義、機能等（第2章、第3章）を踏まえつつ、理論的な考察を加えてみます。

---

1 インテリジェンス、インフォメーション、情報はそれぞれ異なるものなのか

英語の「インテリジェンス（intelligence）」という単語はしばしば「情報」と翻訳されます。同時に、「インフォメーション（information）」も「情報」と翻訳されます。それでは、インテリジェンスとインフォメーションは同じものなのでしょうか。

(1) インテリジェンスとインフォメーションの区別

本書の依拠しているインテリジェンスの定義（第2章1）に鑑みると、インテリジェンスとインフォメーションは本質的には異なるものと考えられます。すなわち、インフォメーションとは一般に、「ある事柄についての知らせ」[*1]、「事実」[*2]等と解されます。これに対して、インテリジェンスとは、「国の政策判断者（例えば総理大臣や大統領）が国家安全保障に関わる判断を行う際に、そうした判断を支援するために生産・提供される知識（情勢評価等）」及び「そうした知識（情勢評価等）が生産・提供される政府内の仕組み」と解されます。より端的に言うと、インフォメーションとは単なる事実（fact）であるのに対して、インテリジェンスは「政策部門の判断のために、情報（インフォメーション）から分析・加工された知識のプロダクト」です。

政策部門の判断の役に立つかどうか

インテリジェンスのインフォメーションの機能上の大きな違いは、**「カスタマーである政策部門の判断の役に立つものか否か」**という点です。インフォメーションは一般に、そのままでは政策部門の判断の役には立たない場合が少なくありません。これに対して、インテリジェンスは一般に、カスタマーである政策部門の判断の役に立つように、インフォメーションから加工されたプロダクトです。

天気予報の例で言うと（第2章2）、気温、気圧、風力などの気象データはインフォメーション（素材情報）であり、気象データから加工され生産された降水確率がインテリジェンスに相当します。また、レストランにおける料理にたとえると、インフォメーションとは、産地から取ってきた野菜、魚、肉等の「料理の素材」であり、そのままでは必ずしも顧客が食するには適さないものです。他方、インテリジェンスとは、これらの素材が調理されて皿に盛り付けられ、「顧客が直ちに食べられるまでに調理され盛り付けられた料理」と言えます。

素材のままか、あるいは加工されているか

このように、「素材のままか、あるいは加工されているか」が実質的にインフォメーションとインテリジェンスの区別の基準となっている場合も少なくありません。しかし、状況によっては、加工されていない事実、すなわちインフォメーションがそのままカスタマーの判断の役に立つインテリジェンスとなる場合もあり得ます（例えば、進行中の戦争の状況に関するリアルタイムの知らせ等）。逆に、インフォメーションから一定の加工がなされたプロダクトではあるものの、実質的にカスタマーの判断の役に立たない場合もあり得ます。こうしたプロダクトがインテリジェンスと言い得るかは議論の余地があるところです。このように、「素材のままか、あるいは加工されているか」は厳密にはインテリジェンスとインフォメーションの区別の基準ではないと考えられます。

(2) インテリジェンスの訳語は「情報」か

一般に、インテリジェンス及びインフォメーションの両方とも「情報」と翻訳される場合が少なくありません。しかし、実際には両者は質的に異なるものです。加えて、インフォメーションを「情報」と翻訳することは既に一般に広く定着していると考えられます。したがって、インテリジェンスの訳語としても同じ「情報」という単語を利用することは、両者が同一であるかの誤解や混乱を招く可能性があります。

こうした混乱を避けるため、インフォメーションを指す場合には単なる「情報」ではなく「素材情報」や「生（なま）情報」と言い、インテリジェンスとの混同を避ける場合もあります。

本書では、インテリジェンスの訳語として「情報」という語は原則として用いていません。「情報」という場合には原則としてインフォメーション、すなわち前記の「素材情報」や「生情報」を意味することとしています。ただし、例えば米国のCIAを中央情報局と言うように、既に定着した固有名詞等に関しては「情報」をインテリジェンスと同義で利用する場合があります。*3

2　同盟国、友好国等を対象としたインテリジェンス活動もあり得るのか

同盟国、友好国等を対象としたインテリジェンス活動はあり得るのでしょうか。

例えば、東西冷戦時における米国のＣＩＡとソ連の国家保安委員会（ＫＧＢ）の対立、９１１事件後のテロ対策等を扱った映画、小説等からは、「インテリジェンス活動とは競争相手国や敵対するテロ組織を対象としたものであり、同盟国、友好国等を対象としたインテリジェンス活動はあり得ないのでは」との印象を受けることがあるかもしれません。

しかし、**理論上は同盟国、友好国等を対象としたインテリジェンス活動もあり得る**と考えられます。すなわち、本書の依拠しているインテリジェンスの定義（第２章１）に鑑みると、インテリジェンスの最も重要な機能は、国家安全保障に関する政策決定を支援することと考えられます（第２章１）。したがって、たとえ同盟国、友好国等であっても、それらの国の動向が自国の国家安全保障に影響を及ぼし、カスタマーである政策部門がそうした事項に関するリクワイアメントをインテリジェンス部門に付与するのであれば、これらの国々の動向もインテリジェンス活動の対象になり得ます。[*4] 特に近年は、国家安全保障の概念が軍事的事項から非軍事的事項（経済、社会、環境、健康、文化等）に拡大・多様化していることもあり（第２章２、第13章２）、同盟国、友好国等に関するインテリジェンスの必要性は高まっていると考えられます。

例えば、スノーデンによる暴露事案（２０１３年）（第７章５）を受けて、米国の国家安全保障局（ＮＳＡ）等がドイツのメルケル（Angela Merkel）首相（当時）を始めとするヨーロッパの同盟国政府や国連機関の要人を対象に通信傍受を行っていたとの報道もあります。[*5] また、過去に米国において摘発されたいわゆるスパイ事案の中には、イスラエル、フィリピン、台湾等米国にとっての同盟国、友好国等が米国に対してインテリジェンス活動を

行っていたとみられる事案があります。[*6] これらの事例は、同盟国、友好国等の間でもインテリジェンス活動及びカウンターインテリジェンス活動が行われている状況を示しています（カウンターインテリジェンスに関しては第10章3）。

なお、理論上の考え方はこのとおりですが、実際には、インテリジェンス部門にとって同盟国、友好国等に対するインテリジェンス活動の優先度は必ずしも高くない可能性があり得ます。なぜならば、同盟国、友好国等に関する事項は、公開情報、日常的な業務協力等の中で一定程度把握できる可能性が高いからです。

3 インテリジェンスは特定の時代のみに重要なものなのか

インテリジェンスは特定の時代のみに重要性を持つものなのでしょうか。例えば、1991年のソ連崩壊と東西冷戦終了の後、1990年代を通じて米国のCIAの予算、人員等は大幅に削減されました。[*7] この背景には、当時「インテリジェンス機能は主に東西冷戦を戦うためのものだった」、「東西冷戦が終了したのだから、もはや大規模なインテリジェンス機能は不要だ」との認識が西側先進諸国等の一部にあったと考えられます。

(1) 時代にかかわらず変わらないもの――インテリジェンスの必要性

本書の依拠しているインテリジェンスの定義（第2章1）に鑑みると、**国家（あるいは国家にたとえられるような政治体）が安全保障に関する政策決定を行う限り、いつの時代においても、どこの国においても、インテリジェンス機能は必要**と考えられます。

実際、国家のインテリジェンス機能は決して近現代に特有の新しいものではありません。例えば、中国の春秋時代末期（紀元前5世紀頃）に孫武によって記された兵学書とされる『孫子』にもインテリジェンスを重視する旨の様々な記述がみられます。[*8] 日本の戦国時代に諸大名がいわゆる「忍びの者」を放ち諸国の政情等を探らせたのも一種のインテリジェンス活動と考えられます。

また、例えば、米国のエイムズ事件（１９９４年摘発）及びハンセン事件（２００１年摘発）（ＣＩＡ及び連邦捜査局（ＦＢＩ）職員がソ連及びロシアのインテリジェンス機関にリクルートされ秘密情報を漏洩していた事案）等を通じて、東西冷戦後もロシアによる米国に対するインテリジェンス活動が継続していることが示されました（第7章5、第10章コラム）。加えて、概ね１９９０年代後半以降は、中国による米国に対するインテリジェンス活動が活発である旨を示唆する事案もみられるようになっています（第10章3）。

こうした状況もあり、現在は、前記のような「インテリジェンス機能は東西冷戦を戦うためのものだった」等の認識はほとんど聞かれなくなっています。

(2) 時代とともに変わり得るもの――インテリジェンス活動の優先課題は時代とともに変化し得る

他方、インテリジェンス活動の優先課題は、カスタマーである政策部門にとっての国家安全保障政策の優先課題を反映したものであり（第5章2）、そうした各国の国家安全保障政策上の優先課題は時代によって変化し得るからです。

例えば、米国を始め西側先進諸国のインテリジェンスの最優先課題は、東西冷戦時代においては、ソ連及びその同盟国の軍事的脅威の評価でした。その後、２００１年９月の９１１事件の発生を経て、21世紀初頭は10年以上にわたりテロ対策がインテリジェンスの最重要課題となりました。その結果、ＣＩＡを含むインテリジェンス部門の予算及び人員は大幅に増加しました。[*9] さらに、概ね２０１０年代中盤以降、西側先進諸国に対するＩＳＩＳ

等の活動が低落傾向を見せる一方で中国の台頭が顕著になる中、戦略的競争相手国である中露の動向の評価等の優先度が高くなっているとみられます（第13章2）。

4 「対外インテリジェンス」と「国内インテリジェンス」は本質的に異なるものなのか

インテリジェンスは、対外インテリジェンスと国内インテリジェンスに区分して論じられる場合があります。両者にはどのような違いがあるのでしょうか。

対外インテリジェンス（Foreign Intelligence）とは、大まかに言えば、海外の対象（例えば、他国の外交や軍事の動向、海外のテロ組織の動向等）に関するインテリジェンスです。[*10] 他方、**国内インテリジェンス**（Domestic Intelligence）とは国内の対象（例えば、国内における外国スパイやテロ組織の動向等）に関するインテリジェンスです。[*11]

理論上は、こうした対外インテリジェンスと国内インテリジェンスの区別は、実務上の便宜的なものであり、必ずしも本質的なものではないと考えられます。すなわち、本書の依拠しているインテリジェンスの定義（第2章1）に鑑みると、インテリジェンスの最も重要な機能は、国家安全保障に関する政策決定を支援することと考えられます（第2章2）。したがって、こうした目的に資する限り、両者を本質的に異なったものとして区別するべき特段の合理的な理由はないと考えられます。実務上も、最近はテロ組織、犯罪組織等の活動は頻繁に国境を越えるものとなっているなど、対外インテリジェンスと国内インテリジェンスの区別は曖昧なものとなっています。[*12]

こうしたことから、例えば米国においては、2004年に改正された現在の国家安全保障法3条5項[*13]は、「国家インテリジェンス（National Intelligence）」に関して、「インテリジェンスの素材たるインフォメーション（情報）が米国国内で収集されたものか海外で収集されたものかは特に問題ではない」旨を示しています。[*14]また、関連する論点であるテロの概念に関しても、海外テロ（Foreign Terrorism）と国内テロ（Domestic Terrorism）の区分は不明確であり、現在でも学術研究上の論点の一つとなっています。[*15]

海外インテリジェンス担当機関と国内インテリジェンス担当機関は別個であるべきか

対外インテリジェンスと国内インテリジェンスの区分の問題は、インテリジェンス組織の在り方に関する議論に関連して論じられる場合が少なくありません。具体的には、「対外インテリジェンス担当機関と国内インテリジェンス担当機関は同一で良いか、あるいは別個の組織で在るべきか」という論点としてしばしば提起されます。

米国、イギリス、フランス、ドイツ、オーストラリアを始め西側先進諸国においては、双方の機能を別々の機関が担当している例が多くみられます。他方、例えば、ソ連においては、同一の機関（KGB）が双方の機能を担当していました（ただし、現在のロシアでは対外情報庁（SVR）と連邦保安庁（FSB）という別々の機関が担当しています）。こうした状況に鑑み、インテリジェンスの本質論として「民主主義国家においては、対外インテリジェンスと国内インテリジェンスの担当機関は当然別個であるべき」と主張する向きもあります。

しかし、本書の依拠しているインテリジェンスの定義に鑑みると、そもそも対外インテリジェンスと国内インテリジェンスの区別は実務上の便宜的なものであり、必ずしも本質的なものではないと考えられます。したがって、少なくともインテリジェンスの定義や本質論からは、「民主主義国家においては、対外インテリジェンス担当機関と国内インテリジェンス機関は別々であるべき」との結論には直接には結び付かないと考えられます。実際、欧州の民主主義国家の中でも、オランダ、スペイン等では同一の組織が双方の機能を担当しています。

このように、本件に関しては、少なくともインテリジェンス理論の観点からは必ずしも普遍的な正解があるわけではないと言えます。別の視点に基づき、各国の政治制度、社会情勢等の実情に応じて個別具体的に検討されるべきと考えられます。別の視点とは、例えば、インテリジェンス組織の効率性（対外インテリジェンスの業務と国内インテリジェンスの業務は、対象、手法等がどの程度重複するのか、あるいは異なるのか）、インテリジェンスに対する統制の在り方（単一の機関が強大な権限を持つことが妥当なのか否か）等があげられます。いずれにせよ、例えば、「インテリジェンスの『常識』として双方の機能の担当機関は当然に別個であるべきだ」等の議論はやや乱暴に過ぎると考えられます。

5　捜査機関とインテリジェンス機関は別個であるべきなのか

ここで言う「捜査機関」とは、警察を始め国内における犯罪捜査、逮捕等の権限を有する機関を指し、国家の司法過程（Judicial Process）に関与している組織を指すものとします。法執行機関とも言います。インテリジェンス研究における論点の一つに、「捜査機関や警察がインテリジェンス業務に関与したり、インテリジェンス・コミュニティ（IC）（第6章1）の主要構成機関であることは適切か」という問題があります。さらにその延長として「国内インテリジェンス業務は、警察等の捜査機関とは別の組織が担うべきか」との論点もあります。[*16]

こうした議論の背景には、米国及び日本を除く西側先進諸国においては、国内インテリジェンス業務に関しては、捜査機関や警察とは別の専従組織が設置されている場合が少なくないという状況があります。例えば、イギリスの保安部（SS、いわゆるMI5）、ドイツの憲法擁護庁（BfV）、フランスの国内安全保障局（DGSI）、カナダ保安情報部（CSIS）及び豪州保安情報部（ASIO）はいずれも捜査機関とは別個の国内インテリジェンス専従機関です。

これに対して、米国においては国内インテリジェンス業務の専従機関は存在しません。捜査機関であるFBIが当該業務を担っており、ICの主要な構成機関の一つと位置付けられています（第7章1）。日本においても同様に、国内インテリジェンス業務の専従機関は存在しません。警察が公安調査庁とともに当該業務を担っており、ICの主要な構成機関の一つと位置付けられています（第6章2）。

(1) インテリジェンスの本質論（定義）の観点からの検討

本書の依拠しているインテリジェンスの定義（第2章1）に鑑みると、インテリジェンスの最も重要な機能は、国家安全保障に関する政策決定を支援することと考えられます（第2章2）。政府内の様々な行政機関がそれぞれの業務を遂行する過程において収集した情報が国家安全保障上の政策立案及び判断にも資するものであるならば、これを政府内においてインテリジェンス業務に活用することは、少なくともインテリジェンスの定義や本質論に関する理論的な観点からは特段問題のないことと考えられます（言うまでもなく、捜査機関や警察も行政機関の一部です）。もちろん、行政機関同士の相互協力の一環としての情報共有に関しては、個人情報の保護等の観点から一定の制約があります。ただし、そうした制約は「インテリジェンスの本質論」から生じるものではありません。

このように、インテリジェンスの定義や本質論からは、「捜査活動や警察業務はインテリジェンスとは本質的に異なるものであるから、捜査機関や警察がインテリジェンス業務に関与したりICの主要構成機関であるのは適切ではない」との結論には直接には結び付かないと考えられます。

(2) インテリジェンスの本質論（定義）とは別の観点からの検討

しかしながら、本件を検討するに当たっては、インテリジェンスの本質論（定義）とは別の視点も考慮に入れる必要があります。

第1に、**司法過程や警察活動に対する国民からの信頼の確保**という観点があります。すなわち、「捜査機関や警察が、犯罪捜査や治安維持活動において収集した情報を国家安全保障上の目的からインテリジェンスのために活用すること」や「捜査機関がインテリジェンス業務のために捜査権限を活用すること」は、国民から「捜査機関や警察による情報や権限の他目的利用だ」との誹りを受ける可能性を孕んでいます。言うまでもなく、捜査機関や警察によるこうした活動が直ちに全て違法あるいは不適正とされるわけではありません。行政機関同士の相互協力及びその一環としての情報共有は一定の要件の下では適法適正であると考えられます。しかし、その程度が過ぎると、場合によっては国民の眼から見た「警察活動に対する信頼性」や「司法過程に対する信頼性」に悪影響を与える可能性もあり得ると考えられます。[*17] こうした観点からは、「司法過程や警察活動に対する国民からの信頼の確保」を図るべく、捜査機関と国内インテリジェンス機関をあえて分離するほうが好ましいとの考え方もあり得ます。例えば、カナダにおいては、従来は捜査機関である王立カナダ騎馬警察（RCMP）の公安部門が国内インテリジェンスを担当していましたが、1970年代後半の王立騎馬警察による違法捜査問題等を契機に「捜査機関と国内インテリジェンス機関を分離すべき」との議論が高まりました。こうした状況を受けて、1984年、王立騎馬警察の公安部門が分離され、同警察とは別個のインテリジェンス専従機関としてカナダ保安情報部が創設されました。[*18]

第2に、**業務効率等の観点**があります。[*19] インテリジェンス業務と犯罪捜査業務には異なる点と類似している点の双方があります。異なる点として、例えば、捜査機関による情報収集は「公判における犯罪の立証」を最終的な目的とするものです。これに対し、インテリジェンス機関による情報収集は一般に、国家安全保障の観点から対象の活動・組織実態の解明、テロ・スパイ活動の防止等を主な目的としています。こうした「異なる点」を重視する立場は、「捜査機関や警察がインテリジェンス機能を担うには限界があり、国内インテリジェンスの専門組織を捜査機関とは別個に設立するべき」との見解に繋がります。他方、類似する点として、例えば、双方の業務の対象は、国内における外国スパイやテロ組織の動向等重複する場合が少なくありません。こうした「類似点」を重視する立場は、「わざわざ別々の組織が類似の業務を同時に担うことは非効率的であり、人材及び予算の確保等の観点からも現実的ではない」との見解に繋がります。

こうした問題には各国に共通する普遍的な正解があるわけではなく、それぞれの国の独自の政治、社会、歴史状況等を踏まえつつ個別具体的に検討されるべきと考えられます。例えば、日本における制度の在り方を検討する際にも、単純に他国の制度の在り方のみを理由として解答を出すことは妥当ではなく、（他国の制度は参考にしつつも）日本の独自の政治、社会、歴史状況等を踏まえつつ個別具体的に検討されるべきと考えられます。[20]

□ 本章のエッセンス

本章では、インテリジェンスに関連する幾つかの論点に関し、インテリジェンスの定義、機能等を踏まえつつ、理論的な考察を加えることを試みます。

インテリジェンス、インフォメーション、情報はそれぞれ異なるものなのか――

・インテリジェンスの定義と機能に鑑みると、インテリジェンスとインフォメーションは本質的に別のものと考えられます。両者の機能上の大きな違いは、「カスタマーである政策部門の判断の役に立つものか否か」という点です。

・両者の訳語を同じ「情報」とするのは、両者の混同と誤解を招きかねず、適切ではないと考えられます。

同盟国、友好国等を対象としたインテリジェンス活動もあり得るのか――

・インテリジェンスの定義と機能に鑑みると、理論上は同盟国、友好国等を対象としたインテリジェンス活動もあり得ます。

・ただし、実際には、そうした活動の優先度は必ずしも高くない可能性があります。

インテリジェンスは特定の時代のみに重要なものなのか――

・インテリジェンスの定義と機能に鑑みると、国家（あるいは国家にたとえられるような政治体）が安全保障に関する政策決定を行う限り、いつの時代においても、どこの国においても、インテリジェンス機能は必要と考えられます。

・ただし、政策部門にとっての安全保障政策上の優先課題の変化に応じ、インテリジェンス活動の優先課題も時代とともに変化します。

「対外インテリジェンス」と「国内インテリジェンス」は本質的に異なるものなのか――

・インテリジェンスの定義と機能に鑑みると、対外インテリジェンスと国内インテリジェンスの区別は、実務上の便宜的なものであり、理論上は必ずしも本質的なものではないと考えられます。

・したがって、理論的には、「民主主義国家においては、対外インテリジェンス担当機関と国内インテリジェンス機関は当然別個であるべき」とは必ずしも言えないと考えられます。

捜査機関とインテリジェンス機関は別々であるべきなのか――

・インテリジェンスの定義や本質論からは、「捜査活動や警察業務はインテリジェンスとは本質的に異なるものであるから、捜査機関や警察がインテリジェンス業務に関与したりＩＣの主要構成員であるのは適切ではない」とは必ずしも言えないと考えられます。

・本件には普遍的な正解があるわけではなく、司法過程や警察活動に対する国民からの信頼の確保、業務効率等の観点を踏まえ、各国の独自の政治、社会、歴史状況等を考慮しつつ個別具体的に検討されるべきと考えられます。

COLUMN

「短期的インテリジェンス」と「中長期的インテリジェンス」[1]

インテリジェンスのプロダクト（成果物）は、どの程度の時間的長さを対象とするかに応じて、短期的インテリジェンスと中長期的インテリジェンスに分類される場合があります。

短期的インテリジェンスとは、主に発生したばかりの事項や現在進行中の事項に関するインテリジェンスです。事実に関する素材情報（インフォメーション）を取り急ぎ政策部門に伝達することを主たる目的としている場合も多く、詳細な分析等を伴わない場合も少なくありません。

中長期的インテリジェンスとは、ある事項に関して、それまでの経緯、背景事情等の分析に加え、中長期的な将来の見通し等についての評価も加えたものです。短期的インテリジェンスに比較すると、より多くの素材情報（インフォメーション）を利用し、異なった専門性を持った多くの分析担当者が参画して生産される場合もあります。

米国のインテリジェンス・コミュニティ（ＩＣ）では、短期、中期、長期のインテリジェンスをそれぞれ、**カレント・インテリジェンス（Current Intelligence）**、**トレンド分析（Trend Analysis）**、**長期的評価（Long-Term Assessment）**または**リサーチ・インテリジェンス（Research Intelligence）**と称している例がみられます。[2] ただし、それぞれの厳密な区分に関して明確な定義等は見当たりません。それぞれの区別は理論的なものではなく、あくまで実務上の便宜的なものと言えます。

実務的には、人員、予算等の資源をそれぞれに対してどの程度配分するかという課題があります。米国のＩＣにおいては、２００１年の９１１事件後、国内外におけるテロ対策に関する業務の比重が高まったこともあり、短期的、戦術的インテリジェンスの比重が高まったとみられています。[3] 結果として、中長期的なインテリジェンス分析の能力が低下したとの懸念もあります。[4]

1 U.S. Office of the Director of National Intelligence (ODNI). (2013) pp. 52-53.
2 U.S. Office of the Director of National Intelligence (ODNI). (2013) pp. 52-53.
3 Johnson (2017), pp. 70-71.
4 Morell (2015), p. 73

□第5章□

インテリジェンス・プロセス

インテリジェンスの最も重要な機能は、国家安全保障に関する政策決定を支援することです。そのために、カスタマーである政策部門に対して、決定を支援するための知識（情勢評価等）、すなわちインテリジェンス・プロダクトを提供します（第2章1）。では、こうしたプロダクトはどのようにして生産されるのでしょうか。

本章では、インテリジェンス・プロダクトが政府内において生産される過程（プロセス）を概観します。代表的な枠組みとしてインテリジェンス・プロセスとインテリジェンス・サイクルという概念を紹介するとともに、そうした概念のメリットとデメリットを検討します。

1　インテリジェンス・プロセスとインテリジェンス・サイクル

(1)　インテリジェンス・プロセス

インテリジェンス・プロダクトの生産は一般に、政府内における複数の段階（ステップ）を経て実行されます。こうしたことから、政府内においてインテリジェンス・プロダクトが生産されていく一連の過程（プロセス）のことを、インテリジェンス・プロセス（Intelligence Process）と言います。言い換えると、インテリジェンス・プロセスという概念は、「インテリジェンス業務の全体像を複数の段階に分割して捉える考え方」と言えます。これは、例えば自動車や家電製品等の工業製品の生産に関して、部品の一つ一つを組み立てて徐々に完成品を造り出す工程の全体が「製品の生産プロセス」などと言われるのと同様です。

米国の研究者であるローエンタール（Mark Lowenthal）は、インテリジェンス・プロセスを「政策決定者がインテリジェンスへの必要性を認識してから、インテリジェンス・コミュニティ（IC）が分析プロダクトを政策決定者に伝達するまでの、インテリジェンスの一連の複数の段階」と定義しています。[*1]

インテリジェンス・プロセスの具体的な段階は、例えば次のように説明されます。まず、インテリジェンス・プロセスが開始されるためには、カスタマーである政策部門が、何らかのインテリジェンスへの必要性を認識する必要があります（第1段階）。次に、政策部門が、こうした認識に基づいてＩＣに対してインテリジェンスのリクワイアメント（要求）を付与します（第2段階）。こうした政策部門からのリクワイアメントに基づき、ＩＣは、プロダクトを生産します。具体的には、素材情報の収集、加工、分析等を行います（第3段階）。最後に、生産されたプロダクトがＩＣから政策部門に報告されます（第4段階）。こうして、一つのインテリジェンス・プロセスが完結します。

(2) インテリジェンス・サイクル

こうしたインテリジェンス・プロダクトを生産する過程は、カスタマーである政策部門を始点及び終点とした循環型（サイクル型）と考えられます（図表5–1）。したがって、インテリジェンス・プロセスのことをインテリジェンス・サイクル（Intelligence Cycle）と呼ぶこともあります。米国の国家情報長官室（ＯＤＮＩ）は、インテリジェンス・サイクルを「素材情報を収集し、これをカスタマーの利用に供するための（成果物としての）インテリジェンスに作り上げて行く過程」としています[*2]。

このようにインテリジェンス・プロセスを循環型と捉える考え方の背景には、**インテリジェンス業務の継続性**があると考えられます。すなわち、1つのインテリジェンス・プロセスの最終段階（報告の伝達と消費、フィードバック）が次のプロセスの開始（リクワイアメント）に繋がり、複数のプロセスが継続していくという考え方です[*3]。

インテリジェンス・プロセス及びサイクルの概念に対しては「実務の実態に即していない」等の批判も少なくありません。しかし、依然として一定の有用性があるとも考えられます（本章3）。

(3) インテリジェンス・プロセスの内容

インテリジェンス・プロセスは、最も単純には次の4段階から成ると考えられます（図表5-1）。

① 政策部門によるインテリジェンスの必要性の認識
② インテリジェンスの注文（政策部門からICに対するインテリジェンスのリクワイアメント（要求）付与）
③ ICによるインテリジェンス・プロダクトの生産
④ ICからの政策部門に対するインテリジェンス・プロダクトの報告

米国政府の国家情報長官室が2013年に発行した文書「米国の国家インテリジェンス概観2013（U.S. National Intelligence - An Overview 2013）」では、より細かく6段階が指摘されています*4（図表5-2）。ローエンタールは、さらに細分化された7段階を指摘しています*5（図表5-3）。次項では、この7段階を概観します。

2 インテリジェンス・プロセスの各段階

(1) 第1段階——リクワイアメント（要求）の決定（Identifying Requirements）

インテリジェンスの最も重要な機能は、国家安全保障に関する政策決定を支援することです（第2章2）。したがって、まずカスタマーである政策部門（特に政策判断者）が何らかのインテリジェンスの必要性を認識し、ICに対して必要なインテリジェンスの提供を要求することによって初めてインテリジェンス・プロセスが開始され

図表 5-1　インテリジェンス・サイクル

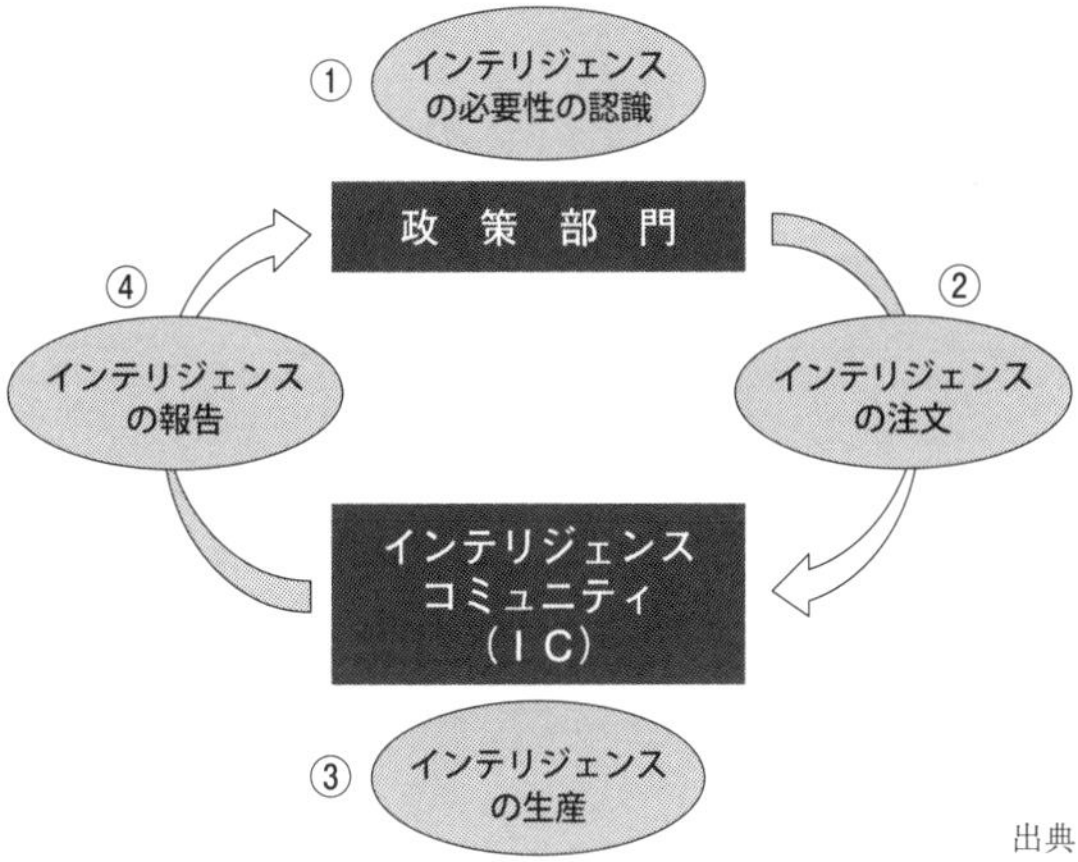

出典：筆者作成。

図表 5-2　米国の国家情報長官室（ODNI）によるインテリジェンス・プロセス

主　体	内　容
政策部門	①　計画と指示（Planning and Direction）
インテリジェンス・コミュニティ（IC）	②　素材情報の収集（Collection）
	③　素材情報の加工（Processing and Exploitation）
	④　分析と生産（Analysis and Production）
	⑤　報告の伝達（Dissemination）
政策部門	⑥　評価のフィードバック（Evaluation）

出典：U.S. Office of the Director of National Intelligence (ODNI)(2013), pp. 4-6 を基に筆者作成。

図表 5-3　ローエンタールによるインテリジェンス・プロセス

主　体	内　容	料理店の作業のたとえ
政策部門	①：リクワイアメント（要求）の決定（Identifying Requirements）	顧客による注文
インテリジェンス・コミュニティ（IC）	②：素材情報の収集（Collection）	素材の仕入れ
	③：素材情報の加工（Processing and Exploitation）	仕込み、下ごしらえ
	④：分析と生産（Analysis and Production）	調理、盛り付け
	⑤：報告の伝達（Dissemination）	料理のサーブ
政策決定者	⑥：消費（Consumption）	消費
	⑦：フィードバック（Feedback）	評価

出典：Lowenthal (2019), pp. 57-58 を基に筆者作成。

ると考えられます。こうしたインテリジェンスの要求は、一般にリクワイアメントと言われます（情報要求、情報関心等と言われる場合もあります）。

ローエンタールは、リクワイアメントの定義を「（ＩＣのカスタマーである政策部門が）どのような政策課題に関するどのようなインテリジェンスが必要であるかを明確化するとともに、それらの各課題の中での優先順位を決定し、それをＩＣに対して明示すること」と示しています。[*6]

リクワイアメントは、料理店の作業のたとえで言えば、顧客からの「〇〇が食べたい」という注文と類似しています。料理人は、こうした具体的な料理の注文を受けて初めて調理を開始することができます。

リクワイアメントの重要性

インテリジェンス・プロセスの概念の下では、政策部門からのＩＣに対するリクワイアメントの付与は、インテリジェンス・プロセスが適切に始動するための大前提と考えられます。逆に、政策部門からのリクワイアメントを経ないインテリジェンス活動は、インテリジェンスの暴走を招く危険性を孕む可能性があります。こうした考え方の前提には、「政策部門からのリクワイアメント優先」の考え方（第3章3）があります。

政策部門、特に政策判断者は、ＩＣに対するリクワイアメントの付与に当たり、「自分が判断すべき国家安全保障上の課題は何か」、「複数の課題の中での優先順位は何か」等を明確化する必要があります。したがって、政策部門からＩＣに付与されるリクワイアメントの優先順位は、国家安全保障政策そのものの優先順位を反映したものと考えられます。[*7]

政策部門がリクワイアメントを明確化しない、リクワイアメントを明確にＩＣに伝達しない等の事態は**リクワイアメント・ギャップ**（Requirement Gap）と言われます。リクワイアメント・ギャップの発生する主な要因として、第1に、そもそも政策部門、特に政策判断者の国家安全保障に関する意識が低い（したがって、判断すべき課題を考え付かない）場合があります。第2に、政策部門として然るべき国家安全保障上の課題は認識しているものの、「いちいち具体的に言わなくてもＩＣは当方の考え方を理解しているだろう」との認識に基づき、ＩＣ側の自主的な忖度を期待している場合もあり得ます。しかし、こうした状況は、インテリジェンスの暴走を惹起しかねない危険性を孕んでいます。加えて、政策部門とインテリジェンス部門の分離（第3章2）の観点からも問題があると考えられます。[*8]

リクワイアメントの付与のシステム（政策部門とインテリジェンス部門の結節点）

政策部門からＩＣに対してリクワイアメントの付与が適切に行われるためには、そのための仕組み（メカニズム）、すなわち両部門のコミュニケーションを促す仕組みが必要です。政府の中では、「政策部門とインテリジェンス部門の結節点（または連接点）（Hub）」と呼ばれる仕組みがこうした機能を果たしています。

両部門の結節点の仕組みは、リクワイアメント付与のためのコミュニケーションの確立とともに、公式な結節点以外の非公式なチャンネルでのコミュニケーションを抑制するという意味において、両部門の分離を徹底する役割も併せて果たしていると考えられます（第3章7）。

米国の場合――

米国においてこうした両部門の連接点を担っている主な仕組みとしては、大統領に対する毎朝の定例インテリジェンス報告（大統領定例報告）（ＰＤＢ：President's Daily Brief）、国家安全保障会議（ＮＳＣ）等があります（第7章3）。

大統領定例報告は国家情報長官（ＤＮＩ）が主宰し、主に短期的インテリジェンス（第4章コラム）を扱います。本来はＩＣから政策決定者に対してインテリジェンス・プロダクトを報告・伝達する場面ですが、同時に、報告に対するフィードバック等を通じて次のリクワイアメントが付与される場面でもあります。

インテリジェンス・ブリーフィングの様子
（2012年7月31日）（Official White House Photo by Pete Souza）

国家情報長官は、大統領を始め政策部門に属する主要閣僚等とともに国家安全保障会議の構成員とされています。同会議において国家安全保障に関する重要事項が協議される際に、国家情報長官に対してリクワイアメントが付与される場合もあります。加えて、国家安全保障会議においては、中長期のインテリジェンスのリクワイアメント付与も行われます。すなわち、同会議は、毎年のインテリジェンスの優先課題を定めた国家インテリジェンス優先計画（NIPF：National Intelligence Priorities Framework）を策定し、大統領がこれを承認します。国家情報長官は、同計画に基づき、ICの各構成機関に対するインテリジェンス業務上の優先順位の提示、IC内の資源（人材、予算等）の配分等を行います（第7章3）[*9]。

日本の場合――

日本において両部門の結節点を担っている主な仕組みとしては、内閣情報官による総理大臣に対する定例インテリジェンス報告（総理大臣定例報告）、内閣情報会議、国家安全保障会議（NSC）、同会議の事務局である内閣官房国家安全保障局（NSS）等があります（第6章2）。

内閣情報官による総理大臣定例報告の機能は米国の大統領定例

報告の機能と類似しています。また、内閣情報官は、慣例として国家安全保障会議（四大臣会合を含む）の出席者となっています。米国の国家安全保障会議の場合と同様、同会議における協議の際に、内閣情報官に対してリクワイアメントが付与される場合もあります。加えて、国家安全保障会議の事務局である国家安全保障局とICの間では、インテリジェンスのリクワイアメントの付与、フィードバックの伝達等を行う事務レベルの連絡会議等が定期的に開催されています。[*10]

内閣情報会議は、内閣官房長官等を構成員とし、原則として年2回開催されます[*11]（第6章2）。同会議は、総理大臣官邸の政策部門の情報関心を踏まえて、IC全体に対する中長期のリクワイアメントを策定する役割を担っています。これは、米国の国家安全保障会議が策定する国家インテリジェンス優先計画に類似するものです。

(2) 第2段階——素材情報の収集（Collection）

ICは、カスタマーである政策部門からのリクワイアメントを受けて、インテリジェンス・プロダクトを生産するために必要な素材情報の収集を行います。

収集とは、料理店の作業のたとえで言えば、調理の素材となる野菜、肉、魚介等の「仕入れ」の段階に当たります。

素材情報収集の手段は、公開情報に基づくもの（オシント）、人的情報源に基づくもの（ヒューミント）、科学技術を利用したもの（テキント）等様々です（第8章）。

メディア、娯楽映画等において「スパイ活動」と言われるのは一般に、収集活動の中でも非公然に行われるものを指します。こうしたこともあり、収集段階は、インテリジェンス・プロセスの中でも世間等からの注目を比較的集めやすい活動と言えます。

収集段階では、情報収集衛星等の巨大な装備が活用されることが少なくありません。したがって、同段階は、インテリジェンス・プロセスの中でも最も多くの予算が消費されるのが一般的です。こうした動向は、科学技術を利用した情報収集（テキント）への依存が高い米国のＩＣにおいて特に顕著とみられます（第７章４）。[*12]

(3) 第3段階――素材情報の加工 (Processing and Exploitation)

収集された素材情報の中には、分析に供される前に一定の加工を経る必要があるものもあります。例えば、信号情報（シギント）は、暗号の解読、言語の翻訳等の加工を施された後に初めて分析の用に供することが可能になる場合が少なくありません。情報収集衛星によって収集された画像情報（イミント）も同様です。

加工とは、料理店の作業のたとえで言えば、仕入れられた野菜、肉、魚介等の素材に対する調理の前の水洗い、皮剝き等の「仕込み」や「下ごしらえ」の作業に類似しています。いかに素晴らしい食材であっても、こうした作業を経ずに直接調理に供することはできません。

米国においては、収集される素材情報の量が莫大であることから、収集されても加工されない（したがって分析にも供されない）素材情報が多くなっており、収集と加工（及び分析）のアンバランスが問題になっているとの指摘があります（第９章コラム）。しかも、インテリジェンス・プロセスの中においては、加工段階よりも収集段階の方が比較的社会の注目を集めやすく、政治的にも比較的予算、人員等を獲得しやすいとみられます。したがって、こうしたアンバランスの解消は容易ではないと考えられます。[*13]

(4) 第4段階――分析と生産 (Analysis and Production)

分析と生産の段階においては文字通り、ＩＣにおいて、収集・加工された素材情報を基に必要な分析が行われ、インテリジェンス・プロダクトの生産が行われます（第9章）。プロダクトの形態は、報告書等の文書形式が一般的です。ただし、実際の伝達は、文書の配布、口頭説明等様々な形態があり得ます。

分析とは、料理店の作業のたとえで言えば、仕入れ・仕込みの済んだ食材を利用して実際に調理を行う段階に当たります。また、生産（報告書の作成等）とは、作られた料理を食器に盛り付ける段階に当たります。

(5) 第5・6段階――報告の伝達と消費（Dissemination and Consumption）

伝達と消費の段階においては、生産されたインテリジェンス・プロダクトがICから政策部門に対して伝えられます。インテリジェンスの定義と機能に鑑みると、インテリジェンス・プロダクトはカスタマーである政策部門、特に政策判断者（大統領、総理大臣、その他政府高官等）の意思決定に役立つものであることが求められます（第2章2）。こうした目的を果たすためには、インテリジェンス・プロダクトは確実に政策部門に伝達され、かつ十分に消費される（理解される）ことが求められます。一方、報告の受領の方法に関し、政策判断者には、それぞれ個人的な嗜好があることが少なくありません。実務上、報告・伝達の方法は、こうしたカスタマーの嗜好に応じて臨機応変に見直しが図られるのが一般的です。[*14]

伝達・消費とは、料理店の作業のたとえで言えば、完成して盛り付けられた料理を実際に顧客にサーブし、顧客がこれを食する段階と言えます。どんなに素晴らしい料理でも、サーブの方法が適切でないと顧客に食べてもらえない、あるいは美味しいと評価されない可能性があります。

報告・伝達のチャンネル

各国においては、ICから政策部門、特に政策判断者である大統領、総理大臣等に対する複数の報告・伝達の仕組みが制度化されているのが一般的です。

実際には、政策部門からＩＣに対するリクワイアメント付与の仕組みである両部門の結節点と、報告・伝達の仕組みがオーバーラップしている場合が少なくありません。この背景には、報告・伝達の場面が、同時にフィードバックや次のリクワイアメントの付与の場面となることが少なくないことがあります。特に、短期的インテリジェンスに関してはそうした傾向がより顕著とみられます。こうした実態は、インテリジェンス・プロセスを循環型（サイクル型）と理解する根拠の一つとなっています。

米国の状況――

大統領定例報告（ＰＤＢ）　大統領定例報告は、原則として毎朝、大統領に対して実施されるインテリジェンス報告です。主に短期的インテリジェンスが扱われます。同報告の内容は、副大統領、国務長官、国防長官等国家安全保障会議の構成員にも共有されるのが一般的です。（共有されるポストの範囲、内容、伝達方法等は時々の政権の方針によって様々です）。

大統領定例報告の主宰者は国家情報長官です（国家情報長官の創設前は中央情報長官（ＤＣＩ）を兼務する中央情報局（ＣＩＡ）長官）。国家情報長官は、同報告の主宰者として、ブリーフ内容の決定等に関する権限と責任を負っています。報告用のプロダクトの作成、準備、ＩＣ内の調整等の実務は、国家情報長官室のＩＣ統合担当の副長官（Deputy DNI for Mission Integration）の下に設置されている担当部署が担っています。長官自身が同報告に同席する場合も少なくありません。ただし、出席の頻度は大統領との個人的関係にも左右されるとみられます。実際の説明は専従のブリーフィング担当者が行うのが一般的です（本章コラム）[*15]。

大統領定例報告の実施の形式、頻度等はそれぞれの大統領個人の嗜好やＩＣとの距離感に応じて変化しています。Ｇ・Ｗ・ブッシュ（George W. Bush）大統領は同報告を重視する一方、クリントン（Bill Clinton）大統領やトランプ（Donald Trump）大統領は必ずしもそうではなかったと言われています。書類か口頭ブリーフィングか等の好みも様々とみられます。[16]

大統領定例報告は、インテリジェンス・プロダクトの報告・伝達の機能のみならず、政策決定者からICに対してリクワイアメントを付与する結節点としても重要な機能を果たしています。

国家安全保障会議（NSC）　国家情報長官は、大統領を始め政策部門に属する主要閣僚等とともに、国家安全保障会議の構成員とされています。同会議において国家安全保障に関する重要事項が協議される際に、国家情報長官から必要なインテリジェンスが報告される場合があります。なお、同会議は、政策部門から国家情報長官に対してリクワイアメントが付与される機会でもあります。

国家インテリジェンス評価（NIE：National Intelligence Estimate）　国家インテリジェンス評価は、国家情報長官室の傘下の国家インテリジェンス評議会（NIC：National Intelligence Council）が作成するプロダクトです。大統領を含む政府高官の他、連邦議会等に対しても報告されます。例えば、「米国本土に対するテロの脅威評価」、「イランの核開発の意図と能力の評価」、「米国大統領選挙に対する海外からの脅威の評価」等の中長期的インテリジェンスが主に扱われます。原則として非公開ですが、一部が公開される場合もあります（第7章2）。

連邦議会に対する年次脅威評価報告（Annual Threat Assessment Report）　連邦議会は、行政府と並びICの重要なカスタマーの一つに位置付けられています。[17]国家情報長官は、原則として毎年年初（概ね1月から2月）、米国に対する各種の脅威に関して、ICとしての年次脅威評価（Annual Threat Assessment）を連邦議会上下両院のインテリジェンス問題の担当委員会に対して報告しています。今後1年間を目途とした中長期的インテリジェンスが主に扱われます。

その他　前記の大統領定例報告（PDB）、国家インテリジェンス評価（NIE）、年次脅威評価報告等は、個別の機関ではなくIC全体の分析・評価（オール・ソース・アナリシス）として生産されます。

これら以外にも、ＩＣ内の各機関は、それぞれの担当する分野、課題等に関するインテリジェンス・プロダクトを作成し、関係する政府内の政策部門等に対して報告を行うことがあります[*18]。国家情報長官室及びＣＩＡ以外のＩＣ構成機関は、国防省、国務省、国土安全保障省等の独立の省庁の付置機関あるいは内部組織であることから、日常的な業務としてはむしろそうした所属組織のトップを含む政策部門を主たるカスタマーとして報告を行うのが一般的です。

日本の状況――

米国の大統領定例報告に相当する制度として、日本においては、内閣情報官（同ポストの創設以前は内閣情報調査室長）が定期的に総理大臣、内閣官房長官等に対してインテリジェンス報告を行っています（総理大臣定例報告）。また、特に重要な情報、緊急を要するインテリジェンスについては随時報告が実施されています[*19]。こうした定例総理報告は、中曽根康弘内閣時代（１９８２～１９８７年）に、後藤田正晴官房長官（当時）の意向により開始されたと言われています[*20]。

また、内閣情報官は、慣例として国家安全保障会議（四大臣会合を含む）の出席者となっています。米国の場合と同様、同会議において国家安全保障に関する重要事項が協議される際に、内閣情報官から必要なインテリジェンスが報告される場合があります[*21]。加えて、同会議の事務局である国家安全保障局とＩＣの間では、事務レベルの連絡会議が定期的に開催されており、これらもインテリジェンス報告の機会となります。こうした各種の仕組みは、政策部門からＩＣに対してリクワイアメントが付与される機会でもあります。

米国の場合と同様に、ＩＣ内の各機関は、それぞれの担当する分野、課題等に関するインテリジェンス・プロダクトを作成し、関係する政府内の政策部門等に対して報告を行うことがあります。内閣情報調査室以外のＩＣ構成機関は、警察庁、法務省、外務省、防衛省等独立の省庁の付置機関あるいは内部組織であることから、日常的な業務としてはむしろそうした所属組織のトップを含む政策部門を主たるカスタマーとして報告を行うのが一般的です。

インテリジェンスの伝達・消費に関わる問題点

ローエンタールは、インテリジェンスの伝達・消費に当たってＩＣ側が直面する課題として、次の点を指摘しています。[*22]

- 内容の取捨選択：膨大な量のインテリジェンスの中で何を報告するか
- 報告相手の取捨選択：政策部門の中で誰に報告するか（多数か少数か）
- 報告のタイミングの判断：どの程度早く報告するか（直ちにか明朝か）
- 報告の厚みの判断：どの程度詳細に報告するか（どの程度の長さか）
- 報告手段の判断：どのような手段で報告するか（メモ配布かブリーフィングか）

これらの諸問題は、カスタマーである政策部門、特に政策判断者の個人的な嗜好に左右されることが少なくないと考えられます。前記のとおり、例えば米国においては、大統領の交代のたびに、定例大統領報告の形式等は見直しが図られます。[*23]

⑹　第７段階——フィードバック（Feedback）

インテリジェンスのカスタマーである政策部門は、ＩＣから受領したインテリジェンス・プロダクトに関し、何が役に立ったか、立っていないか」、「更にどのようなインテリジェンスが必要か」、「今後、どの分野に更に重点を置くべきか（あるいは重点を減らすべきか）」等の点に関するフィードバックをＩＣに対して継続的に与えるのが理想的です。

こうしたフィードバックは、次のインテリジェンス・サイクルのリクワイアメンに繋がるとも考えられます。したがって、フィードバックの充実とリクワイアメントの充実は密接に関係していると考えられます。逆に言えば、リクワイアメントの不足とフィードバックの不足も表裏一体の関係にあると言えます。

米国の場合、実際には十分なフィードバックは必ずしも十分には与えられていないとも指摘されています。背景として、フィードバック付与のチャンネルが十分に制度化されていないこと、政策部門側がフィードバックの必要性を十分に認識していないこと（その前提として多忙に過ぎること）等が指摘されています。[*24]

3　インテリジェンス・プロセス概念への批判と有用性

(1)　批　判

インテリジェンス・プロセス及びインテリジェンス・プロセスの概念に対しては批判も少なくありません。批判の多くは「これらの概念は単純に過ぎて実務の実態を反映していない」等というものです。[*25]

確かに、実際のインテリジェンス活動は一直線に進展するような単線的・平面的なものではなく、各段階の間を複雑に「行きつ戻りつ」しながら進行する複線的かつ重層的な作業と考えられます。例えば、分析の段階で必要な素材情報が十分に揃っていないことが判明すれば、全体の作業はそのまま継続しつつも一部の作業は素材情報の収集の段階まで逆戻りすることもあり得ます。[*26] 近年は、収集と分析の接近（同時進行）等の試みもなされています（第３章６）。また、実際には、政策部門からＩＣに対するリクワイアメントの付与やフィードバックが必ずしも十分にはなされていない場合も少なくありません。
したがって、インテリジェンス・プロセスの概念を、実務上も常に厳格に遵守されるべきものと捉えるならば、当該概念には多くの問題点があると言えます[*27]。

(2) 有用性

このような課題はあるものの、インテリジェンス理論には「必ずしも実務の実態とは合致しないが、理論的には本来こうあるべき」との理想論ないし「あるべき論」を論じる側面があります（第1章1）。こうした点を踏まえると、インテリジェンス・プロセスやサイクルの概念には依然として一定の有用性があると考えられます[*28]。

第1に、インテリジェンス・プロセスの概念は、ＩＣのカスタマーである政策部門を全プロセスの始点及び終点と捉えるものであり、「政策部門からのリクワイアメント優先」の理念（第3章3）と結び付いていると考えられます。したがって、インテリジェンス・プロセスの概念に基づくインテリジェンスの運用を目指すことは、こうした理念の徹底、すなわちインテリジェンスの暴走の抑止に資すると考えられます。

第2に、インテリジェンス・プロセスの概念は、実際のインテリジェンス機能の働きを客観的かつ詳細に分析・検討する際に有用と考えられます。例えば、自国のインテリジェンスが「上手く機能していない」、「何らかの修正が必要だ」という場合、インテリジェンス機能の全体をインテリジェンス・プロセスの概念に基づいて分解することにより、プロセスの各段階にどのような問題があるかをより客観的かつ具体的に検討することが可能となります。逆に、こうした概念の理解がない場合、各段階の詳細な検討が疎かとなり、客観性を欠く的外れな対応となってしまうこともあり得ます。例えば、実際には分析段階に問題があるにもかかわらず、収集能力の強化を図ることなどです[*29]。

特に、リクワイアメント、加工、報告・伝達及びフィードバックの各段階は、収集や分析の段階に比較すると社会的、政治的な注目を浴びることも少なく、機能強化に関する検討、議論等の中で見過ごされてしまう可能性もあります。インテリジェンス・プロセスの概念に基づいてインテリジェンス機能を分析・検討することにより、そうした弊害を防止することが可能となります。

日本においては、２００８年（平成20年）２月、ＩＣの機能強化の基本方針として「官邸における情報機能の強化の方針」が発表されました。同文書の中では、インテリジェンス・プロセスの各段階に関して所要の課題の検討が客観的かつ具体的になされています。その意味で、同文書は、インテリジェンス・プロセスの概念に基づいた客観的な検討の成果であると評価し得えます（第６章３）。

□ 本章のエッセンス

- 政府内においてインテリジェンス・プロダクトが生産されていく一連の過程（プロセス）は、インテリジェンス・プロセスと言われます。同プロセスは、例えば「政策決定者がインテリジェンスへの必要性を認識してから、インテリジェンス・コミュニティ（ＩＣ）が分析プロダクトを政策決定者に伝達するまでの、インテジェンスの一連の複数の段階」と定義されます。
- インテリジェンス・プロセスは、カスタマーである政策部門を始点及び終点とした循環型（サイクル型）と考えられます。したがって、同プロセスのことをインテリジェンス・サイクルと呼ぶこともあります。こうした考え方の背景には、インテリジェンス業務の継続性があると考えられます。
- インテリジェンス・プロセスの各段階としては、例えば、①リクワイアメント（要求）の決定、②素材情報の収集、③素材情報の加工、④分析と生産、⑤報告の伝達、⑥消費、⑦フィードバック、の７段階が考えられます。

・インテリジェンス・プロセス及びインテリジェンス・プロセスの概念に対しては、「単純に過ぎて実態を反映していない」等の批判も少なくありません。他方、インテリジェンス理論には「必ずしも実務の実態とは合致しないが、理論的には本来こうあるべき」との理想論ないし「あるべき論」を論じる側面があります。そうした前提に立つならば、これらの概念には依然として一定の有用性があると考えられます。

・第1に、インテリジェンス・プロセスの概念は、「政策部門からのリクワイアメント優先」の理念と結び付いていると考えられます。したがって、インテリジェンス・プロセスの概念に基づくインテリジェンスの運用を目指すことは、こうした理念の徹底、すなわち、インテリジェンスの暴走の抑止に資すると考えられます。第2に、インテリジェンス・プロセスの概念は、実際のインテリジェンス機能の働きを客観的かつ詳細に分析・検討する際に有用と考えられます。

【さらに学びたい方のために】

・モレル・マイケル（月沢李歌子訳）（2016）『秘録CIAの対テロ戦争―アルカイダからイスラム国まで』朝日新聞出版（原著：Morell, M. (2015). *The Great War of Our Time: the CIA's Fight Against Terrorism--from al Qa'ida to ISIS*. Twelve.）。

本書は第1章でも紹介したものです。著者のモレル元CIA副長官は、G・W・ブッシュ政権の初期に、大統領定例報告の専従のブリーファーを務めていました。本書の第2章から第4章には主にそうした勤務の状況が記されており、当時の大統領定例報告の具体的な状況を知る上で参考になります。

COLUMN 包括的なリクワイアメントの付与――ジョージ・W・ブッシュ大統領の例

「政策部門からのリクワイアメント優先」の考え方（第3章3、本章2）に対しては、「それを厳格に適用すると、政策部門が予見できない危機に関してインテリジェンス部門が率先して警鐘を鳴らすこともできなくなる」との批判があります。こうした批判は、インテリジェンス・サイクルの考え方に対する「実務の実態にそぐわない」との批判にも繋がります。

実務的には、政策部門側からインテリジェンス部門側に対し、個別具体的なリクワイアメントと共に、不測の事態に関する包括的なリクワイアメントが付与されている場合が少なくありません。

元ＣＩＡ副長官のモレル（Michael Morell）は、Ｇ・Ｗ・ブッシュ政権の初期に、大統領定例報告の専従のブリーファーを務めていました。同人は回顧録の中で、２０００年12月にブッシュ次期大統領との最初の面会時に受けた包括的なリクワイアメントの付与の状況を次のように記しています[1]。

ブッシュ次期大統領はまず次のように述べた。「形式には拘らない。書類は上で綴じようが横で綴じようが、クリップで留めようがバラバラのままであろうが、どうでも構わない。大切なのは中身だ」。その上でブッシュ氏は、自分がインテリジェンス・コミュニティに期待する事柄を約30分にわたって説明してくれた。「米国に危害を加えようとしている輩がいる。奴らが何を企んでいるかを暴いて知らせて欲しい。（中略）私は、大統領として、国家安全保障上の厳しい判断をたくさんしなければならないだろう。そうした判断の一つ一つに関して、十分な情報を提供してくれることを期待している」。

1　原文は次のとおり。'He said, "I don't care about the format. I don't care if you bind it at the top, on the side, hold it together with a paper clip or even split. What I care about is the content." The president-elect then went on to speak for thirty minutes about his expectations for the intelligence community. He said "There are people out there who want to hurt the United States. I want you to find out what they are trying to do and tell me."（中略）"And I am going to be making many tough decisions as president on national security, and I expect that you will fully inform every one of these decisions," (Morell (2015), p. 30).

□第6章□

インテリジェンス・コミュニティ(1)——意義・日本の組織

多くの国においては、複数の政府機関がインテリジェンス業務に関与しているのが一般的です。そうした複数の機関をまとめてインテリジェンス・コミュニティと言います。インテリジェンス理論では、個々のインテリジェンス機関のみならず、こうしたインテリジェンス・コミュニティの在り方、特徴等が研究の対象となります。では、グループとしてのインテリジェンス・コミュニティの在り方を検討する意義や有用性は何なのでしょうか。日本のインテリジェンス・コミュニティの特徴及びその背景はどのようなものなのでしょうか。さらに、こうした諸課題の検討に当たり、インテリジェンス理論はどのように役に立つのでしょうか。本章では、こうした諸問題を検討します。

1　インテリジェンス・コミュニティとは何か

インテリジェンス・コミュニティ（IC：Intelligence Community）とは、**インテリジェンス業務に関与する政府機関の連合体**のことを言います。情報コミュニティと呼ばれる場合もあります。米国の国家情報長官室（ODNI）は、米国のICに関して「米国の対外関係の実行と国家安全保障の保護に必要なインテリジェンス活動を実行するために別々あるいは共同して活動する行政機関の連合」と説明しています[*1]。

ICの構成組織数は国によって様々です。米国（18組織）のように比較的多数の組織を擁している場合もあれば、ごく少数の場合もあります。

(1)　IC構成機関の様々な形態

各国のICを見ると、その構成機関は大別して2つの形態に分類できます。

第1の形態は、行政府の中の独立した機関が、組織全体としてインテリジェンス業務に専門的に従事している場合です。例えば、米国の中央情報局（CIA）はインテリジェンス業務に専従する大統領府直属の組織です。ドイツの連邦情報庁（BND）も、インテリジェンス業務に専従する連邦首相府直属の組織です。

第2の形態は、行政府の中の「インテリジェンス業務を主たる任務とはしない組織」が、その業務の遂行過程において副次的にインテリジェンス機能を果たしている場合です。この場合、各組織（いわゆる「親組織」）の内部に、インテリジェンス業務を主に担当する部署（いわゆる「組織内インテリジェンス部門」）が設置されている場合が少なくありません。例えば、米国の国防省と国務省はそれぞれ国防、外交等を主たる任務とする組織であり、インテリジェンス業務を主たる任務とはしていません。しかし、両組織は米国のICの構成機関となっています。国防省ではその傘下組織である国防情報局（DIA）等が、国務省では内部部局の一つである情報調査局（INR）が、それぞれ組織内インテリジェンス専従部門として機能しています（第7章1）。

ただし、こうした組織内インテリジェンス部門の任務と機能は、親組織の任務の範囲内に限定されます。例えば、国防情報局の業務は国防を支援するためのインテリジェンスに、情報調査局の業務は外交を支援するためのインテリジェンスに、それぞれ任務と機能が限定されます。

また、こうした組織内インテリジェンス部門は、自己が属する親組織の指揮命令系統の下で機能すると同時に、ICの指揮命令系統にも服することになります。したがって、双方の関係をどのように整理するかが問題となります。

(2) ICという概念の有用性

このように、各国のIC構成機関には様々な形態があり、必ずしも常に同一の指揮命令系統の下で機能しているわけではありません。[*2]その結果、本来は各機関が同一の目的（国家安全保障に関する政策決定の支援）を共有しているにもかかわらず、実際には各機関の間における必要な協力、調整等が十分になされない場合も少なくありません。例えば、２００１年の米国における９１１事件の背景の一つとして、ＣＩＡ、連邦捜査局（ＦＢＩ）を始めＩＣ構成機関の連携が不十分であった旨が指摘されています（第７章１）。

したがって、こうした別々の指揮命令系統の下にある複数の機関を一つのグループあるいは連合体（コミュニティ）として捉えることによって初めて、ＩＣ全体に共通する理念、仕組み等を認識・検討し、発展させることが可能になると考えられます。

今日の複雑化した国際情勢の下では、国家安全保障政策の立案・決定において、単独の省庁ではなく、関係する複数の政策機関の包括的・有機的な連携が一層重要になっているとみられます。したがって、これを支援するインテリジェンス部門においても、ＩＣ構成機関同士の包括的・有機的な連携が一層重要となっています。こうしたことからも、ＩＣという概念の重要性は高まっていると考えられます。例えば日本においては、概ね２０００年代中盤以降、ＩＣの機能強化、特にＩＣの取りまとめ機能の強化が進められています。こうした時期は、政府内における国家安全保障に関する政策立案・決定機能の強化（例えば国家安全保障会議（ＮＳＣ）及び国家安全保障局（ＮＳＳ）の創設）が進められた時期とも概ね重複しています（本章２及び３）。

(3)　ＩＣにおける連携と統合

ＩＣが連合体（コミュニティ）として有効に機能するためには、ＩＣ構成機関同士の間において、インテリジェンス関連業務の**連携と統合**がより進んでいるのが好ましいと考えられます。例えば、米国においては、９１１事件等の反省教訓等に基づき２００４年に国家情報長官（ＤＮＩ）制度が創設されました。新制度導入の主たる目標は「コミュニティ統合の実現」でした（第7章1）。

実際に連携と統合が達成されているか否かを具体的に評価するのは容易ではありませんが、比較的重要と考えられる評価の指標は次のとおりです。

政策部門とＩＣの結節点となる仕組みの有無とその有効性

コミュニティの統合は、政策部門とインテリジェンス部門の結節点の仕組みが上手く機能する前提条件の一つと考えられます。したがって、両部門の結節点が上手く機能しているか否かは、ＩＣの統合の度合いを間接的に示す指標になり得ると考えられます（第3章7、第5章2、本章2、第7章3）。

ＩＣ全体の取りまとめを担当する機関の有無とその有効性（ＩＣ構成機関に対する調整、人事、予算権限等）

各国のＩＣにおいては、ＩＣ全体の取りまとめを担当する機関が存在する場合が少なくありません。こうした場合の「取りまとめ」には、大別すると次の3種類の業務があります。

①　ＩＣと政策部門の連携（意思疎通）を円滑化させるための連絡調整

②　（①及び③を除く）ＩＣ全体に関連する様々な業務に関する連絡調整

③　ＩＣ内の全てのインテリジェンスを集約した総合的な分析・評価（オール・ソース・アナリシス）[*3]の実施

これらの中では、一般には、インテリジェンスの分析・評価に関連する③が注目を集めやすいとみられます。しかし、実際には、ＩＣ組織全体の管理・運営及び政策部門との連携にかかわる①及び②も高い重要性を持つと考えられます。特に①は、政策部門からのリクワイアメント付与の円滑化にも関連する重要な機能です。

確かに、西側先進諸国のＩＣの取りまとめ担当機関（例えば米国の国家情報長官室、日本の内閣情報調査室）は、一定の事項に関するオール・ソース・アナリシスの実施機能（前記の③の機能）を有する場合が少なくありません。しかし、必ずしもＩＣ内の全てのインテリジェンスを手元に集積すること（いわゆる「インテリジェンスのダム」化）

を期待されているわけではありません（例えば、米国の国家情報長官に関して第7章2）。取りまとめ業務の重点はむしろ、政策部門との連携やIC内の統合を実現するための各種連絡調整、すなわち前記の①及び②の機能にあるのが近年の傾向と考えられます。

取りまとめ担当機関がそうした任務を遂行するに当たりどのような権限を有するかは、国によって様々です。例えば、調整機能の実効性を担保するべく、取りまとめ担当機関がIC構成機関の予算、人事等に一定程度関与する権限が法令上与えられている場合もあります（例えば、米国の国家情報長官）。他方、こうした法令上の権限をほとんど有しない場合もあります。法令上の権限が不十分な場合、業務の遂行に当たっては、取りまとめ機関のトップの個人的な政治力（例えば、大統領、総理大臣等の最高権力者へのアクセス、有力閣僚等との個人的人間関係）等が実質的に取りまとめ力を大きく左右するとみられます。米国の研究者であるローエンタール（Mark Lowenthal）は、他国と比較して強い法令上の権限を持つ米国の国家情報長官に関しても（2004年の同制度の創設前はCIA長官）、取りまとめ機能の遂行に当たり大統領等との個人的な人間関係が重要である旨を指摘しています。*4

2 日本のインテリジェンス・コミュニティ

(1) コミュニティの概要*5

構成機関

日本のICは、内閣官房内閣情報調査室、警察庁（警備局）、公安調査庁、外務省（国際情報統括官組織）、防衛省（防衛政策局、情報本部）の5機関を主要な構成機関（コアメンバー）としています。拡大ICとして機能する場

図表6-1　日本のインテリジェンス・コミュニティ

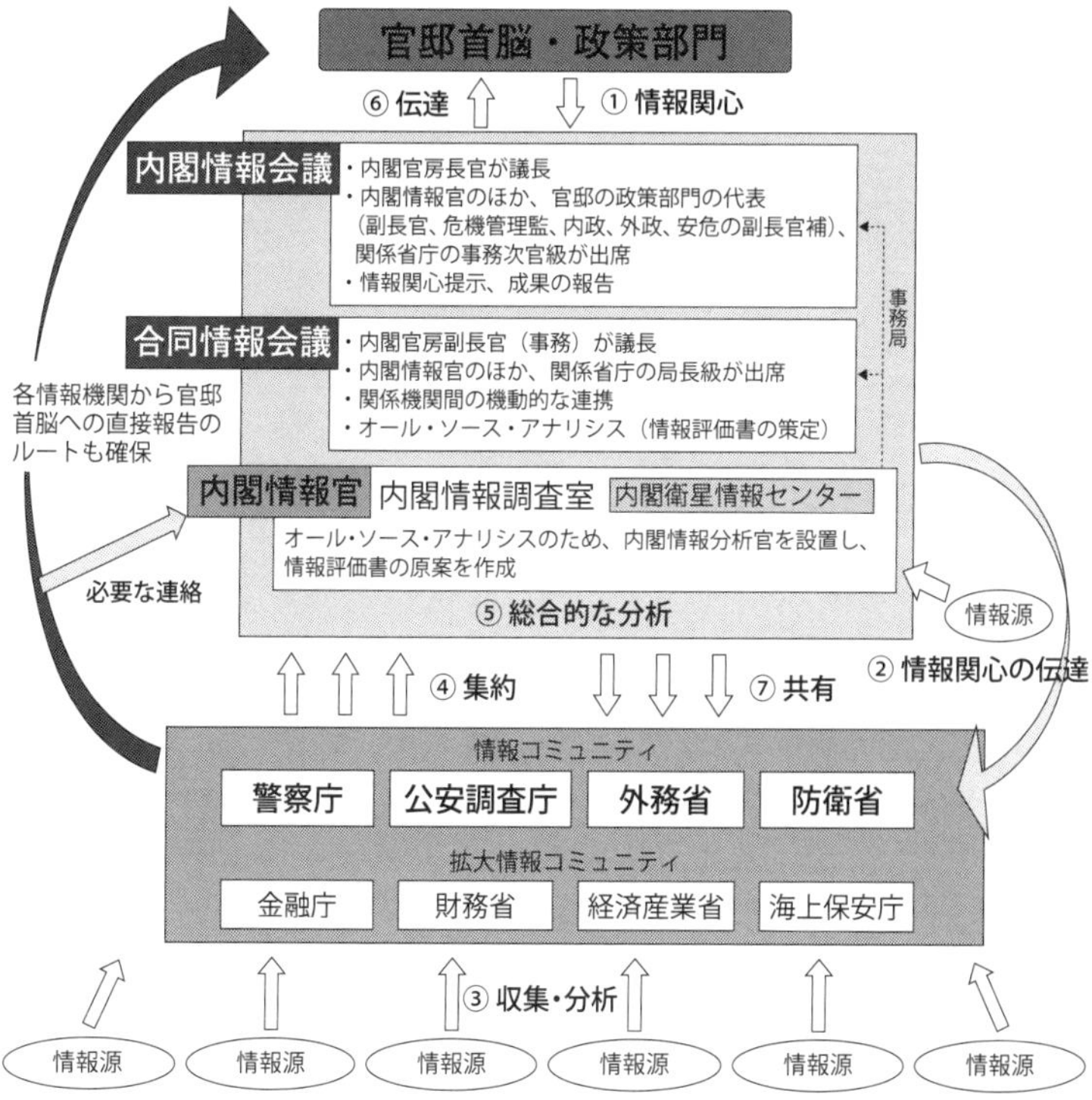

出典：内閣官房（2013b）「我が国の情報機能について」、2頁から転載。

合には、金融庁、財務省、経済産業省、海上保安庁が加えられます。拡大メンバーは、2008年2月に発表された「官邸における情報機能の強化の方針」に基づくICの改編（本章3）を契機に追加されました。[*6]

これらの組織の中では、内閣情報調査室がIC全体の取りまとめの業務を担っています。

警察庁の警備局は、警備警察に関する事務（例えばテロ事件、スパイ事件の捜査等に関する事務）を担当しています（ただし、実際の法執行を行うのは都道府県警察です）。

公安調査庁は、法務省の外局として、破壊活動防止法及び団体規制法に基づき、対象とする団体の規制に関する調査等を担当しています。[*7]
外務省の国際情報統括官組織は、国際情勢に関する情報の収集・分析、外国及び国際機関等に関する調査等を担当しています。[*8]米国の国務省の内部組織である情報調査局に概ね相当する組織と言えます。
防衛省の情報本部は、「国際・軍事情勢等、我が国の安全保障に関わる動向分析」を担当しています。[*9]米国の国防省の傘下にある国防情報局に概ね相当する組織と言えます。特に、情報本部には画像・地理部と電波部が設置されており、それぞれジオイント（画像情報、地理情報等の地球空間情報に基づくインテリジェンス）業務、シギント（信号情報に基づくインテリジェンス）業務を担当しています（第8章4及び5）。[*10]
ICを構成する各機関（またはその前身となる機関）の多くは、第二次世界大戦以前あるいは戦後間もなくの時期から存在しています。他方、政府レベルにおいてICという概念が明確に認識された最初の事例は、1997年（平成9年）12月に発表された行政改革会議の最終報告であったとみられます。[*11]

予算・人員規模等

日本のICの予算・人員規模を正確に把握することは容易ではありません。日本においては政府内の各省庁等の予算・人員は原則として公開されています。しかし、インテリジェンス業務に専従している組織でない限り、それぞれの省庁等の業務の全体像の中でインテリジェンス業務に関連するもののみを明確に分離・抽出することは困難です。図表6-2は、そうした課題を前提とした上で、2020年度（令和2年度）における主要機関の予算・人員の概要を取りまとめてみたものです。

警察に関しては、全体の予算・人員の中でインテリジェンス業務に関連するもののみを分離・抽出することは困難です。ちなみに、2019年度（令和元年度）の警察全体の予算（最終補正後）は約3兆7302・7億円（警察庁予算が約3075・1億円、都道府県予算が3兆4227・6億円）です。また、2020年度（令和2年度）の警察

図表 6-2　日本の IC の主要機関の予算・人員（2020 年度）

組織	当初予算	定員	出典
内閣情報調査室 本室	約 35 億円	*（194 人）	予算：内閣官房「令和 3 年度の予算（案）の概要」[1] 定員（* 2018 年度）：2019 年 6 月 12 日、衆議院経済産業委員会[3]
同 内閣情報衛星センター	約 625 億円[2]	*（221 人）	
公安調査庁	約 154 億円	1,697 人	予算：法務省「令和 3 年度予算（案）について」[4] 定員：同上
外務省 国際情報統括官組織	約 6 億円	**（81 人）	予算：外務省「令和 3 年度歳出概算要求書」[5] 定員（** 2012 年度）：河野他（2013）[6]
防衛省 情報本部	約 672 億円	1,932 人	予算：防衛省「我が国の防衛と予算（案）令和 3 年度予算の概要」[7] 定員：同上

1　内閣官房 HP　https://www.cas.go.jp/jp/yosan/pdf/r3_yosan_gaiyou.pdf
2　補正予算を加えた総額は約 801 億円（内閣衛星情報センター HP https://www.cas.go.jp/jp/gaiyou/jimu/csice.html）。
3　2019 年 6 月 12 日、第 198 回国会の衆議院経済産業委員会における森美樹夫内閣情報調査室次長（当時）の答弁。
4　法務省 HP　http://www.moj.go.jp/content/001336159.pdf
5　外務省 HP　https://www.mofa.go.jp/mofaj/files/100098551.pdf「国際情勢に関する情報収集・分析・調査に必要な経費」として計上されている予算の本省分（約 5.9 億円）と在外公館分（約 0.1 億円）を合算したもの。
6　河野他（2013）、99 頁。
7　防衛省 HP　https://www.mod.go.jp/j/yosan/yosan_gaiyo/2021/yosan_20201218.pdf

出典：表中に示した各種公開情報に基づき筆者作成（インターネット上の各サイトの最終閲覧日は 2021 年 4 月 1 日）。

全体の定員は29万6412人（警察庁が7995人、都道府県警察が28万8417人）です。*12

防衛省・自衛隊に関しては、情報本部の他に陸海空の各自衛隊にもインテリジェンス業務に携わる部署があります。こうした部署の予算・人員は図表6-2には計上されていません。

こうしたことから、残念ながら、図表6-2は日本のICの予算・人員規模を正確に示したものとは言えません。あくまで参考までのものです。

(2)　取りまとめ機関――内閣情報官と内閣官房内閣情報調査室

日本のICの中で、コミュニティ全体の取りまとめの任務を担っているのは内閣官房の内閣情報調査室です（次項の所掌事務等を参照）。同室は、内閣官房に設置されている内閣直属のインテリジェンス機関であり、*13 実質的に、内閣総理大臣官邸直属のインテリジェンス機関と言えます[*14]。米国のＩＣにおける国家情報長官室に概ね相当する組織とも言えます（第７章２）。ただし、内閣情報調査室の取りまとめ機能及び権限は国家情報長官室に比較すると弱いものです。

所掌事務等

内閣情報調査室の所掌事務は、内閣官房組織令に基づき、①内閣の重要政策に関する情報の収集及び分析その他の調査に関する事務（各行政機関の行う情報の収集及び分析その他の調査であって内閣の重要政策に係るものの連絡調整に関する事務を含む）、②特定秘密の保護に関する企画及び立案並びに総合調整、等と定められています（同組織令４条１項及び２項）。こうした規定は、同室のＩＣの取りまとめ機能の根拠となっています。

内閣情報官は、内閣法等に基づき、内閣情報調査室の事務を掌理する旨が定められています（内閣法12条２項６号、同法20条１項及び２項、内閣官房組織令４条３項）。内閣情報官の任免は、内閣総理大臣の申出により、内閣において行われます（内閣法15条３項及び20条３項）[*15]。

具体的な任務等

内閣情報官及び内閣情報調査室の具体的な主要業務は次のとおりです[*16]。

第１は、主要なカスタマーである**内閣総理大臣**、**内閣官房長官等の政策判断者**（狭義の政策決定者）、**国家安全保障会議**（**ＮＳＣ**）**等の政策立案部門に対するインテリジェンスの提供**です。内閣情報官は、総理大臣に対する定例のインテリジェンス報告（総理大臣定例報告）を行っているほか、国家安全保障会議の四大臣会合にも出席しています。こうした内閣情報官の活動は、政策部門とＩＣの結節点たる機能も担っています（第５章２）。また、同室幹部等による国家安全保障局に対するインテリジェンス報告等も適宜実施されています。

第２は、同室自身が行う**国内外の諸情勢に関する情報の収集**、**分析及び評価等**です[*17]。こうした作業は、第１の業務（政策立案部門に対するインテリジェンスの提供）の基盤となっています。

第3は、**IC全体の取りまとめ**の業務です。

取りまとめ業務の第1の類型は、**ICと政策部門の連携**（意思疎通）**を円滑化させるための連絡調整**です。例えば、内閣情報調査室は、政策部門とICの定例的な結節点である内閣情報会議及び合同情報会議の運営事務を担当しています。[*18] さらに、国家安全保障局とICの間ではインテリジェンスのリクワイアメントの付与、フィードバックの伝達等を行う事務レベル（課長級等）の連絡会議等が定期的に開催されています。[*19] こうした各種の連絡会議等の運営事務も同室が担当しています（第5章2）。

取りまとめ業務の第2の類型は、（第1及び第3の類型に含まれるものを除く）**IC全体に関連する様々な業務に関する連絡調整**です。例えば、情報収集衛星推進委員会及び同衛星運営委員会（委員長は双方とも内閣官房副長官（事務））の運営事務は同室が担当しています（第8章5）[*20]。また、内閣情報調査室には、カウンターインテリジェンス・センターが設置されています。同センターは、内閣情報官を長とし、政府全体のカウンターインテリジェンス機能の強化の基本方針の施行に関する連絡調整等の業務を担っています（第10章2）[*21]。

取りまとめ業務の第3の類型は、**IC内のインテリジェンスを集約した総合的な分析・評価**（オール・ソース・アナリシス）**の実施**です。同室に配置されている内閣情報分析官は、合同情報会議からリクワイアメントを付与された特定の課題に関し、IC内のインテリジェンスを集約し、内閣全体の立場からの分析・評価プロダクトである情報評価書の作成・報告を行っています（図表6-3）[*22]。こうした内閣情報分析官による情報評価書の作成制度は、2008年のIC改編の際に、IC全体の分析機能の強化の方針に基づいて創設されたものです（本章3）[*23]。米国における国家インテリジェンス分析官（NIO）による国家インテリジェンス評価（NIE）の作成制度を模したものと考えられます。米国の国家インテリジェンス分析官は、国家情報長官室の傘下にある国家インテリジェンス評議会（NIC）に所属する分析官です（第5章2、第7章2）。

図表 6-3　オール・ソース・アナリシスとしての情報評価書の作成プロセス

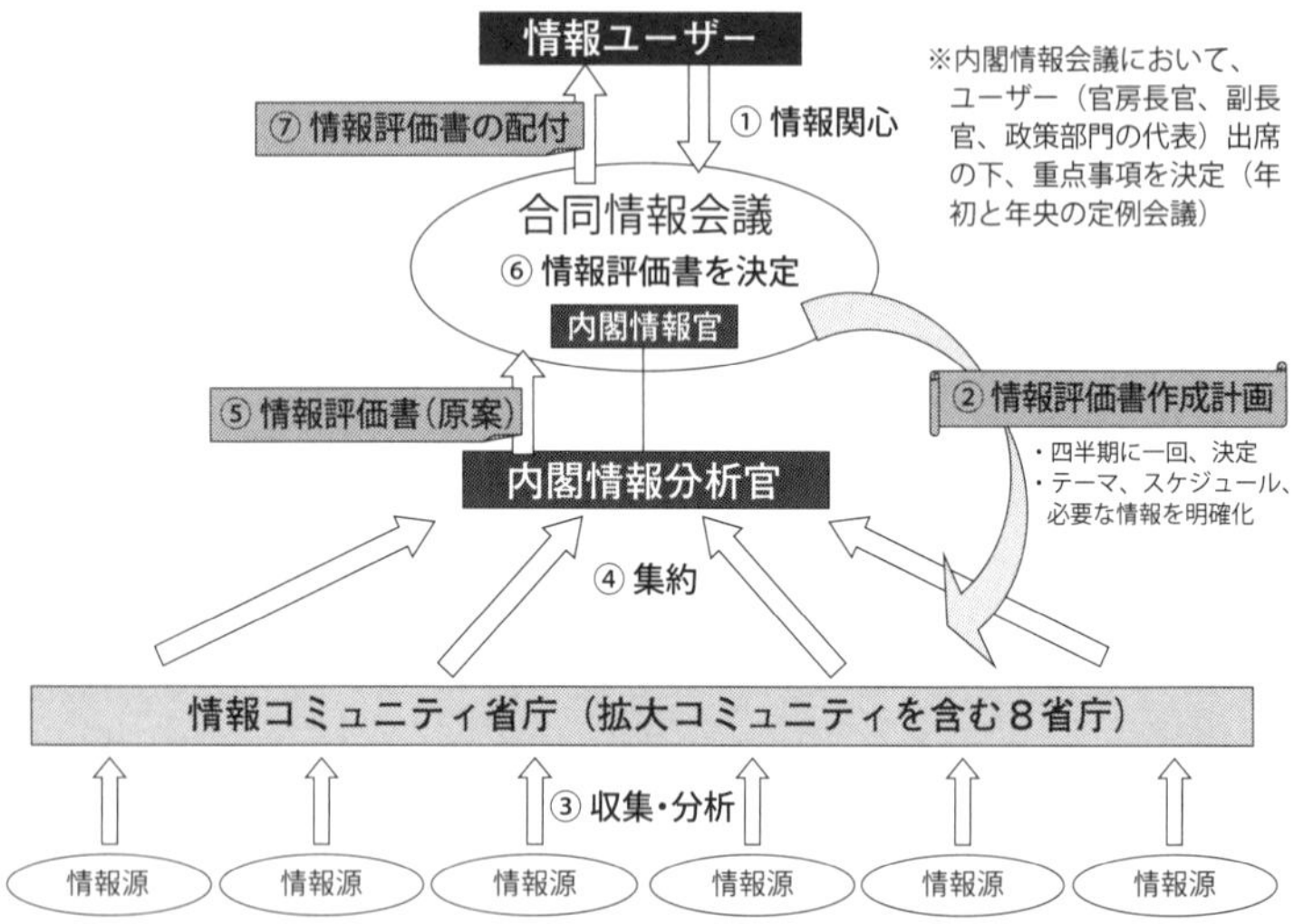

出典：内閣官房（2010）「情報と情報保全」、8頁から転載。

現在の組織

内閣情報調査室の起源は、1952年4月（第3次吉田内閣）に総理府に設置された内閣総理大臣官房調査室まで遡ります。[*24] その後、2001年1月の中央省庁改編、2008年以降の各種の機能強化（本章3）を経て現在の形になっています。

現在は、総務部門、国内部門、国際部門、経済部門、内閣情報集約センター[*25]、内閣衛星情報センター（第8章5）[*26]、カウンターインテリジェンス・センター[*27]（第10章2）等が設置されています。[*28]

(3)　政策部門とインテリジェンス部門の結節点

全体像

インテリジェンス・プロダクトが生産される過程、すなわちインテリジェンス・プロセスは、インテリジェンスのカスタマーである政策部門からインテリジェンス部門に対してリクワイアメント（要求）が付与されることによって適切に始動すると考えられます（政策部門からのリクワイアメント（要求）優先の考え方）（第3章3）。したがって、政策部門とインテリジェンス部門の分離を維持しつつ適切なリクワイアメント付与を実現する仕組み、すなわち政策部門とインテリジェンス部門の結節点（Hub）となる仕組みの整備が重要です（第3章7、第5章2）。

日本においては従前より、こうした両部門の結節点の所在が必ずしも明確ではありませんでした。こうしたことから、2008年のICの機能強化を契機に、内閣情報会議及び内閣情報官が両部門の結節点の機能を果たす旨が明確化されました。同年2月に内閣の情報機能強化検討会議が発表した「官邸における情報機能の強化の方針」（本章3）は次のとおり明示しています。

> 「政策と情報の分離を前提としつつ、政策判断に資する情報の提供を確保するためには、**両者の有機的な連接**が必要である。そのため、官邸首脳の指揮の下、官邸の**政策部門からの情報関心が明確かつタイムリーに情報部門に伝えられ**、他方、政府が保有するあらゆる情報手段を活用した総合的な分析（オール・ソース・アナリシス）によりその価値が最大化された情報が政策部門に提供されるよう、**内閣情報会議、内閣情報官及び各情報機関が連携して機能する**」（情報機能強化検討会議（2008）、2頁）（ゴチックは筆者が付したもの）。[*29]

結節点を担うとされている2者のうち内閣情報会議が中長期のリクワイアメント付与の結節点の機能を担う一方で、内閣情報官は主に短期のリクワイアメントを受領する結節点の役割を果たしています。

この2者に加えて、2013年12月及び2014年1月に国家安全保障会議（NSC）及び同会議の事務局である内閣官房国家安全保障局（NSS）がそれぞれ設置されました。これらの制度も両部門の結節点の機能を担っていると考えられます。

内閣情報官による総理大臣定例報告等

内閣情報官は、総理大臣に対する定例のインテリジェンス報告を行っています（総理大臣定例報告）。また、国家安全保障会議の四大臣会合にもＩＣの代表として出席しています（第5章2）。こうした場面において政策部門側からＩＣへのリクワイアメント付与が行われることがあります。したがって、内閣情報官のこれらの諸活動は、両部門の結節点の機能の一部を担っていると考えられます。こうした点に関し、２００８年2月に発表された「官邸における情報機能の強化の方針」（本章3）は次のとおり明示しています。

「内閣情報官は、官邸首脳への定期的なブリーフィング等の機会を通じて、時々刻々変動する官邸首脳の情報関心の機動的な提示を受けるとともに（中略）官邸の政策部門の重要会議に出席する。（中略）これらの情報関心の提示、情報提供等について、情報コミュニティ内で共有することにより、**政策と情報の日常的な結節点として機能する**」（情報機能強化検討会議（２００８）、3頁）（ゴチックは筆者が付したもの）[*30]。

なお、ＩＣの各構成機関の最高幹部等が総理大臣に対するインテリジェンス報告等を行う際には、内閣情報官が同席するのが慣行となっています[*31]。こうした状況も、内閣情報官が両部門の結節点として機能していることの一例と考えられます。

内閣情報会議と合同情報会議

内閣情報会議――

内閣情報会議は、１９９８年（平成10年）10月27日付の閣議決定「内閣情報会議の設置について」に基づき、「我が国又は国民の安全に関する国内外の情報のうち、内閣の重要政策に関するものについて、関係行政機関が相互に緊密な連絡を行うことにより総合的な把握をするとともに、そのための基本方針等を総合的に検討する」ことを目的として内閣に設置されました（同決定1条）。その後、2008年3月の改編等を経て、現在の形態になっています。

内閣情報会議は、内閣官房長官を議長とし、内閣官房の政策部門の最高幹部（内閣官房副長官（政務・事務）、内閣危機管理監、国家安全保障局長等）及び内閣情報官を始めとするICの最高幹部（IC構成機関である関係省庁の事務次官級）が構成員になっています。[*32] 原則として年2回（年初及び年央）開催されます。[*33] 会議の庶務は内閣情報調査室が担当しています。[*34] 同会議の機能に関し、2008年（平成20年）2月に発表された「官邸における情報機能の強化の方針」（本章3）は次のとおり明示しています。

「内閣情報会議を官邸の政策部門からの参加も得る形に再編し、**同会議において官邸の政策部門の中長期的な情報関心を情報部門に対して提示する**とともに、（以下略）」（情報機能強化検討会議（2008）、2頁）（ゴチックは筆者が付したもの）。[*35]

合同情報会議——

内閣情報会議の傘下には、合同情報会議が設置されています。同会議は、1998年（平成10年）10月27日付の閣議決定「内閣情報会議の設置について」に基づき、「関係行政機関相互間の機動的な連携を図るとともに、政府の保有するあらゆる情報手段を活用した総合的な分析を行う」ことを目的として内閣情報会議に設置されました（同閣議決定5条）。[*36] その後、2008年3月の改編等を経て、現在の形態になっています。

合同情報会議は、内閣官房副長官（事務）が長を務め、内閣官房の政策部門の幹部（内閣危機管理監、国家安全保障局長等）及び内閣情報官を始めとするＩＣの幹部（ＩＣ構成機関である関係省庁の局長級）が構成員となっています。[*37] 原則として隔週1回開催されます。[*38] 会議の庶務は、内閣情報会議と同様に、内閣情報調査室が担当しています。[*39]

ＩＣのオール・ソース・アナリシスのプロダクトである情報評価書の作成に当たっては、内閣情報会議からのリクワイアメント付与に基づき、合同情報会議がＩＣに対して具体的な作成を指示します。さらに、同会議はＩＣ側が作成した情報評価書の承認と内閣情報会議への報告の役割を担っています（図表6-3）。

国家安全保障会議（ＮＳＣ）と内閣官房国家安全保障局（ＮＳＳ）

２０１４年12月に創設された国家安全保障会議（ＮＳＣ：National Security Council）及び同会議の事務局である内閣官房国家安全保障局（ＮＳＳ：National Security Secretariat）は、実質的に、内閣総理大臣官邸直属の政策立案部門と言えます。

加えて、両組織は、その権能及び創設後の実態に鑑みると、内閣情報会議及び内閣情報官とともに、政策決定部門とインテリジェンス部門の結節点の機能を担っていると考えられます。すなわち、両組織はＩＣの重要なカスタマーとして、ＩＣに対してリクワイアメントを付与するとともに、ＩＣからインテリジェンスの報告・提供を受けています。両組織の創設によって、日本政府内における政策部門とＩＣの間の有機的な結節は、以前に比較して向上したとの評価もあります。[*40] ただし、国家安全保障会議と国家安全保障局は、自らインテリジェンス業務（収集、分析等）を担うものではありません。両組織はＩＣの構成メンバーたるインテリジェンス機関ではなく、政策部門の機関です。[*41]

なお、日本政府の国家安全保障に関する基本方針を定めた「国家安全保障戦略」（２０１３年（平成25年）12月17日：国家安全保障会議決定、閣議決定）においても、今後のインテリジェンス機能強化の方針として「外交・安全保障政策の司令塔となるＮＳＣに資料・情報を適時に提供し、政策に適切に反映していくこと等を通じ、情報サイクルを効果的に稼働させる」旨が記載されています[*42]（「情報サイクル」とは、インテリジェンス・サイクル（第５章）のことを指します）。

国家安全保障会議（ＮＳＣ）――

国家安全保障会議は、「我が国の安全保障に関する重要事項を審議する機関として」、内閣に設置されています（国家安全保障会議設置法１条）。２０１３年12月に創設されました[*43]。

会議の議長は内閣総理大臣が務める（同法４条１項）ほか、会議の出席者である議員は審議事項に応じて所定の国務大臣が充てられます（同法５条）。会議の形態は、審議事項及び出席者に応じて、いわゆる四大臣会合、九大臣会合、緊急事態大臣会合の３種類に分かれます（同法５条１項）。

このうち中核となるのは四大臣会合です（出席者は内閣総理大臣、外務大臣、防衛大臣、内閣官房長官）。同会合は、「国家安全保障に関する外交政策及び防衛政策の基本方針並びにこれらの政策に関する重要事項」を審議するもので、３種の会合の中では最も頻繁かつ定例的に開催されています。実質的に、日本の国家安全保障に関する外交・防衛政策の司令塔とも言えます[*44]。

内閣情報官は、国家安全保障局長、総合幕僚会議議長等とともに毎回の四大臣会合に出席し、出席者である閣僚等に対して必要なインテリジェンス報告を行う他、適宜リクワイアメントの付与を受けているとみられます[*45]。これは、米国の国家安全保障会議（ＮＳＣ）に、ＩＣの統括者である国家情報長官がインテリジェンス・アドバイザーとして出席しているのと同様の措置とみられます（第３章７、第５章２、第７章２及び３）。

国家安全保障局（ＮＳＳ）――

国家安全保障会議の事務は内閣官房の国家安全保障局において処理することとされています（国家安全保障会議

設置法12条)。同局は国家安全保障会議の事務局として、国家安全保障に関する外交・防衛政策の基本方針・重要事項の企画立案・総合調整を担っています。[*46]

こうした責務を負っている国家安全保障局は、ICにとって重要なカスタマーの一つです。同局とICの間では、インテリジェンスのリクワイアメントの付与、フィードバックの伝達等を行う事務レベル(課長級等)の連絡会議等が定期的に開催されています(内閣情報調査室が事務を担当)。また、同室を始めIC関係者による国家安全保障局に対するインテリジェンス報告等も適宜実施されています(第5章2)。[*47]同局の創設以前は、こうした事務レベルにおける政策部門とICの結節点の仕組みは必ずしも判然とはしませんでした。こうしたことから、国家安全保障局の創設によって、両部門の事務レベルにおける有機的な結節は、以前に比較して大幅に向上したとみられます。[*48]

なお、国家安全保障局はあくまで政策部門におけるインテリジェンスのカスタマーの一つであり、それ自体はインテリジェンス機関ではありません。内閣情報調査室(内閣情報官)と国家安全保障局の関係に関し、2013年11月13日の参議院(国家安全保障に関する特別委員会)の審議において、菅義偉内閣官房長官(当時)は次のとおり答弁しています。

「まず、この内閣情報官でありますけれども、自ら情報を収集するとともに、政府が保有するあらゆる情報手段を活用して、総合的な分析成果を国家安全保障局を含め政策部門に提供をしていくことになります。**国家安全保障局は自らがそういう情報を収集する部門ではありません**。国家安全保障局は、まさに内閣情報官が収集、集約した情報や分析結果の提供を受けるとともに、その時々の情勢に合わせて自ら自動的に**情報関心を各省庁に示して**、各省庁から機動的な報告を受けることによって総合調整機能を発揮し、より効果的な**政策立案を行う**こととされているものであります(後略)」(ゴチッ

図表 6-4　西側先進諸国の IC の比較

	日本	米国	イギリス	ドイツ	フランス	カナダ	オーストラリア
対外ヒューミント担当機関	×	CIA	SIS	BND	DGSE	× **	ASIS
国内インテリジェンス専従機関	×	×	SS	BfV	DGSI	CSIS	ASIO
議会における IC 監督専従機関	× *	SSCI HPSCI	ISC	PKGr	DPR	(SIRC)***	PJCIS

*　日本の衆参両院には情報監視審査会がありますが、IC 監督専従機関ではありません（第 12 章 4）。
**　カナダの CSIS は、実質的に一定の対外活動も実施していますが、設立経緯等に鑑み国内インテリジェンス機関に分類しています。
***　カナダの SIRC は議会の組織ではなく、いわゆる独立行政委員会です。

出典：筆者作成。

クは筆者が付したもの）。

(4) 日本のインテリジェンス・コミュニティの特徴

日本のICの主な特徴としては、以下の3点があげられます。なお、各論点は、必ずしも完全に別個のものではなく、相互に関連していると考えられます。

ICの組織及び活動が比較的小規模であること

日本のICは、米国を始め他の西側先進諸国のICに比較して、組織や活動の規模が小さいとみられます（図表6-4）。

各国のインテリジェンス機関の予算や人員規模は必ずしも明らかにされていません。しかし、ICの構成機関をみると、日本の場合は、米国のCIAやイギリスの秘密情報部（SIS、いわゆるMI6）のような対外ヒューミント担当機関、イギリスの保安部（SS、いわゆるMI5）やドイツの憲法擁護庁（BfV）のような国内インテリジェンス専従機関は存在しません。こうした状況は、G7を始め西側先進諸国等の中では珍しいことです。

また、インテリジェンス機関の情報収集活動等に関する法的権限も比較的弱いとみられます。例えば、テロ対策等を担う警察に認められている通信傍受、仮装身分捜査（いわゆる「潜入捜査」や「おとり捜査」に近いもの）等の権限は、他の西側先進諸国に比較して弱いものになっています。[*49] 対外ヒューミントを本格的に実施するために必要な法制度の整備も不十分とみられます（第8章3）。

こうした現在の日本のＩＣの特徴の背景には、第二次世界大戦後の日本の国家安全保障政策を取り巻く歴史的経緯、社会情勢等が関係していると考えられます。

第1に、敗戦によって戦前の軍部、インテリジェンス機関を始めとする日本の国家安全保障機能の多くは解体あるいは弱体化されました。その後長期間にわたり、国家安全保障の多くの部分を米国に依存する状況の下、自国の国家安全保障機能を強化する機運は必ずしも十分に盛り上がらず、結果として強いインテリジェンス機能への要求も生じにくかったとみられます。なぜならば、インテリジェンスは国家安全保障に関する政策立案・決定を支援するものだからです（第2章）。[*50]

第2に、戦前・戦中の特高警察の活動の経緯等を背景として、戦後の長期間にわたり、国家のインテリジェンス活動に対する一定のアレルギーが社会にあったとみられます。[*51] そうした状況の下でインテリジェンス機能の強化を論じることは、政治的にも容易ではなかったと考えられます（第8章3）。

ＩＣの取りまとめ、統括機能が弱いこと

以前より、日本のＩＣは、コミュニティとしてのまとまりが弱く、各機関同士の横の連携も悪いと指摘されています（いわゆる「縦割り主義」[*52]）。

前記のとおり、日本では内閣官房の内閣情報調査室がＩＣの取りまとめ機能を担っています。しかし、こうした任務を遂行するに当たり、同室及び同室のトップである内閣情報官に与えられている権限は、類似の機関である米国の国家情報長官及び同長官室の権限等に比較して弱いものとなっています。例えば、米国の場合、国家情報長官の調整機能の実効性を担保するべく、同長官にはＩＣ構成機関の予算及び人事に一定程度関与する権限が法令上与えられています（第7章2及びコラム）。内閣情報官にはそうした権限は与えられていません。

こうした状況の背景には、前記（ＩＣの組織及び活動が比較的小規模であること）の背景事情と同様の要因が関係していると考えられます。すなわち、強力なインテリジェンス機能の必要性が強く認識されない状況下では、それを実現するための重要な要件の一つであるＩＣの統合の必要性も十分には認識されてこなかったと考えられます。[*53]

こうした状況は、２００８年以降の各種の改革により一定程度改善されてきたともみられます（本章3）。しかし、依然として必ずしも十分ではないとみられます。

ＩＣに対する民主的統制の制度が弱いこと

西側先進諸国においては、ＩＣに対する民主的な監督を担う専従組織が設置されているのが一般的です（図表6-4）。特に近年では、議会にそうした組織が設置されることが多くなっています（第12章1）。しかし、日本にはそうした組織は設けられていません。２０１４年に設置された衆参両院の情報監視審査会は、特定秘密保護法の運用の監督を主な目的としており、ＩＣに対する包括的・全般的な監督を主たる目的としたものではありません（第12章4）。

こうした状況の背景にも、前記の「ＩＣの組織及び活動が比較的小規模であること」が関係していると考えられます。すなわち、日本においてはそもそもＩＣの組織や活動の規模が比較的小規模であり権限も弱いものとなっています。こうしたことから、ＩＣに対する民主的統制の問題は、政治上の主要課題として十分に顕在化してこなかったと考えられます。[*54]他国における状況を見ると、例えば１９７０年代の米国、２０１０年代のイギリス等においては、当時の活発なインテリジェンス活動の結果として「インテリジェンスの行き過ぎ」と見られる事案が発覚したことが、ＩＣに対する民主的統制制度の強化の契機となっています（第12章2及び3）。

3　日本におけるインテリジェンス機能の強化に向けた取組

前記（本章2）のとおり、日本のICは他の西側先進諸国等に比較すると、組織、活動が比較的小規模なものにとどまっています。しかし同時に、概ね2000年代から、インテリジェンス機能の強化に向けた努力が政府レベルにおいて実施されていることも事実です。以下ではそうした取組の状況を概観します。

(1)　背景事情――各種の提言

1990年代以降、日本を取り巻く国家安全保障情勢は大きく変化しています。背景には、例えば、北朝鮮によるミサイル発射実験（日本上空を通過した最初のものは1998年8月）[*55]及び核実験（最初は2006年10月）の活発化、米国における911事件（2001年9月）を受けた各国におけるテロ対策の強化、自衛隊のイラク派遣（2003～2009年）、近年の中国の経済発展と軍事力の増強等があります。[*56]

こうした情勢を背景として、日本においても国家安全保障機能の強化をめぐる議論が活発化し、その一環として、インテリジェンス機能の強化をめぐる議論も活発化しました。[*57]この結果、2000年代初頭から中盤にかけて、政党、政府機関、民間シンクタンク等によってインテリジェンス機能の強化に関する提言等が複数発表されました。主なものは次のとおりです。

- 自由民主党「情報収集等検討チーム」（2002年）「わが国の情報能力等の強化に関する提言」[*58]
- 内閣総理大臣官邸「安全保障と防衛協力に関する懇談会」[*59]（2004年10月）「『安全保障と防衛力に関する懇談会』報告

書─未来への安全保障・防衛力ビジョン」[60]

・外務省「対外情報機能強化に関する懇談会」[61]（２００５年９月13日）「対外情報機能の強化に向けて」[62]

・政策シンクタンクＰＨＰ総研「『日本のインテリジェンス体制の変革』研究会」[63]（２００６年６月）「日本のインテリジェンス体制：変革へのロードマップ」[64]

・自由民主党政務調査会「国家の情報機能強化に関する検討チーム」（２００６年６月）「国家の情報機能強化に関する提言」

金子（２００８）は、これら各種の提言で指摘された当時（２０００年代初頭）の日本のＩＣの課題を次のように整理しています。[65]

①**政策部門からＩＣへのリクワイアメント（要求）付与の制度の不備**
その結果として、インテリジェンス・サイクルが上手く機能していない。[66]

②**収集のための体制、法制度等の不備**
特に、対外ミューーミント専従機関がないことは大きな問題。

③**コミュニティの取りまとめ体制の不備①**
ＩＣから政策部門に対するオール・ソース・アナリシスの提供がされていない（「縦の連携」の不備）。

④**コミュニティの取りまとめ体制の不備②**
ＩＣ構成機関の間の情報共有等の協力が不十分である（「横の連携」の不備）。

⑤**カウンターインテリジェンスに関する諸制度の不備**

図表6-5　政府におけるインテリジェンス機能強化に向けた各種の取組

年月	（内閣）	項目	機能
2001年　4月	（森）	・内閣に内閣情報衛星センターを設置	収集
2006年11月	（安倍）	・内閣に情報機能強化推進会議を設置	【全般】
2006年11月	（安倍）	・内閣にカウンターインテリジェンス推進会議を設置	CI
2007年　8月	（安倍）	・「カウンターインテリジェンス機能の強化に関する基本方針」を決定	CI
2008年　2月	（福田）	・「官邸における情報機能の強化の方針」を決定	【全般】
2008年　3月	（福田）	・内閣情報会議の再編に関する閣議決定	リクワイアメント
2008年　4月	（福田）	・内閣情報調査室に内閣情報分析官を設置	分析
2008年　4月	（福田）	・秘密保全のための各種の政府統一基準を施行（「特別管理秘密に係る基準」を除く）	CI
2008年　4月	（福田）	・内閣情報調査室にカウンターインテリジェンス・センターを設置	CI
2008年　4月	（福田）	・内閣に秘密保全法制の在り方に関する検討チームを設置	CI
2009年　4月	（麻生）	・「特別管理秘密に係る基準」（セキュリティクリアランス制度）施行	CI
2010年12月	（菅）	・政府における情報保全に関する検討委員会を開催	CI
2011年12月	（野田）	・「情報保全に関する法制の整備について」（同検討委員会決定）	CI
2013年12月	（安倍）	・内閣に国家安全保障会議（NSC）を設置	リクワイアメント
2013年12月	（安倍）	・特定秘密保護法が可決・成立	CI
2014年　1月	（安倍）	・内閣官房に国家安全保障局（NSS）を設置	リクワイアメント
2014年　1月	（安倍）	・情報保全諮問会議を開催	CI
2014年12月	（安倍）	・特定秘密保護法が施行	CI
2014年12月	（安倍）	・衆参両院に情報監視審査会を設置	民主的統制
2015年12月	（安倍）	・内閣に国際テロ情報集約室、国際テロ情報収集ユニット（CTUJ）を設置	収集

※ CIとはカウンターインテリジェンスのことを指します。
出典：内閣官房（2010）「情報と情報保全」等を基に筆者作成。

こうした制度の不備は、各機関の間の情報共有の活発化の阻害要因の一つにもなっている。

⑥　ＩＣに対する民主的統制制度の不備

今後ＩＣの権限や活動を更に拡大するのであれば、同時に、ＩＣに対する民主的統制制度を充実させる必要がある。

こうした整理からは、当時の日本のＩＣをめぐる課題は、決して局所的なものではなく、様々な課題がインテリジェンス・サイクルの各段階にわたって広範に存在していたことがうかがわれます。

(2)　政府における取組の動向

情報機能強化検討会議と「官邸における情報機能の強化の方針」

政府内外におけるインテリジェンス機能強化に関する議論の高まり等を背景として、内閣では、２００６年12月、内閣官房長官を議長とする情報機能強化検討会議が設置され、政府全体のインテリジェンス機能の強化に向けた検討が開始されました。[*67] 同会議は、数回の検討を経て、２００８年（平成20年）２月14日、**「官邸における情報機能の強化の方針」**を公表しました。同「方針」は、現在の日本のＩＣの在り方の基本的な考え方を示した文書と言えます。同「方針」の項目は図表6-6のとおりです。[*68]

同方針は大別して「情報機能の強化」と「情報の保全の徹底」の2つの大項目からなります。前者の「情報機能の強化」の中の4項目のうち、①「政策との連接」はインテリジェンス・サイクルの中のリクワイアメント（要求）付与の段階、②「収集機能の強化」は同サイクルの収集段階の問題、③「集約・分析・共有機能の強化」は同サイクルの中の分析段階の問題であるとともにコミュニティの取りまとめの問題、にそれぞれ対応します。また、後者の「情報の保全の徹底」はカウンターインテリジェンスの問題です。

図表 6-6　「官邸における情報機能の強化の方針」(2008 年 2 月 14 日公表) の項目

1 はじめに
2 情報機能の強化
　(1) 政策との連接
　　① 政策と情報の分離、② 政策と情報の有機的な連接
　(2) 収集機能の強化
　　① 対外人的情報収集機能の強化、② その他の情報収集機能の強化
　(3) 集約・分析・共有機能の強化
　　① 集約・分析・共有の必要性、② 拡大情報コミュニティの設置
　　③ 情報の集約、④ 情報の分析、⑤ 情報の共有
　(4) 基盤整備
　　① 情報の共有のための基盤整備、② 人的基盤整備
3 情報の保全の徹底
　　① 政府統一基準の策定・施行、② 高度の秘密を保全するための措置、
　　③ 秘密保全に関する法制の在り方
4 実現への道のり

出典：筆者作成。

　このように、同「方針」の内容は、それまでに内外の各種提言において指摘されてきた各種の課題を概ね忠実に網羅するものになっています。さらに、特定の分野に限定されたものではなく、インテリジェンス・サイクルの考え方（第5章）を踏まえ、同サイクルの各段階において必要な課題の検討が広範かつ包括的に実施されています。

　同「方針」に示された施策の一部は2008年3月から4月にかけて実行に移されました。例えば、①内閣情報会議の構成員の見直し、②合同情報会議の構成員の拡大、③情報評価書制度の導入、④内閣情報分析官の設置、などです。このうち①は、内閣情報会議を拡大することによって同会議を政策部門とインテリジェンス部門との結節点と位置付け、リクワイアメント（要求）付与機能の強化を図るものです。また、②③④は、オール・ソース・アナリシスのプロダクト生産（情報評価書の作成）を制度化することによって、分析機能及び取りまとめ機能の強化を図るものです（本章2）。

　現在（2021年）までに、一部を除き、同方針に盛り込まれた政策提言の大半は実現されています。*69

カウンターインテリジェンス推進会議と「カウンターインテリジェンス機能の強化に関する基本方針」（詳細は第10章6参照）

カウンターインテリジェンス機能に関しては、情報機能強化検討会議の設置と時を同じくして、2006年12月、内閣官房長官を議長とする「カウンターインテリジェンス推進会議」が内閣に設置され、検討が開始されました。[*70] 同会議は、2007年（平成19年）8月9日、「カウンターインテリジェンス機能の強化に関する基本方針」[*71]を決定しました。

同方針の内容を受けて、2008年4月には内閣情報調査室にカウンターインテリジェンス・センターが設置されました（本章2）。カウンターインテリジェンスに関連する各種の政府統一基準の導入についても、2008年（平成20年）から2009年にかけて順次実行されています。

特定秘密保護法の制定（詳細は第10章4(1)及び6参照）

続いて、2008年4月、内閣官房副長官（事務）を議長とする「秘密保全法制の在り方に関する検討チーム」が内閣に設置され、秘密保全法制の在り方についての検討が開始されました。[*72] 2010年12月には内閣官房長官を委員長とする「政府における情報保全に関する検討委員会」が設置され、検討が継続されました。[*73] 2011年（平成23年）10月7日、同検討委員会は、「秘密保全に関する法制の整備について」[*74]を決定しました。

こうした流れを受けて、2013年（平成25年）12月6日、第185回国会において特定秘密保護法が可決され、成立しました。同法は、翌2014年（平成26年）12月10日から施行されています。同法の適正な運用を担保することを目的として、2014年1月、本件に関する総理大臣に意見を述べる機関である情報保全諮問会議が設置されました。[*75] また、同年12月の同法の施行と同時期に、衆参両院に**情報監視審査会**が設置されました（第12章4）。

国家安全保障会議（ＮＳＣ）と内閣官房国家安全保障局（ＮＳＳ）

２０１４年12月、実質的な内閣総理大臣官邸直属の政策立案部門として国家安全保障会議（ＮＳＣ）が創設され、翌２０１５年１月には同会議の事務局である内閣官房国家安全保障局（ＮＳＳ）も運用を開始しました。

両組織は政策部門の組織であり、インテリジェンス機関ではありません。また、創設の目的は国家安全保障政策の「司令塔」の創設であり、インテリジェンス機能の強化を直接の目的としたものではありません。しかし、両組織は、その権能及び創設後の実態に鑑みると、内閣情報会議及び内閣情報官とともに、政策部門とインテリジェンス部門の結節点の機能を担っていると考えられます。すなわち、両組織の創設は、リクワイアメント（要求）付与機能を強化し、政府のインテリジェンス・サイクルの強化に資するものと言えます[*76]（本章２）。

(3) 評　価

概ね２０００年代から開始された政府のインテリジェンス機能の強化は、それまでの状況と比較して、日本のＩＣの在り方を大きく変えるものであったと言えます。一連の改革・改編の中でも特に中心的な出来事は

・「官邸における情報機能の強化の方針」の策定（２００８年２月発表）
・国家安全保障会議と国家安全保障局の創設（２０１４年12月）

と考えられます。加えて、特定秘密保護法の成立（２０１３年12月）及びそれに伴う衆参両院における情報監視審査会の創設（２０１４年12月）も重要な出来事です。ただし、これらは、２００８年の「強化方針」で示された施策の実行と考えられます。

このうち、2008年の「強化の方針」は、特定の分野に限定されたものではなく、インテリジェンス・サイクルの枠組み（第5章）を踏まえ、同サイクルの各段階において必要な課題の検討が広範かつ包括的に実施されています。特に、リクワイアメント（要求）の付与（政策との連接）の問題、情報の集約・分析・共有機能の問題など、（対外情報機関の創設問題などの華やかな論点に比較して）一般的には見過ごされがちではあるものの学術理論的には重要な論点についても丁寧な検討がなされています。その意味で、同方針は、「場当たり的」な議論に止まるものではなく、学術理論に基づいた包括的・網羅的なインテリジェンス機能強化の指針であると評価し得ます。*77

4　インテリジェンス理論とインテリジェンス・コミュニティの概念

本章で概観したとおり、インテリジェンス・コミュニティをめぐる各種の課題の中には、インテリジェンス理論の主要課題（第3章）と密接に関連しているものが少なくありません。

第1は、政策部門とインテリジェンス部門の結節点をめぐる課題です。インテリジェンス理論上、両部門の結節点の整備は、政策部門とインテリジェンス部門の分離を維持しつつ適切なリクワイアメント付与を実現するために極めて重要と考えられます（第3章7）。日本のICの現状及び改編の歴史からは、実務においても効果的な結節点の構築に多くの労力が費やされている様子がうかがわれます（第7章）。言い換えると、近年の米日におけるIC機能の在り方をめぐる議論の多くは、結節点と取りまとめ機能の改善に費やされていると考えられます。

第2は、インテリジェンス・サイクルの概念の有用性をめぐる課題です（第5章3）。例えば、近年の日本の

ＩＣの改編・発展の基礎となっている「官邸における情報機能の強化の方針」（２００８年）は、インテリジェンス・サイクルの枠組みを踏まえ、同サイクルの各段階において必要な課題の検討を広範かつ包括的に実施したものです（本章３）。こうした動向は、インテリジェンス機能の検討を行う際の同サイクル概念の有用性を示していると言えます。

□ 本章のエッセンス

定義と概念の有用性――

・インテリジェンス・コミュニティ（ＩＣ）とは、インテリジェンス業務に関与する政府機関の連合体のことを言います。

・各国のＩＣ構成機関は同一の指揮命令系統の下で機能しているわけではありません。したがって、こうした別々の指揮命令系統の下にある複数の機関を一つのグループあるいは連合体（コミュニティ）として捉えることによって初めて、ＩＣ全体に共通する理念、仕組み等を認識・検討し、発展させることが可能になると考えられます。

・今日の複雑化した国際情勢の下では、国家安全保障政策の立案・決定において、単独の省庁ではなく、関係する複数の政策機関の包括的・有機的な連携が一層重要になっているとみられます。したがって、これを支援するインテリジェンス部門においても、ＩＣ構成機関同士の包括的・有機的な連携が一層重要となっています。こうしたことからも、ＩＣという概念の重要性は高まっていると考えられます。

・ＩＣが連合体（コミュニティ）として有効に機能するためには、構成機関の間の連携と統合が重要です。実際に連携と統合の状況を評価するに当たっての指標としては、①政策部門とＩＣの結節点となる仕組みの有無とその有効性、②ＩＣ全体の取りまとめ担当機関の有無とその権限の強さ、などが考えられます。

日本のインテリジェンス・コミュニティ――

・日本のＩＣの主な特徴としては、①ＩＣの組織及び活動が比較的小規模であること、②ＩＣの取りまとめ機能が弱いこと、③ＩＣ

に対する民主的統制の制度が弱いこと、があげられます。３点は相互に関連しており、その背景には、第二次世界大戦後の日本の国家安全保障政策を取り巻く歴史的経緯、社会情勢等が関係していると考えられます。

・日本を取り巻く国家安全保障情勢の変化を背景として、概ね２０００年代から、インテリジェンス機能の強化に向けた努力が実施されています。特に中心的な出来事としては、「官邸における情報機能の強化の方針」の策定（２００８年２月発表）、国家安全保障会議と国家安全保障局の創設（２０１４年12月）、特定秘密保護法の成立（２０１３年12月）等があげられます。

・このうち、２００８年の「強化の方針」は、特定の分野に限定されたものではなく、インテリジェンス・サイクルの枠組みを踏まえ、学術理論に基づいた包括的・網羅的なインテリジェンス機能強化の指針であると評価し得ます。

インテリジェンス理論とインテリジェンス・コミュニティの概念――

・インテリジェンス・コミュニティをめぐる各種の課題の中には、インテリジェンス理論の主要課題（第３章）と密接に関連しているものが少なくありません。

・第１は、政策部門とインテリジェンス部門の結節点をめぐる課題です（第３章７）。第２は、インテリジェンス・サイクルの概念の有用性をめぐる課題です（第５章３）。

【さらに学びたい方のために】

(1) ２０００年代以降の日本のＩＣの改革・改編に関するもの

①情報機能強化検討会議（２００８・２・14）「官邸における情報機能の強化の方針」(https://www.kantei.go.jp/jp/singi/zyouhou/080214kettei.pdf)。

②金子将史（２００８）「官邸のインテリジェンス機能は強化されるか」ＰＨＰ総合研究（https://thinktank.php.co.jp/wp-content/uploads/2016/05/policy_v2_n06.pdf)。

①②とも本文の中で紹介されているものです。①は２００８年以降のＩＣ改編の出発点となっている政策文書であり、現在の日本のＩＣの在り方の基本的な指針を示したものです。全11頁と分量も決して多くはないことから、是非、原文を一読されることをお勧めします。②は、①が作成された背景や意義等を分かりやすく解説したものであり、①を読み解く上で役に立つものです。

(2) 日本のＩＣの歴史に関するもの

③金子将史（２０１１）「相応の〝実力〟を持てるのか―日本」中西輝政・落合浩太郎編著『インテリジェンスなき国家は滅ぶ』亜紀書房、２９９-３４４頁。

戦後直後から２０１０年前後までの日本のＩＣの歴史、背景、特徴点等が簡潔にまとめられています。④と重複する内容も含みますが、全体像を手早く理解するためにはこちらがお勧めです。先にこちらを読んでから④に取り組むのが効果的と考えられます。ただし、２０１０年以降の重要な事項（国家安全保障会議及び国家安全保障局の創設、特定秘密保護法の制定、情報監視審査会の創設等）には触れられていないことに注意を要します。

④サミュエルズ、リチャード・Ｊ（小谷賢訳）（２０２０）『特務（スペシャル・デューティー）―日本のインテリジェンス・コミュニティの歴史』日本経済新聞出版（原書：Samuels, R. J. (2019). *Special duty: a history of the Japanese intelligence community*. Cornell University Press）。

米国の研究者によって書かれた日本のＩＣの通史です。19世紀末から現在（概ね２０１８年頃）までの約１２０年間を５つの時期に分け、各時代のＩＣの状況とその背景にある当時の政治情勢等が説明されています。単なる歴史的事実の羅列に止まらず、インテリジェンス理論の枠組みに基づく分析・評価等も随所に加えられています。

多数の政府関係者への聞き取り調査等に基づくこれまでに例のない力作です。ただし分量的にやや大部である他、専門知識がないと難解な部分もあります。また、取材対象者が偏っている等の批判も一部にあります。その意味では、読者側も一定のリテラシーと批判的な視点を持ちつつ取り組むことが求められる本かもしれません。

⑤兼原信克（２０２１）『安全保障戦略』日経ＢＰ 日本経済新聞出版本部。

著者は、内閣情報調査室及び国家安全保障局の双方で次長を務めた元実務家です。本書の第３章、第４章及び第６章は、国家安全保障会議及び国家安全保障局の創設の経緯並びにインテリジェンス部門との関係性を説明しています。業務の実態の一端を知る上で有用です。

□第7章□

インテリジェンス・コミュニティ(2)——米国の組織

米国のインテリジェンス・コミュニティ（IC）の仕組みと実務の実態は、実質的に本書の取り扱っているインテリジェンス理論の基盤ともなっています。日本を含む西側先進諸国等のICの在り方や実務にも大きな影響を与えています。

それでは、米国のICにはどのような特徴があり、その政治的、歴史的背景等にはどのようなものがあるのでしょうか。さらに、こうした諸課題の検討に当たり、インテリジェンス理論はどのように役に立つのでしょうか。本章では、こうした諸問題を検討します。

1　コミュニティの概要

(1)　基本的な仕組み[*1]

現在の米国のICの基本的な仕組みは、1947年に制定された国家安全保障法（The National Security Act of 1947）によって定められています。[*2]現在のICの構成機関は、図表7-1及び7-2に示された18機関とされています（同法3条4項）。[*3]全機関の中で、国家情報長官室（ODNI）がIC全体の取りまとめの業務を担っています（本章2）。

18機関のうち、非軍事系のインテリジェンス機関、軍事系（国防省傘下）のインテリジェンス機関はそれぞれ9機関ずつです。[*4]

非軍事系機関のうち、国家情報長官室と中央情報局（CIA）の2機関は独立したインテリジェンス専従機関であり、実質的に大統領府直属のインテリジェンス機関となっています。その他の7機関は、各省庁における組織内のインテリジェンス部門です（第6章1）。

図表 7-1　米国のインテリジェンス・コミュニティ

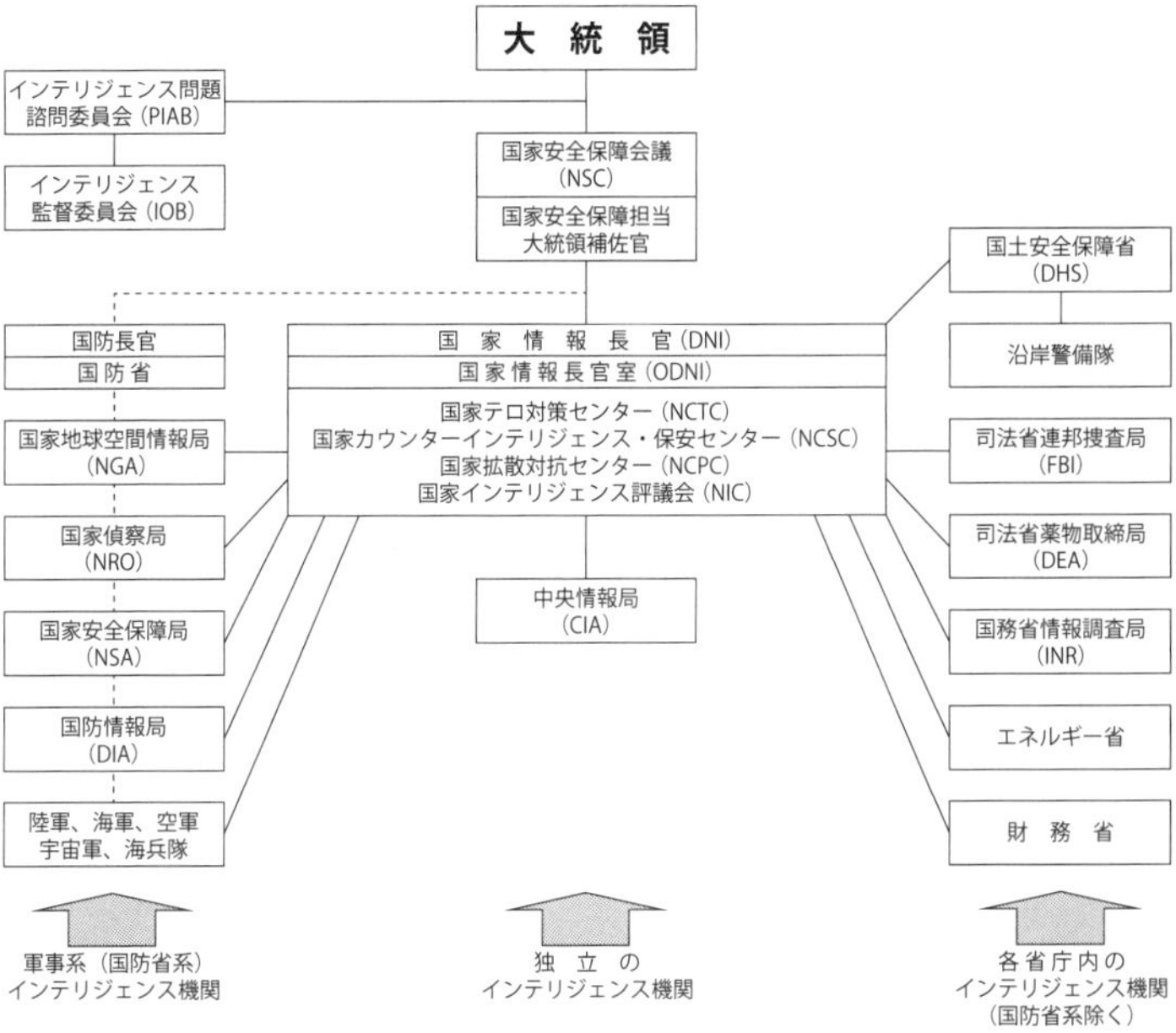

出典：Johnson et al. (2019), p. 500 を基に筆者作成。

これらの各機関のトップの中では、国家情報長官室のトップである国家情報長官（DNI）のみが閣僚級です。CIA長官は通常は閣僚級ポストではありません。*5 各組織内のインテリジェンス部門の場合、いわゆる「親組織」（国防省、司法省等）のトップは閣僚級ですが、各インテリジェンス部門（国防情報局（DIA）、連邦捜査局（FBI）等）のトップは閣僚級ではありません。

米国のICの仕組みは、1947年の創設以降、適宜様々な改編を経てきました。中でも最も重要なものは、911事件（2001年）及びイラクにおける大量破壊兵器問題（2003年〜）を背景に、2004年のインテリジェンス・コミュニティ改編法（The Intelligence Reform and Terrorism Prevention Act of 2004）（IRTPA法）の制定によって実行された改編、特に国家情報長官の創設です。

図表 7-2　米国のインテリジェンス・コミュニティ構成機関

	非軍事系組織（9 組織）	軍事系組織（9 組織）
独立した インテリジェンス 専従機関	・国家情報長官室（ODNI） ・中央情報局（CIA）	―
組織内の インテリジェンス 部門	・エネルギー省（DOE） インテリジェンス・カウンターインテリジェンス室 ・国土安全保障省（DHS） インテリジェンス分析室 ・国土安全保障省（DHS） 沿岸警備隊のインテリジェンス部門 ・司法省（DOJ） 連邦捜査局（FBI） ・司法省（DOJ） 薬物取締局（DEA）国家安全保障インテリジェンス室 ・国務省（DOS） 情報調査局（INR） ・財務省（DOT） インテリジェンス分析室	・国防省（DOD） 国防情報局（DIA） ・国防省（DOD） 国家安全保障局（NSA） ・国防省（DOD） 国家地球空間情報局（NGA） ・国防省（DOD） 国家偵察局（NRO） ・国防省（DOD） 5 軍（陸軍、海軍、海兵隊、空軍、宇宙軍）の各インテリジェンス部門

※国家情報長官室 HP https://www.dni.gov/index.php/what-we-do/members-of-the-ic（2021 年 4 月 1 日閲覧）。

出典：国家情報長官室の HP の記載※を基に筆者作成。

図表 7-3　米国のインテリジェンス・コミュニティの予算額の変遷

（単位：10 億ドル）

会計年度	07	08	09	10	11	12	13	14	15	16	17	18	19	20
NIP	43.5	47.5	49.8	53.1	54.6	53.9	49.0	50.5	50.3	53.0	54.6	59.4	60.2	62.7
MIP	20.0	22.9	26.4	27.0	24.0	21.5	18.6	17.4	16.5	17.7	18.4	22.1	21.5	23.1
合計	63.5	70.4	76.2	80.1	78.6	75.4	67.6	67.9	66.8	70.7	73.0	81.5	81.7	85.8

※国家情報長官室 HP https://www.dni.gov/index.php/what-we-do/ic-budget（2021 年 4 月 1 日閲覧）。

出典：国家情報長官室の HP の記載※を基に筆者作成。

(2) 予算・人員規模等

各国のICの予算・人員規模の正確な把握は容易ではありません。そうした制約はあるものの、米国のICは、おそらく世界で最大規模のICの一つであり、少なくとも西側先進諸国の中では最大規模とみられます。

米国のIC関連予算は大まかに、国家インテリジェンス計画（NIP：National Intelligence Program）、軍事インテリジェンス計画（MIP：Military Intelligence Program）の2種類に分類されます。やや大雑把に言えば、国家インテリジェンス計画は主に非軍事系インテリジェンス機関に関するものであり、軍事インテリジェンス計画は主に国防省傘下の軍事系インテリジェンス機関に関するものです。ただし、実際には双方の予算を使用している機関もあります。

予算の詳細は公開されていませんが、2000年代中盤以降の国家インテリジェンス計画と軍事インテリジェンス計画のそれぞれの総額は法令の定めにより公表されています[*6]（図表7-3）。2020会計年度（2019年10月1日-2020年9月30日）の合計予算額は858億ドル（NIP：627億ドル、MIP：231億ドル）です。これは約9兆円に相当します。額面上、国家インテリジェンス計画は軍事インテリジェンス計画よりも多額です。しかし、国家インテリジェンス計画の一部は軍事系インテリジェンス組織の予算にも利用されています。したがって、インテリジェンス関連の総予算の約75～80%はむしろ実質的に国防長官の影響下にあるとの指摘もあります[*7]。

中長期的なトレンドを見ると、額面上、2020年度のインテリジェンス関連予算（NIPとMIPの合計）は、2007年度に比較して約35%増加しています。ただし、国防予算の総額の中に占めるインテリジェンス関連予算の割合は2007年度以降ほぼ一貫して約10～11%で推移しています。こうしたことから、国防予算の増減とインテリジェンス関連予算の増減はほぼ連動している様子がうかがわれます。背景として、この時期のインテリジェンス活動の多くは、中東地域等における軍の対テロ活動の支援であることがあります[8]。

ＩＣ全体の人員数は不明ですが、２００９年の時点で総計約20万人以上に達していたとの見解もあります（２００９年9月13日、記者会見におけるブレア（Dennis Blair）国家情報長官（当時）の発言）[9]。

(3) 主要機関の概要

非軍事系の組織

独立したインテリジェンス機関――

国家情報長官室（ODNI：Office of the Director of National Intelligence）　国家情報長官室は、実質的に大統領府直属のインテリジェンス機関であり、ＩＣ全体の取りまとめ機能を担っています（本章２）。トップは国家情報長官です。人員数は明らかではありませんが、約１５００～１７００人と推定されます[10]。

同室は、９１１事件（２００１年）及びイラクにおける大量破壊兵器問題（２００３年～）を背景とした２００４年のＩＣの改編の際に、ＩＲＴＰＡ法の制定に基づき創設されました。

中央情報局（CIA：Central Intelligene Agency）[11]　ＣＩＡは、国家情報長官室と同様、実質的に大統領府直属のインテリジェンス機関です。対外インテリジェンス業務を担っています。主な内部組織としては工作部（DO：Directorate of Operations）と分析部（Directorate of Analysis）があります。工作部の主要な業務は、海外におけるヒューミントに基づく情報収集活動（第８章３）及び秘密工作活動（第11章）です。ＣＩＡ長官は、ＩＣの国家ヒューミント管理官（NHM：National HUMINT Manager）とされており、対外ヒューミントに関するＩＣ全体の調整等の責務を担っています[12]。分析部の主要な業務は、国際情報に関する分析・評価等です。

２００４年のＩＣの改編以前は、ＣＩＡ長官は中央情報長官（DCI：Director of Central Intelligence）を兼務し、

CIAの運営に加えてIC全体の取りまとめの機能も担っていました。しかし、同年のIC改編以降は取りまとめの任務は新設の国家情報長官が担うことになりました。この結果、CIAは「全インテリジェンス機関の中の一つ」に過ぎなくなり、IC内における相対的な地位は低下することとなりました。こうした機構改編の背景として、911事件及びイラクにおける大量破壊兵器問題をめぐり、「IC内の各機関の間の協力、調整等が不十分であった」、「ICの統合を推進するためには、（CIAの運営で多忙な）CIA長官とは別に、IC全体の取りまとめに専従するポストが必要だ」との指摘がありました。[*13]

CIA本部ロビー
（2008年8月14日）（AFP＝時事）

CIAの予算・人員は非公開ですが、スノーデン（Edward Snowden）による暴露事案を通じて流出した機密情報によると（本章5）、2013会計年度における当初予算要求額は147億米ドル（2004年会計年度に比較して約56％増加）、人員数は約2万1500人（正規雇用の文民職員）との報道もあります。[*14]

組織内のインテリジェンス部門——司法省（DOJ：Department of Justice）

連邦捜査局（FBI：Federal Bureau of Investigation）[*15]

連邦捜査局（FBI）は、司法省傘下の法執行機関です。一般犯罪の捜査に加え、テロ対策、カウンターインテリジェンス、サイバー犯罪対策等の国家安全保障に深く関連する業務も担当しています。

米国には国内インテリジェンス専従機関が存在しません。こうしたことから、ＦＢＩは、従前からＩＣの構成機関の一つとされています。特に９１１事件以降は、インテリジェンス機関としての機能が強化されています。同事件後、組織内のインテリジェンス部門として、テロ対策とカウンターインテリジェンスを総括する国家安全保障局（ＮＳＢ：National Security Branch）及び関連の情勢分析等を総括するインテリジェンス局（Intelligence Branch）が設置されました。ＦＢＩ全体の人員数は約３万５０００人です。[*16]

ＦＢＩ長官は、米国内におけるヒューミントに関するＩＣ全体の調整等の責務を担っています。[*17] また、カウンターインテリジェンス関連の個別具体の事案への対処に関しては、ＦＢＩがＩＣ全体の取りまとめ機関（リードエージェンシー）の役割を果たしています（第10章２）。[*18]

薬物取締局（DEA：Drug Enforcement Administration）[*19][*20]　薬物取締局（ＤＥＡ）は、ＦＢＩ同様に司法省傘下の法執行機関で、特に薬物犯罪対策を専門としています。組織内のインテリジェンス部門として、国家安全保障インテリジェンス室（ＯＮＳＩ：Office of National Security Intelligence）が設置されています。薬物取締局がＩＣ構成機関に加えられたのは比較的最近です（２００６年２月）。背景に、違法薬物取引の収益等がしばしばテロ組織や国家安全保障上問題のある国家等の資金源になっていること等があります（第13章２）。

国土安全保障省（DHS：Department of Homeland Security）[*21]　国土安全保障省（ＤＨＳ）は、９１１事件の反省・教訓等を踏まえ、２００２年11月に創設されました。組織内のインテリジェンス部門として、インテリジェンス分析室（Office of Intelligence and Analysis）が設置されています。同室は主に、同省の傘下機関（沿岸警備隊、移民・税関執行局（ＩＣＥ）、運輸保安局（ＴＳＡ）、シークレット・サービス等）から提供された素材情報等に基づき、米国本土に対するテロ脅威評価等を担当しています。さらに、インテリジェンス業務における連邦と地方の統合の実現を目的として、インテリジェンス・プロダクトを国内の地方自治体の法執行機関等に提供しています。こうした国内の地方機関等とのネットワークは同省のインテリジェンス業務の最大の強みとの指摘もあります。[*22]

国務省（DOS：Department of State）[*23]　国務省には、組織内のインテリジェンス部門として、情報調査局（Bureau of Intelligence and Research）（通称INR）が設置されています。同局は主に、在外公館からの報告等に基づき、各種の国際情勢に関する分析・評価等を担当しています。

エネルギー省（DOE：Department of Energy）[*24]　エネルギー省には、組織内のインテリジェンス部門として、インテリジェンス・カウンターインテリジェンス室（Office of Intelligence and Counterintelligence）が設置されています。同室は主に、同省の保有する秘密情報（核施設関連情報等）の保護等を含め、エネルギー安全保障に関する情勢分析・評価等を担当しています。

財務省（DOT：Department of the Treasury）[*25]　財務省には、組織内のインテリジェンス部門として、インテリジェンス分析室（Office of Intelligence and Analysis）が設置されています。同室は主に、マネーロンダリング、テロ資金等に関する情勢分析・評価等を担当しています。

軍事系の組織（いずれも国防省（DOD：Department of Defense）傘下の組織）

国防情報局（DIA：Defense Intelligence Agency）[*26]　国防情報局（DIA）は、軍事インテリジェンス全般を担当しています。

国家安全保障局（NSA：National Security Agency）[*27]　国家安全保障局（NSA）は、シギント（信号情報に基づくインテリジェンス）（第8章4）を担当しています。なお、同局長官は、2010年に創設されたサイバー軍（Cyber Command）の司令官を兼務するのが慣例となっています。[*28]

国家地球空間情報局（NGA：National Geospatial-Intelligence Agency）と**国家偵察局**（NRO：National Reconnaissance

Office)[*29] 国家地球空間情報局（NGA）は、ジオイント（画像情報、地理情報等のいわゆる地球空間情報に基づくインテリジェンス）（第8章5）を担当しています。ジオイントのインフラ設備である情報収集衛星の運用は国家偵察局（NRO）が担当しています。

(4) 米国のICの略史

ICの成立以前

現在の米国のICの起源は、1941年7月に創設された情報調整室（COI：The Office of the Coordinator of Information）、その後1942年6月に創設された戦略事務局（OSS：Office of Strategic Services）とされます。[*30] それ以前は、（戦時は別として）国家的規模のインテリジェンス機能は存在しなかったと考えられます（本章4）。情報調整室及び戦略事務局はルーズベルト（Franklin Roosevelt）大統領（当時）によって創設されました。両組織は、CIAの基盤を作った前身組織と認識されています。[*31]

情報調整室及び戦略事務局の当初の責任者は陸軍出身のドノバン（William J. Donovan）でした。同人がイギリスにおいてインテリジェンスを学んだことから、両組織ともイギリスのインテリジェンス実務に強く影響を受けたとみられます。こうした事情は、その後のCIAによる秘密工作活動（Covert Action）重視の組織文化の一因となっているとの指摘もあります。[*32] また、情報調整室及び戦略事務局の創設当初、軍やFBIは強く反発したとされます。こうした、インテリジェンス機関と軍や法執行機関との軋轢は、その後の米国のICにも引き継がれているとみられます[*33]（本章4）。

ICの成立（1947年）

その後、1947年に制定された国家安全保障法は、国家安全保障会議（NSC）を始めとする現在の米国政府の国家安全保障関連の組織機構の基本的な仕組みを定めました。同法によって、ＩＣに対しても法的根拠が与えられることとなりました。さらに、戦略事務局を母体として発足したＣＩＡの長官は、中央情報長官（ＤＣＩ）を兼務し、ＩＣ全体の取りまとめの役割を担うこととなりました。

同法の定めた米国ＩＣの基本的な仕組みは、２００４年にＩＲＴＰＡ法が制定されるまで、基本的には大きく変更されることはありませんでした。

ＩＣの改編（２００４年）

２００４年に制定されたＩＲＴＰＡ法は、国家情報長官制度を創設するなど、ＩＣの基本的な仕組みに対して約半世紀振りに大きな変更を加えました。

こうした機構改編の背景には、２００１年９月の９１１事件の未然防止にＩＣが失敗したこと（本章５）、２００３年の対イラク戦争開始に当たりイラクの大量破壊兵器問題に関するＩＣの分析評価に誤りがあったとみられること（本章５、第９章２）等への反省があります。これらの問題をめぐり、「ＩＣ内の各機関の間の協力、調整等が不十分であった」、「ＩＣの統合を推進するためには、ＣＩＡ長官とは別に取りまとめ専従のポストが必要だ」との指摘がありました。[*34] 加えて、２００４年の米国大統領選挙において、テロ対策が重要争点の一つとなったことも、大規模なＩＣ制度改編に向けた政治的環境を整えたと考えられます。

当該制度改編の基本的な目的と理念は、ＩＣをより効率的に運営するべく同コミュニティの頂点に強いリーダーシップを制度的に確立し、よってＩＣに統合（integrity）をもたらすということでした。[*35] 初代の国家情報長官となったネグロポンテ（John Negroponte）以降歴代の国家情報長官は、こうした機構改編の趣旨に基づき、ＩＣの統合の推進を目標として掲げています。

他方、国家情報長官制度の課題は、同長官が担う責任（ＩＣ全体の取りまとめ）に対し、実際に同長官に認められている権限（特に、ＩＣ内の各機関に対する予算・人事権限）やマンパワーの間に乖離があることです（本章２）。[36][37]

こうした制度改編が当初の目的どおりの成果をあげているのか否かの評価は容易ではありません。一定の積極的な評価もある一方で、国家情報長官の権限等に関する制度上の問題点が改善されていないこと、[38]そもそも評価の基準が不明確であること等もあり、引き続きの検討課題となっています。[39]

２　取りまとめ機関――国家情報長官、国家情報長官室

米国のＩＣの中で、コミュニティ全体の取りまとめの任務を担っているのは国家情報長官及びそのスタッフ組織である国家情報長官室です。国家情報長官室は、実質的に、大統領府直属のインテリジェンス機関と言えます。日本のＩＣにおける内閣情報官及び内閣官房内閣情報調査室も取りまとめ任務を担っていますが、米国の国家情報長官及び国家情報長官室にはより強い権限が与えられています（第６章２）。

国家情報長官及び同長官室は、２００４年のＩＲＴＰＡ法制定に基づくＩＣ改編によって設立された新しい組織です。同改編以前は、中央情報長官を兼ねるＣＩＡ長官が取りまとめの任務を担っていました。

(1)　所掌事務等

国家情報長官は、国家安全保障法[40]に基づき、①ＩＣの統括者（head）、②大統領、国家安全保障会議等に対する首席インテリジェンス・アドバイザー、③国家インテリジェンス計画（ＮＩＰ）予算（本章１）の実行の監督・指導等の任務を担うと定められています[41]（同法１０２条(b)）。同長官は、連邦議会上院の承認を得て、大統領によって任命されます。[42]

こうした任務を遂行するため、国家情報長官には、国家安全保障法等に基づき、インテリジェンス関連の予算（国家インテリジェンス計画及び軍事インテリジェンス計画）及びIC構成機関の幹部人事に関する一定の権限が与えられています。しかし、こうした予算・人事建権限は必ずしも十分ではないとみられます。特に予算に関しては、国家情報長官の権限は主に国家インテリジェンス計画しかカバーしていません。軍事インテリジェンス計画に関しては、国防長官が主な予算権限を掌握しており、国家情報長官の持つ権限は限定的なものにとどまっています（本章コラム）[*43]。こうしたことから、国家情報長官自身の個人的な政治力（例えば、大統領へのアクセス、国防長官始め有力閣僚等との個人的人間関係）等が実質的に同長官の取りまとめ力を大きく左右するとみられます（第6章1）[*44]。

また、国家情報長官室は、国家安全保障法に基づき[*45]、国家情報長官の責務の遂行を支援することを任務としています[*46]（同法103条）。

(2) 具体的な任務等

国家情報長官及び同長官室の具体的な業務の例としては次のようなものがあります。

第1は、主要なカスタマーである**大統領を始めとする政策立案部門に対するインテリジェンスの提供**です。国家情報長官は、大統領に対する毎朝の定例インテリジェンス報告（大統領定例報告）（PDB）を主宰しているほか、国家安全保障会議（NSC）及び同会議の下部構造である長官級（閣僚級）委員会（PC）にも出席しています。加えて、国家情報副長官以下の同室幹部も、国家安全保障会議の下部構造である副長官級委員会（DC）及び各種の省庁間政策委員会（IPC）に出席しています。こうした活動は、政策部門とICの結節点たる機能の一部も担っています（第5章2、本章3）。

第2は、**IC全体の取りまとめ**の業務です。

取りまとめ業務の第1の類型は、**ICと政策部門の連携**（意思疎通）**を円滑化させるための連絡調整**です。例えば、国家情報長官が大統領定例報告を主宰するに当たり、国家情報長官室のIC統合担当の副長官（Deputy DNI for Mission Integration）の下に設置されている担当部署が、報告用のプロダクトの作成を含めたIC全体の連絡調整を担当しています。[*47] また、前記のとおり、国家情報長官は、ICを代表して、国家安全保障会議及びその下部構造である各種の政策会議に出席しています。

取りまとめ業務の第2の類型は、（第1及び第3の類型に含まれるものを除く）**IC全体に関連する様々な業務に関する政策の策定、連絡調整等**です。例えば、国家情報長官は、ICの全構成機関の長官等から構成される幹事会議（EXCOM：Executive Committee）の議長として同会議を主宰しています。幹事会議は、ICの運営方針等に関して国家情報長官に助言を行う組織です。同会議の下部組織として、副幹事会議（DEXCOM：Deputy Executive Committee）もあります（議長は首席国家情報副長官（PDDNI）、構成員はICの全構成機関の副長官級等）。[*48] また、国家情報長官室傘下の国家拡散対策センター（NCPC：National Counterproliferation Center）、[*49] 国家カウンターインテリジェンス・保安センター（NCSC：National Counterintelligence and Security Center）、[*50] 国家テロ対策センター（NCTC：National Counterterrorism Center）[*51] は、それぞれ拡散対策、カウンターインテリジェンス、国際テロの脅威評価等の課題に関して、IC全体に共通の政策の策定、必要な連絡・調整等に携わっています。

取りまとめ業務の第3の類型は、**IC内のインテリジェンスを集約した総合的な分析・評価**（オール・ソース・アナリシス）の実施です。例えば、国家情報長官室傘下の国家インテリジェンス評議会（NIC：National Intelligence Council）[*52] に複数配置されている国家インテリジェンス分析官（NIO：National Intelligence Officer）は、それぞれの担当課題に関するIC内のインテリジェンスを集約し、IC全体の立場からの分析・評価プロダクトである国家インテリジェンス評価（NIE：National Intelligence Estimate）の作成に携わっています。[*53] 同制度は、

２００８年に日本において内閣情報分析官（内閣情報調査室所属）による情報評価書の作成制度が導入された際のモデルと考えられます（第６章２）。また、同室傘下の国家テロ対策センターは、ＩＣ内のテロ関連のインテリジェンスを集約し、ＩＣ全体の立場からの脅威評価等を行っています。

ただし、国家情報長官室及びその傘下組織は、自ら素材情報の収集活動に直接関与する権限や体制はありません。また、国家情報長官室がオール・ソース・アナリシスを実施するのは、国家インテリジェンス評価（ＮＩＥ）の作成、大統領定例報告（ＰＤＢ）の実施、連邦議会に対する年次脅威評価報告の実施等に限られます。それ以外の様々なインテリジェンス・プロダクトは、ＣＩＡ始めＩＣ内の各インテリジェンス機関から直接、国家安全保障会議を始めカスタマーである政策部門に伝達されます。国家情報長官室は、ＩＣ内の全てのインテリジェンスを手元に集積する機能（いわゆる「情報のダム」化）を担っているわけではありません（第５章２、第６章１）[*54]。

３　政策部門とインテリジェンス部門の結節点

インテリジェンス・プロダクトが生産される過程、すなわちインテリジェンス・プロセスは、インテリジェンスのカスタマーである政策部門からインテリジェンス部門に対してリクワイアメントが付与されることによって適切に始動すると考えられます（政策部門からのリクワイアメント（要求）優先の考え方）（第３章３）。したがって、インテリジェンス機能が適切に機能するためには、リクワイアメントの付与が適切に実施されることを担保する仕組み、すなわち政策部門とインテリジェンス部門の結節点（Ｈｕｂ）となる仕組みの整備が重要です（第５章２）。

米国においては、主に、国家安全保障会議（ＮＳＣ）と国家情報長官がこうした両部門の結節点の機能を果たしています。

(1) 大統領に対する定例インテリジェンス報告（大統領定例報告）（PDB：President's Daily Brief）等

国家情報長官は、大統領に対する毎朝の定例インテリジェンス報告（大統領定例報告）を主宰している他、国家安全保障会議等にもICの代表として出席しています（第5章2、本章2）。こうした場面において政策部門側からICへのリクワイアメント付与が行われることもあり得ます。したがって、国家情報長官のこれらの活動は、両部門の結節点の機能の一部を担っていると考えられます。

(2) 国家安全保障会議（NSC：National Security Council）

国家安全保障会議は、1947年制定の国家安全保障法101条[*55]に基づき、大統領府に設置された組織です。安全保障政策や外交政策に関して大統領の政策決定を支援するとともに、政府内の関係組織間の必要な調整を行うことを主な任務としています。[*56]

同会議は大統領を議長とし、主要構成員は、副大統領、国務長官、国防長官、国家安全保障担当大統領補佐官、統合参謀本部議長、国家情報長官、大統領首席補佐官等です。[*57] 政策決定の場である国家安全保障会議に国家情報長官がインテリジェンス・アドバイザーとして出席していることから、同会議は政策部門とインテリジェンス・コミュニティの結節点の機能を果たしていると言えます。[*58] また、国家安全保障会議においては、毎年のインテリジェンスの優先課題を定めた計画（NIPF：National Intelligence Priorities Framework）が策定されます（大統領が承認）。国家情報長官は、同計画に基づき、ICの各構成機関に対するインテリジェンス業務上の優先順位の提示、IC内の資源（人材、予算等）の配分等を行います（第5章2）。[*59]

国家安全保障会議の実質的な下部構造として、別途、関係省庁による長官級（閣僚級）委員会（PC：

Principals Committee）、副長官級委員会（DC：Deputies Committee）、次官補級による省庁間政策委員会（IPC：Interagency Policy Committee）がそれぞれ定期的に開催されています（議長は、長官級委員会が国家安全保障問題担当大統領補佐官、副長官会議が同大統領次席補佐官）。こうした各級レベルにおける関係省庁間の政策調整・協議の場においても、政策担当省庁の幹部とともに、IC幹部がインテリジェンス・アドバイザーとして出席しています。こうした機会も両部門の結節点の機能を果たしていると言えます。[*60][*61]

国家安全保障会議のスタッフの規模は、時代によって増減している模様です。クリントン（Bill Clinton）政権時代（1993～2001年）は約100人であったのに対し、G・W・ブッシュ（George W. Bush）政権を経てオバマ（Barack Obama）政権時代（2009～2017年）には400人を超えていたとの指摘もあります。[*62]

4　米国のインテリジェンス・コミュニティの特徴

(1)　巨大かつ複雑な機構

前記のとおり、公表されている予算規模、構成機関の数、活動地域の広さ等に鑑みると、米国のICは、おそらく世界でも最大規模のICの一つであり、少なくとも西側先進諸国の中では最大規模とみられます（本章1）。この背景には、現在の米国の外交、軍事活動がほぼ世界全域に及び、これに応じてインテリジェンス活動も世界規模になっていることがあると考えられます。[*63]

加えて、米国のICは、国家情報長官室を含めて18の構成機関があることから、他の西側先進諸国等のICに比較しても、複雑な組織形態となっています。

(2) 比較的新しい歴史

米国のＩＣの歴史は、他の西側先進国等のＩＣに比較して新しいものです。現在の米国のＩＣの起源は、１９４１年創設の情報調整室及び１９４２年創設の戦略事務局（ＣＩＡの前身）であり、それ以前は、（戦時は別として）国家規模のインテリジェンス機能は存在しなかったとされます（本章1）。ちなみに、イギリスやロシアは16世紀頃には既に国家規模のインテリジェンス機能を有していたとみられます。*64

この背景には、そもそも米国の建国そのものが18世紀（１７７６年）と比較的新しいことがあります。加えて、米国は、建国後も19世紀末頃までは世界的な規模の国際問題に必ずしも積極的に関与せず、したがって国家安全保障政策及びその基盤となるインテリジェンスに対する需要が低かったと考えられます。

(3) 東西冷戦の影響

米国のＩＣの最優先課題は、第二次大戦後の創設期（１９４７年）からソ連の崩壊（１９９１年）までの間、東西冷戦への対応でした。当該課題への対応の努力がＩＣ発展の原動力であり、この間、米国のインテリジェンス関連予算の半分以上が対ソ連関連に費やされていたとの指摘もあります（第13章1）。*65

こうしたことから、米国のＩＣの各種の仕組み、インフラ設備等の多くは、東西冷戦期における諸課題への対応を前提として構築されました。これらの仕組みや組織文化（例えば、科学技術への高い依存等）は、今日においてもある程度維持されています。

(4) 科学技術（テクノロジー）への高い依存

前記の東西冷戦の影響の具体的な表れの一つとして、米国のＩＣは、素材情報の収集の手法として、ヒューミント（人的情報源に基づくインテリジェンス）よりも、シギント（信号情報に基づくインテリジェンス）やイミント（画像情報に基づくインテリジェンス）を始めとする科学技術に基づくインテリジェンス（第8章）に大きく依存しているとみられます。この背景には、東西冷戦期には米国のインテリジェンス活動の最優先課題はソ連の動向、特にその軍事的脅威の分析・評価であったことがあります。すなわち、ソ連は広大かつ閉鎖的な国家であり、その内部に人的情報源を配置することは困難でした。したがって、遠隔地からでも実施可能である科学技術に基づくインテリジェンスに依存せざるを得なかったとの事情があります（第13章1）。[*66]

こうした米国ICの組織文化は、今日においても、必ずしも大きくは変化していません。同時に、こうした科学技術に依存するインテリジェンス活動は、東西冷戦終了後の新しい諸課題（例えば、テロ組織等の非国家主体による脅威）への対応には必ずしも有効ではないとの問題もあります（第13章1）。なお、シギント、イミント等への高い依存の結果として、米国のヒューミント能力はイギリス等他の西側先進諸国等に比較して弱いとの指摘もあります。ただし、こうした見方に対しては、何ら客観的な裏付けはないとの反論もあります。[*67]

(5) コミュニティ内の各機関間の競争関係

米国のIC内には各機関間の競争関係が存在するとみられます。この背景には、そもそも米国のICが巨大な官僚組織であることに加え、米国政治における分離主義的あるいは官僚主義的・縄張り主義的な文化等も関係していると考えられます（第12章コラム）。こうした状況を克服するには、制度的な解決のみならず、各機関のトップを始め幹部の見識及び相互の個人的人間関係も重要と考えられます（第6章1、本章2）。

国家情報長官とCIA長官

CIA長官は従来は中央情報長官を兼務してIC全体の取りまとめ機能を担っていました。しかし、2004

年のＩＣ改編以降、当該機能は国家情報長官に移り、ＣＩＡは言わば「格下げ」されました。こうしたことから、特に新制度発足当初は、ＩＣの主導権をめぐり、両機関の間の緊張が顕在化する事例が散見されました。[*68]

他方、客観的に見ると、両機関は協力関係を築く方が双方にメリットが多いとも言えます。すなわち、国家情報長官室は自ら情報収集活動等を行う機能を有しないことから、こうした業務に関してはＣＩＡ等に依存せざるを得ません。例えば、毎朝の大統領定例報告は国家情報長官が主宰していますが、実際にはＣＩＡに依存する部分が少なくないとみられます。[*69]一方、ＣＩＡ長官は、前記のとおり、国家情報長官制度の創設により「格下げ」されました。加えて、ＣＩＡ長官は原則として閣僚級ではありません。したがって、ＣＩＡとしても、政府内で自己の利益を代弁する閣僚級幹部として、国家情報長官に依存することが有利と考えられます。こうした状況もあり、近年の両者の関係は以前に比較すると安定しつつあるとみられます。

この点に関し、米国の研究者であるローエンタールは、クラッパー（James Clapper）国家情報長官の在任中（２０１０年８月～２０１７年１月）、同長官の任務は「インテリジェンス政策の調整者」、すなわち「ＩＣの最高執行責任者（ＣＯＯ）ではなく最高経営責任者（ＣＥＯ）」として位置付けられ、「現場責任者」であるＣＩＡ長官等との任務の棲み分けが明確化した旨を指摘しています。その意味で、クラッパーは、歴代の国家情報長官の中でも同長官制度の安定化と定着に最も貢献した長官であるとの評価もあります。[*70]

国家情報長官と国防長官

国家情報長官は、少なくとも形式上はＩＣ全体の取りまとめの機能を担っています。しかし、実際には、国防省の傘下にある軍事系インテリジェンス機関の予算は、全インテリジェンス機関の総予算の75～80％程度を占めるとみられます（本章１）。軍事系インテリジェンス機関の人事・予算権限については引き続き国防長官が多くを掌握しており、国家情報長官の影響力は限定的です（本章コラム）。したがって、国家情報長官にとって、ＩＣ

内の調整を円滑に行いコミュニティの統合を推進するためには、国防長官との良好な関係の維持は極めて重要と考えられます。

ラムズフェルド（Donald Rumsfeld）国防長官（在2001～2006年）の時代、国防省は、国家情報長官の創設そのものにも懐疑的であり、独自の海外ミューミント機能の拡大を計画するなど、両者の関係は必ずしも良好ではなかったとみられます。その後、ゲーツ（Robert Gates）（在2006～2011年）、パネッタ（Leon Panetta）（在2011～2013年）両国防長官はいずれもCIA長官経験者であったこともあり、関係は一定程度改善されたとみられます。*71

5 米国のICに影響を与えた主な歴史的出来事

米国のICの特徴（本章4）の形成には、様々な歴史的経緯があると考えられます。ローエンタールは、米国のICに影響を与えた歴史上の主要な出来事として、次を指摘しています。*72

(1) 情報調整室（COI）及び戦略事務局（OSS）の創設（1941～1942年）

これについては本章1(4)を参照。

(2) 真珠湾攻撃（1941年）

1941年12月の真珠湾攻撃は、事前にこれを察知できなかったことから、「インテリジェンスの失敗」の事例とされています（第2章3及びコラム）。第二次大戦後、1947年に国家安全保障法の制定によりICが創設された重要な背景事情の一つは、真珠湾攻撃のような「インテリジェンスの失敗」を二度と引き起こさないようにすることであったと指摘されています。[*73]

(3)　MAGICとULTRA（1941〜1945年）

MAGICとは、第二次世界大戦中の米国による日本の暗号通信の解読プロジェクトです。また、ULTRAはイギリスと米国によるドイツの暗号通信の解読プロジェクトです。こうした経験は、戦後の米国ICの科学技術依存（本章4）、その後の米英両国のインテリジェンス分野（特にシギント）における緊密な協力関係の構築に大きな影響を及ぼしたとみられます（いわゆるファイブ・アイズに関しては第8章コラム）。

(4)　国家安全保障法の制定（1947年）

これについては本章1(4)を参照。

(5)　朝鮮戦争の勃発（1950年[*74]）

米国のICは、1950年の朝鮮戦争の勃発やその後の中国の参戦を十分には予測できなかったとみられます。[*75]これは、真珠湾攻撃の予測の失敗に続く「インテリジェンスの失敗」の事例との見方もあります。朝鮮戦争の結果、東西冷戦はグローバル化し、米国のインテリジェンス活動も世界規模に拡大することとなりました。[*76]

(6)　イラン・クーデター（1953年）、グアテマラ・クーデター（1954年）

1953年のイラン・クーデター及び1954年のグアテマラ・クーデター[*77]に際して、米国は反体制勢力のクーデター活動を支援するべく、ＣＩＡを通じた秘密工作活動を実施しました。[78] クーデターが成功したことから、これ以降、米国の政策決定者の間に秘密工作活動への志向が高まることとなったと指摘されています（第11章２）。[79]

(7) ピッグス湾事件（１９６１年）

１９６１年、米国のケネディ（John F. Kennedy）政権（当時）は、キューバ国内の反体制勢力を支援してカストロ（Fidel Castro）政権（当時）を転覆するべく、ＣＩＡによる秘密工作活動を実行しました。しかし、同作戦は失敗に終わり、同年4月21日、ケネディ大統領は、記者会見で米国の関与と作戦の失敗を認めました。こうした状況は、その後のダレス（Allen Dulles）ＣＩＡ長官（当時）の辞任の一因となったとみられます（第11章１）。[80]

(8) キューバ・ミサイル危機（１９６２年）

１９６２年、ソ連がキューバに核ミサイルの配備を開始したことから、米ソ間の緊張が高まりました。ＣＩＡを始め米国のＩＣは事前にはこうした事態を十分には予測していなかったとみられます。[81] しかし、危機発生後は、ミサイル基地の位置、ソ連側の兵力分析評価等に関する正確なインテリジェンスをケネディ大統領（当時）に提供するなど、危機対応に当たっての同大統領の政策決定を支援し、危機解決に一定の貢献を果たしたとみられます。このように、事前予測の失敗は「インテリジェンスの失敗」と言い得る一方、事態発生後の貢献は事前予測失敗等の失態を取り戻し得る「インテリジェンスの成功」事例との評価もあります。[82]

(9) ベトナム戦争（１９６４〜１９７５年）

１９６４年から１９７５年まで続いたベトナム戦争に際しては、戦争の進行状況に関するインテリジェンス分析・評価等をめぐり「インテリジェンスの政治化」の問題や「軍事系インテリジェンス機関と非軍事系インテリジェンス機関の間の対立」の問題が深刻化したとの指摘もあります[*83]（第3章2、本章4）。

⑽ インテリジェンス機関の不正活動疑惑（1975〜1976年）

1974年末、CIAやFBIによる違法な情報収集活動を始めインテリジェンス機関による各種の不正疑惑が発覚しました。これを受けて、連邦議会に特別調査委員会が設置され（いわゆる上院のチャーチ委員会（Church Committee）と下院のパイク委員会（Pike Committee））、ICに対する調査が実施されました。こうした出来事は、これ以降の連邦議会によるICに対する統制の強化の契機となりました（第12章2）。

⑾ イラン革命（1979年）

イランでは、1979年のイスラム革命により従来の親米政権が崩壊し、反米的なイスラム共和制の政権が誕生しました。また、その過程で米国大使館人質事件が発生しました。CIAを始め米国のICはこうした状況を事前には十分に予測しておらず、本件は深刻な「インテリジェンスの失敗」であるとの評価もあります[*84]。加えて、革命の成功の結果同国内の米国ICの情報収集拠点が閉鎖され、その後の中東地域やソ連を標的としたインテリジェンス活動に支障を来したとの指摘もあります[*85]。

⑿ イラン・コントラ事件（1986〜1987年）

1986年、レーガン（Ronald Regan）政権（当時）のCIA幹部等がイランに武器を売却すると同時にその利益を利用してニカラグアの反体制勢力「コントラ」を支援するという不適切な秘密工作活動を行っていた事案が発覚しました。同事件の結果、政府や連邦議会によるＩＣに対する監督機能の限界が露呈されることとなりました。[86] 同事件は、いわゆる「インテリジェンスの暴走」に該当する事案であり、政策部門からのリクワイアメント優先（第３章３）という基本的な理念の重要性を改めて認識させる事例となりました。

⒀　ソ連の崩壊と東西冷戦の終了（1989〜1991年）

１９８０年代末から１９９１年にかけてのソ連の崩壊と東西冷戦の終了に際し、ＣＩＡを始め米国のＩＣは事前にこれを十分に予測できていなかったと言われています。[87] したがって、本件は深刻な「インテリジェンスの失敗」との評価もあります。他方、ＩＣによる各種の秘密工作活動等がソ連崩壊に貢献したとの積極的な評価もあります。[88] なお、東西冷戦終了から９１１事件までの約10年間、米国を始め西側先進諸国では国家安全保障上の課題がやや不明確となりました。その結果、ＩＣの人員・予算等が削減されることとなりました（第13章２）。

⒁　エイムズ事件（1994年）[89]、ハンセン事件（2001年）[90]

１９９４年に発覚したエイムズ事件及び２００１年に発覚したハンセン事件では、ＣＩＡ職員のエイムズ（Aldrich Ames）及びＦＢＩ職員のハンセン（Robert Hanssen）がそれぞれ、ソ連・ロシアのインテリジェンス機関の人的情報源となり、秘密情報を漏洩していたことが明らかになりました（第10章コラム）。

両事件の結果、ソ連・ロシア内部における米国インテリジェンス機関の人的情報源が一網打尽にされ、米国のインテリジェンス活動に大きな支障を来したとみられます（第３章４）。また、両事件を通じ、東西冷戦終了後もロシアによる米国を標的としたインテリジェンス活動が継続していることが明らかになりました（第４章３）。あわせて、米国ＩＣのカウンターインテリジェンス機能に多くの欠陥があることが露呈しました（第10章２）。

⒂ 911事件と対テロ戦争（2001年～）

2001年9月11日に発生した911事件は、その後のイラクにおける大量破壊兵器問題とともに、インテリジェンス共有の不足など従来のICの欠陥を問い直す契機となり、2004年のICの改編（国家情報長官制度の創設等）へと繋がりました（本章1）。

また、同事件後の米国政府全体を挙げた対テロ戦争の遂行に当たり、インテリジェンス機関の権限や活動内容も急激に拡大しました（例えば、いわゆる愛国者法[*91]の制定、FBIのインテリジェンス機能の拡大等）。

その後、テロ対策目的で実行された様々なインテリジェンス活動の実態が次第に明らかになるにしたがい、行き過ぎとも見られるインテリジェンス活動の適法性や妥当性に対して疑問が呈せられることとなりました（第3章5）[*92]。実際に世間の注目を集めた主な事例として、国家安全保障局による無令状の通信傍受（第8章4）[*93]、CIAによるテロ容疑者等に対する拷問の疑いのある取調べ（第8章3、第12章2）[*94]、CIAによるテロ容疑者等の第三国への不適切な移送（rendition）（第8章3、第11章1及び4、第12章2）[*95]、CIAによる無人偵察機（ドローン又はUAV）を利用したテロリスト等に対する攻撃（第8章5、第11章2及び4）等[*96]があります。

⒃ イラク戦争とイラクにおける大量破壊兵器問題（2003年～）

2003年のイラク戦争後、事前のCIA等による予想に反してイラクにおける大量破壊兵器の開発計画は発見されませんでした。これは、「インテリジェンスの失敗」の事例と指摘されています（第9章2）。一因として、CIAの分析部門と収集部門の連携不足が指摘されています。すなわち、当該事案においては、人的情報源の信用性に関する収集部門の懸念（低い評価）が分析部門との間で十分に共有されておらず、分析部門において誤った分析評価が継続して累積されてしまったとみられます（分析におけるレイヤリングの問題）（第9章2）[*97]。こうした問題は、後述の大統領の調査委員会の報告書（2005年3月）でも指摘されています。

加えて、同戦争の開戦に当たっては、米国のG・W・ブッシュ政権（当時）が従前から開戦に向けて積極的であったことから、CIA等もイラクの大量破壊兵器の開発状況に関する情勢評価に関して、政権の意図に沿うような歪曲を行ったのではないかとの疑惑が持たれました（インテリジェンスの政治化の問題）（第3章2、第9章2）。特に、2003年2月5日の国連安全保障理事会におけるパウエル（Colin Powell）国務長官（当時）の演説（イラクによる大量破壊兵器の開発疑惑を強調する内容）に関し、同演説の起草に関与したCIAにおいてインテリジェンスの政治化があったとの見方もあります（ただし、2005年3月、同問題に関する大統領の調査委員会は、そうしたインテリジェンスの歪曲は認められなかった旨の結論を出しています（第12章2）[*98]）。

これらの問題は、911事件とともに、従来のICの欠陥を問い直す契機となり、2004年のIC改編へと繋がりました（本章1）。

⒄　スノーデンによる暴露事案（2013年）

2013年、元CIA職員かつ元国家安全保障局の契約社員のスノーデン（Edward Snowden）は、報道機関に対して、国家安全保障局を始め米国ICの活動に関する秘密情報のリークを行いました。この結果、大量の通話記録データの収集活動、インターネット上の通信情報の収集活動、友好国の首脳に対するインテリジェンス活動等の状況が報道されることとなり[*99]、インテリジェンスに関する様々な論点が提起されることとなりました[*100]。

第1に、IC内の情報保全の在り方が問題となりました。特に、911事件以降に進められてきた情報共有（ニード・トゥ・シェア）と伝統的な秘密保全（ニード・トゥ・ノウ）のバランスが改めて問われることとなりました

エドワード・スノーデン
（2013年6月6日）（AFP＝時事、ガーディアン紙提供）

（第3章7）。

第2に、米国においては、インテリジェンス活動と個人のプライバシー保護のバランスに関する議論が活発化することとなりました。2013年8月、国家安全保障局によるシギント活動と個人のプライバシーのバランスの在り方の問題を検討するため、オバマ大統領（当時）による大統領覚書（Presidential Memorandum）に基づき、「インテリジェンスと通信技術に関する検討グループ（Review Group on Intelligence and Communications Technologies）」が設置されました。[*101]同委員会の報告書（2013年12月12日発表）[*102]を踏まえ、2014年1月17日、オバマ大統領は、国家安全保障局によるシギント活動の見直し案を発表しました。[*103]ただし、同大統領は、国家安全保障局の従来の活動の合法性に関してはこれを擁護する立場を維持しました（第8章4、第12章2）。

第3に、第2の点に関連し、イギリス等においては、ICに対する民主的統制制度の見直し、強化等が図られる契機となりました（第12章3）。

(18) 米国大統領選挙に対するロシアの介入疑惑（2016年）

2016年の米国大統領選挙に対するロシアによる選挙介入

の疑惑に関し、２０１７年1月、国家情報長官室は、ロシアはプーチン（Vladimir Putin）大統領（当時）の指揮の下でトランプ（Donald Trump）候補（当時）に有利となるよう選挙介入を図った旨の評価報告書（Assessing Russian Activities and Intentions in Recent US Elections）を発表しました。*104 その後、トランプ陣営とロシア側の共謀の有無が更なる争点となる中、本件は政治的な党派対立の種となり、トランプ大統領がＩＣに対する非難を増加させる一因となったとみられます。

6 インテリジェンス理論と米国のインテリジェンス・コミュニティ

第6章で概観したとおり、インテリジェンス・コミュニティをめぐる各種の課題の中には、インテリジェンス理論の主要課題（第3章）と密接に関連しているものが少なくありません。こうした状況は、米国のＩＣにも該当します。

第1は、政策部門とインテリジェンス部門の結節点をめぐる課題です。インテリジェンス理論上、両部門の結節点の整備は、政策部門とインテリジェンス部門の分離を維持しつつ適切なリクワイアメント付与を実現するために極めて重要と考えられます（第3章7）。日本のＩＣの場合と同様（第6章）、米国のＩＣの現状及び改編の歴史からも、効果的な結節点の構築とＩＣの取りまとめ機能の改善に多くの労力が費やされている様子がうかがわれます。第2は、インテリジェンス理論をめぐる伝統的な理念と新しい考え方の調整の問題です（第3章7）。第3は、民主的統制の在り方の問題です（第12章）。スノーデンによる暴露事案（２０１３年）は、これらの問題が引き続きの困難な課題であることを改めて浮き彫りにしました（本章5）。

□**本章のエッセンス**

・米国のＩＣは、予算、人員、地理的な活動規模等において世界最大規模のＩＣの一つとみられます。

・主な特徴としては、①巨大かつ複雑な機構であること、②比較的歴史が浅いこと、③組織機構や手法において東西冷戦時代の影響を残していること、④科学技術（テクノロジー）への依存が高いこと、⑤ＩＣ内の各機関間に競争関係がみられること（例えば、国家情報長官とＣＩＡ長官、国家情報長官と国防長官）、などがあります。

・９１１事件（２００１年）及びイラクにおける大量破壊兵器問題（２００３年〜）の反省・教訓を踏まえ、２００４年、ＩＣの統合の進展を目指し、国家情報長官（ＤＮＩ）創設を含む大規模なＩＣの組織改編が実行されました。ただし、ＩＣ全体の取りまとめ役を担っている国家情報長官は、ＩＣ内の各機関に対して十分な法令上の人事・予算権限を有していないとの課題も残っています。

・インテリジェンス理論の主要課題（第３章）との関係では、日本のＩＣの場合（第６章）と同様、政策部門とインテリジェンス部門の結節点の在り方が重要な検討課題となっています。加えて、インテリジェンス理論をめぐる伝統的な理念と新しい考え方の調整（第３章７）、民主的統制の在り方（第12章）等も重要な課題となっています。

【さらに学びたい方のために】

・ワイナー・ティム（藤田博司・山田侑平訳）（２００８）『ＣＩＡ秘録　その誕生から今日まで』（上）（下）、文藝春秋（原著：Weiner, T. (2008). *Legacy of Ashes: The History of the CIA.* Anchor）。

米国人ジャーナリストによる、ＣＩＡの創成期から概ね２０００年代初頭までの歴史を秘密工作活動中心にまとめた著作です。米国政府の公式見解と異なる部分もある点に留意が必要ですが、特に東西冷戦時におけるＣＩＡの秘密工作活動を概観するのに役立ちます。事例ごとの章立てになっているので、どこからでも読みやすくなっています。

COLUMN

国家情報長官の主な人事・予算権限

IC構成機関の幹部等に対する人事権限

合衆国法典50編44章３０４１条◇1は、IC構成機関の長官等の幹部人事に関する国家情報長官の権限を次のとおり定めています。

第1に、国家情報長官は、首席国家情報副長官（PDDNI）及びCIA長官の任命に当たり、候補者を大統領に推薦（recommend）します（同条a項）。

第2に、国家情報長官は、各省庁長官等が、次の人事に関して任命又は大統領への推薦を行うに当たり、事前に同意（concurrence）を与えます（同条b項）。国防省国家安全保障局（NSA）長官、国防省国家偵察局（NRO）長官、国防省国家地球空間情報局（NGA）長官、国務省情報調査局（INR）担当次官補、エネルギー省インテリジェンス・カウンターインテリジェンス室長、財務省インテリジェンス分析室担当次官補、FBI国家安全保障局（NSB）担当副長官補、国土安全保障省インテリジェンス分析局担当次官。

第3に、国家情報長官は、各省庁長官等が、国防省国防情報局（DIA）長官、沿岸警備隊情報担当副長官補、司法省国家安全保障局担当次官補を任命あるいは大統領への推薦を行うに当たり、各省の長官から事前に相談（consult）を受けます（同条c項）。

インテリジェンス関連の予算権限

合衆国法典50編44章３０２４条c項◇2は、インテリジェンス関連の予算に関する国家情報長官の権限を次のとおり定めています。

第1に、国家インテリジェンス計画（NIP）（CIA等の非国防省傘下のインテリジェンス機関の予算）に関し、国家情報長官は、①関係各機関に対して予案算策定の指針を付与する、②各機関から提出された予算案を取りまとめてNIPを策定・決定する、③当該NIP案を大統領に対して報告し了承を得る、④各機関による予算の執行を監督する、等の権限を有します。

第2に、軍事インテリジェンス計画（MIP）（国防省傘下のインテリジェンス機関の予算）に関し、国家情報長官は、国防長官による当該予算案の策定に参画（participate in）します。

着眼点

このように、国家情報長官は、IC内の各機関の最高幹部の任命、インテリジェンス関連予算の策定・執行等に関して、法令に基づき一定の権限を与えられています。日本の内閣情報官にはこうした人事・予算権限等は与えられていません。

ただし、特に予算権限に関しては、軍事インテリジェンス計画（ＭＩＰ）に関する国家情報長官の権限は、国家インテリジェンス計画（ＮＩＰ）に関する権限に比較して限定的なものとなっています。

また、国家情報長官制度の創設（２００４年）以前の中央情報長官（ＣＩＡ長官が兼務）に対しても、ほぼ同様の人事・予算権限が与えられていました。すなわち、ＩＣの取りまとめ役に与えられている人事・予算権限は、２００４年の制度改編によってもほとんど強化されなかったと言えます。背景に、国家情報長官制度の創設に際して、国防省、国防関係議員等が懸念と抵抗を示したことがあります。

1　50 U.S. Code §3041.
2　50 U.S. Code §3024(c).

□第8章□

インフォメーションの収集

本章では、インテリジェンス・プロセスの中の素材情報（インフォメーション）の収集に関して概観します。収集とは、料理にたとえると、食材（野菜、肉、魚介等）の仕入れの段階に該当します。

収集活動は、収集の手法、情報源の種類等の違いに応じて様々な種類に分類されます。では、それぞれの手法にはどのような特徴（短所、長所）があるのでしょうか。最も優れた手法は何なのでしょうか。さらに、こうした諸課題の検討に当たり、インテリジェンス理論はどのように役に立つのでしょうか。本章では、こうした諸問題を検討します。

1　情報収集の様々な手法

(1)　代表的な分類

インテリジェンス・プロセスの考え方に基づくと（第5章）、インテリジェンス・コミュニティ（IC）は、政策部門からのリクワイアメント（要求）に基づきインテリジェンス・プロダクトの生産を行います。こうしたプロダクトの生産を行うには、必要な素材情報（インフォメーション）を収集する必要があります。

一般に、インテリジェンスは、収集の手法、情報源の種類等の違いに基づき、次のように分類されます。[*1]

オシント（OSINT：Open Source Intelligence）

オシントとは、公開情報に基づくインテリジェンスのことです。公開情報とは例えば、ラジオ、テレビ、新聞、雑誌、書籍、インターネット、商用データベース等の公開されたソースから誰でも自由に入手可能な素材情報を意味します。

ヒューミント（HUMINT：Human Intelligence）

ヒューミントとは、人的情報源（Human Source）から収集される情報に基づくインテリジェンスのことです。例えば、俗に言ういわゆる「スパイ活動」はヒューミントの一部です。ただし、ヒューミントの全てがスパイ活動でありません（本章3）。なお、「スパイ」という用語には、法令上あるいは学術上の定義はありません。例えば『広辞苑』（2018年版）では、「まわしもの、間諜、密偵」と説明されています。[*2]

シギント（SIGINT：Signals Intelligence）

シギントとは、信号（Signals）から収集される情報に基づくインテリジェンスのことです。例えば、電話等の通信内容を技術的に傍受することによって得られた情報に基づくインテリジェンスが含まれます。信号の形態に応じて、シギントにも様々な種類があります（本章4）。

ジオイント（GEOINT：Geospatial Intelligence）

ジオイントとは、地球空間情報に基づくインテリジェンス、すなわち、安全保障に関連する地球上の諸活動を分析し、視覚的に表現することです。例えば、情報収集衛星から入手される画像情報、地図情報に基づくインテリジェンス等が含まれます。なお、地球空間情報のうち、特に画像から得られる情報に基づくインテリジェンスのことをイミント（IMINT：Imagery Intelligence）と言います。

これらのうち、シギント及びジオイントは技術的な手法によって収集される情報に基づくインテリジェンスであることから、これを総称して**テキント**（TECHINT：Technical Intelligence）（技術的情報に基づくインテリジェンス）と言う場合もあります。

(2) 「イント(-INT)」とは

前記の分類で頻繁に使用されている「○○イント(INT)」という用語はインテリジェンス(intelligence)の略です。したがって、「イント」とは、厳密には、それぞれの異なった情報収集手法、情報源に基づくインテリジェンス活動(プロダクトを生産する過程全般あるいはそのプロダクト)を意味します(広義の「イント」)。しかし一般的には、より狭く、「情報収集の手法の類型」あるいは「情報源の類型そのもの」を意味する場合も多いとみられます(狭義の「イント」)。

例えば、オシントという場合、「公開情報に基づくインテリジェンス活動の全般あるいはそのプロダクト」(広義のオシント)を意味する場合もあれば、「公開されている情報源を通じた情報収集の手法」あるいは「公開されている情報源そのもの」(狭義のオシント)を意味する場合もあります。本書の中でも、文脈に応じて両方の意義で「イント」を使用しています。

「イント」の曖昧さ

こうした「イント」の分類は一応の目安であり、必ずしも相互に排他的なものではありません。特にオシントは他の類型と重複する場合が少なくありません。例えば、研究者・有識者等から聴取した一般的な見解(すなわち公開情報)に基づくインテリジェンスは、オシントかつヒューミントとなる場合があります。民間企業が提供する商用の画像情報に基づくインテリジェンス(本章5)は、オシントかつジオイントです。[*3] ソーシャル・ネットワーク・サービス(SNS)上の公開情報に基づくインテリジェンスはオシントかつシギントと言えます。

サイバーは新たな「イント」か

近年、サイバーに関連するインテリジェンス活動、すなわち、サイバー空間そのものを情報源とし、あるいはサイバー空間における活動を情報収集の手段としてインテリジェンス活動が行われる例が増加しているとみられます。こうした動向は、従来の「イント」とは異なる新しい「イント」なのでしょうか。

米国の研究者であるローエンタール（Mark Lowenthal）は、サイバー空間あるいはサイバー空間における活動は、（例えばジオイントやイミントにおける情報収集衛星と同様に）インテリジェンス活動の道具であって、独立の「イント」ではないと論じています。[*4]

一般的に、サイバー関連のインテリジェンスはシギントに含まれる例が少なくありません。例えば、インテリジェンス機関が他国政府のネットワークに潜入するなどして（いわゆるハッキング）秘密情報を入手する活動（いわゆるサイバーエスピオナージ）はシギントに含まれると考えられます。[*5]こうしたことから、米国では、シギント業務を中心的に担っている国家安全保障局（NSA）の長官がサイバー軍（Cyber Command）の司令官を兼務するのが慣例となっています（第7章1、本章4、第13章2）。

サイバーがシギント以外の「イント」と結び付く例として、インテリジェンス機関員が身分を偽装してSNS（フェイスブック、リンクトイン等）上でリクルート活動を行う活動はヒューミントに含まれると考えられます。[*6]ツイッター上の各「つぶやき」の発信地に関する位置情報と発言内容を地図情報にプロットすることにより、政治デモや災害時の避難活動の動向等を地理的に分析・評価する活動はジオイントあるいはオシントに含まれると考えられます（本章5）。

ただし、軍事の分野においてはサイバー空間を従来の陸・海・空とは別個の新たな作戦領域と捉える見方が広がっています。こうした動向に鑑みると、将来的にはサイバーをめぐる「イント」の考え方が変化する可能性も否定できません。

(3) マシント(MASHINT)

米国の国家情報長官室(ODNI)は、前記の4種類の「イント」に加え、マシント(MASHINT:Measurement and Signature Intelligence)を主要な「イント」の一つとしています。

マシントとは、シギント及びイミント以外の技術的情報の収集・分析に基づき、対象物の特徴の把握、特定等を行うものとされます。[*7] ここで言う「シギント及びイミント以外の技術的情報」とは、例えば、地震波、大気中の成分、音波(騒音)、物質の組成物等から収集される情報があります。

マシントの例として、地震波、大気中の放射能濃度等のデータ収集と分析に基づき核実験が秘密裡に実施された可能性を評価する場合があります。

マシントに関しては、情報収集の手法の類型の一つというよりも、様々な収集・分析手法を複合的に駆使した分析手法と理解する立場もあります。[*8] その意味で、マシントは、狭義の「イント」ではなく広義の「イント」の一類型として理解するべきものと考えられます。

---

2 オシント(OSINT:Open Source Intelligence)

(1) オシントとは何か

オシントとは、公開情報に基づくインテリジェンスのことです。[*9]

近年は、各国政府における情報公開制度の進展、インターネット技術の発展、商用衛星画像ビジネスの活発化等により、以前に比べて公開情報の流通量は大きく増加しています。したがって、米国を始め各国のインテリジェンス活動におけるオシントの活用の比重も以前に比較して高まっているとみられます。例えば、米国の

ICのソ連（ロシア）に関するインテリジェンス活動のオシントへの依存度は、東西冷戦時代は20％程度であったものの、冷戦後は80％程度にまで高まっているとの指摘もあります。[*10]

米国のICでは、中央情報局（CIA）の公開情報センター（OSE：Open Source Enterprise）が、海外の公開情報の収集・分析とインテリジェンス・プロダクトの生産に当たっています。[*11] ただし、米国のICにおいては、依然としてオシントの価値を他の「イント」と比較して軽視する風潮があるとの指摘もあります。[*12] 日本では、例えば、一般財団法人ラヂオプレスが海外の公開情報のモニタリングを行っています。同社は、特に北朝鮮の公式報道の分析等で定評があります。[*13]

(2) オシントの長所

第1に、他の手法に比較して、情報源へのアクセスや情報入手後の加工が容易です。第2に、情報収集等に必要な金銭的コストも、テキント等他の手法に比較すれば安価です。第3に、（いわゆるフェイク・ニュースの問題はありますが）相手側からみると、他の手法に比較して欺瞞工作（Deception）を仕掛けるのはより困難です。[*14]

(3) オシントの短所

第1に、近年は公開の情報源から入手できる素材情報は増加しているとはいうものの、相手方が秘匿している核心的な情報を公開の情報源から入手することは困難です（例えば、他国の指導者の正確な意図等）。

第2に、（長所の裏返しではありますが）入手可能な情報量の増加にともない、活用するべき情報の取捨選択が以前よりも困難化しているとみられます（いわゆる**麦とモミ殻**（Wheat versus Chaff）問題）（第9章コラム）。[*15]

第3に、いわゆる**反響効果**（Echo Chamber Effect）があります。反響効果とは、ある一つのメディアに報じられた内容が他のメディアでの引用を繰り返されるうちに、あたかも複数の情報源によって裏付けされた確度の高い内容であるかのように誤解されてしまう現象です。[*16] こうした反響効果による悪影響を防止するためには、当該報道の最初の情報源を確認するなどしてその信憑性を検証することが必要となります。

3 ヒューミント（HUMINT：Human Intelligence）

(1) ヒューミントとは何か

ヒューミントとは、人的情報源（Human Source）から収集される情報に基づくインテリジェンスのことです。[*17] ただし一般的には、ヒューミントという用語は、狭義の「イント」、すなわち「情報収集の手法の類型」として使用される場合が多いとみられます。本項においても、ヒューミントとは原則として「人的情報源からの情報収集活動」（情報収集の手法の類型の一つ）を意味するものとします。

米国のＩＣにおいては、ＣＩＡが対外ヒューミントを中心的に担っています。国防省、連邦捜査局（ＦＢＩ）を始めＣＩＡ以外の機関もそれぞれの任務と権限の範囲内でヒューミントを行っています。[*18] ＣＩＡ長官は、ＩＣの国家ヒューミント管理官（ＮＨＭ：National HUMINT Manager）とされており、対外ヒューミントに関するＩＣ全体の調整等の責務を担っています。ＣＩＡ内では、工作局（ＤＯ）がヒューミント関連の実務を担当しています（第7章1）。

ヒューミントの一般的な例としては、「秘密の人的情報源を通じた非公開の情報の収集」（いわゆるスパイ活動）があります。相手国の政府関係者を通じて当該政府の外交・軍事上の秘密情報の提供を秘密裡に受けるような場合です。中国の春秋時代末期（紀元前5世紀頃）に孫武によって記された兵学書とされる『孫子』にも「用間篇」

という章があり、こうした活動の重要性が説かれています。[19]

ただし、ヒューミントはいわゆるスパイ活動よりも広い概念です。すなわち、「ヒューミント＝スパイ」という理解は正しくありません。人的情報源を通じた情報収集である限り、情報源の性質、情報の内容、収集の手法等に特段の秘匿性が無い場合でも、ヒューミントに含まれます。

いわゆるスパイ活動とは異なる形態のヒューミントの例としては、研究者・有識者その他の一般人からの聞き取り、在外公館に勤務する外交官等による現地関係者等からの聞き取り、同盟国、友好国等のインテリジェンス機関との公式な渉外（リエゾン）関係を通じた情報収集、被疑者に対する取調べを通じた情報収集等があります。[20]これらのうち、収集された情報が公開情報の場合は、オシントとヒューミントの複合形態と言えます（本章1及び2）。

(2) 秘密の人的情報源を通じた非公開情報の収集

ヒューミントの中心は、「秘密の人的情報源を通じた非公開情報の収集」です。

ローエンタールは、CIA等の米国インテリジェンス機関によるヒューミントは主に、海外にインテリジェンス機関の職員を派遣し、自国が必要としている秘密情報にアクセスが可能な現地の外国人等を情報源としてリクルートすることによって実施される旨を指摘しています。[21]

映画やドラマの中で描かれるスパイ活動は、例えば映画「007」シリーズのジェームズ・ボンドや「ミッション・インポッシブル」シリーズのイーサン・ハントのように「インテリジェンス機関の職員が自ら外国の政府機関の建物等に不法侵入し、金庫の中から直接秘密文書を入手してくる」という類のものが少なくありません。しかし、実際には、インテリジェンス機関の職員が自ら直接秘密情報にアクセスするのではなく、そうした情報にアクセスが可能な人的情報源を通じた間接的な情報収集である場合が大半とみられます。

人的情報源のリクルートの過程

ローエンタールは、CIA等による外国における人的情報源のリクルートは次のようなプロセスを経て実施される旨を説明しています。*22

① 対象の選定（Targeting & Spotting）
自国が必要とする秘密情報にアクセス可能な人物をリクルートの標的（対象）として選定する。

② 対象の評価（Assessing）
当該人物に対するリクルート活動の成否の可能性を分析・評価する。

③ リクルートの実行（Recruiting）
当該人物に対するリクルートを実行する。

④ 情報源の運用（Handling）
リクルートした人物を人的情報源として運用し、秘密情報を入手する。

⑤ 運用の停止（Termination）
当該人的情報源の信頼性に疑義が生じた場合、必要な情報へのアクセスを失った場合、自国が必要としているインテリジェンスの優先順位が変化した場合等には関係を終了する。

リクルートの標的となる人物がこうしたリクルートを受け入れる動機は、金銭的欲求、自国政府への不満、スリルへの欲求等様々であるとみられます。*23

こうした「秘密の人的情報源を通じた非公開情報の収集」の過程は非常に時間のかかる作業とみられます。加えて、こうした作業を担当するインテリジェンス機関の担当職員は、外国語能力に加えて、人的情報源のリクルート及び運用方法等に関する技術や能力を取得しなければならず、その育成には相当の年月を要するとみられます。[*24]

担当者

CIAを始め米国のICの場合、ヒューミントの担当者として海外に派遣されるインテリジェンス機関の職員は、外交官等の公的な身分を装う場合（Official Cover）と、報道関係者、ビジネスマン、NPO職員等の一般人を装う場合（Non-official Cover）があります。後者は俗に「ノック（NOC）」と呼ばれます。

前者の場合、活動が露呈するなどの問題が発生した場合にも外交特権によって身体の安全等は守られるというメリットがあります。他方、相手国政府やアプローチの相手側から警戒されやすいというデメリットもあります。

後者（ノック）の場合、相手国政府に察知されにくく、アプローチの相手側からも比較的受け容れられやすいとのメリットがあります。他方、活動が失敗した場合にも外交特権によって守られることがないなど、リスクはより高くなります。近年、各国において街頭監視カメラシステムや顔認証システムの設置が拡大するなど、ノックの活動は以前よりも困難になっているとの指摘もあります。[*25]

秘匿性の高いヒューミント担当者の活動は、相手国においてはいわゆるスパイ罪、秘密情報の漏洩の教唆罪等の違法行為に該当する場合があります。さらに、ノックの場合には、身分を偽装する必要があることから、そうした活動は（相手国のみならず自国においても）様々な違法行為に該当する可能性があります。例えば、偽名での旅券の所持や行使は、文書偽造の他、旅券制度や出入国管理制度に関する法令の違反となる可能性があります。したがって、インテリジェンス機関が組織的に本格的な対外ミューミントを行うためには、職員によるこうした活動に対して少なくとも自国政府としては免責を与えるような法制度を整備する必要があります。加えて、ヒューミントが失敗・露呈した場合には、担当者や人的情報源の安全を確保する必要もあり（例えば、相手国からの脱出等）、そうした活動も相手国の法令に違反する可能性があります。こうした活動に関しても、少なくとも自国政府としては免責を与えるような法制度を整備する必要があります。

日本において対外ヒューミント担当機関が存在しないことの一因として、こうした法制度の整備が政治的にも容易ではないことがあるとみられます（第6章2）。

秘匿性の確保

一般に、インテリジェンス活動の詳細は、（そうした活動及びその能力の存在も含めて）極めて秘匿性の高い事項とされます（第3章4）。なぜならば、インテリジェンスの情報源や手法等が相手側に知られてしまった場合、相手側としては防衛措置が採りやすくなるからです。こうした視点は、秘密の人的情報源を通じた非公開情報の収集活動においては特に重要です。

担当者の保護――

担当者がノックである場合、偽装した身分の秘匿を維持することが活動の前提となります。したがって、相手国の滞在中も偽装身分のまま各種の日常生活（例えば、上司や家族との連絡、医療の受診、[*26] 納税や給与の受領を含む各種金融活動）を安全に営める環境の確保が必要となります。こうした担当者の日常生活のインフラの整備は、所要の法制度の整備とともに、組織的かつ本格的な対外ヒューミントの大前提となります（本章コラム）。

加えて、ノックの場合、外交特権等を持たないことから、相手国における活動が露呈した場合の安全の確保の方策を組織的に確立しておく必要があります（相手国からの脱出等）。前記のとおり、こうした措置は、相手国の法令に違反する可能性があります。

人的情報源の保護——

ヒューミントにおける人的情報源の人定事項等は、インテリジェンス活動の中でも最も秘匿性の高い事項の一つと考えられます。なぜならば、こうした情報源の存在が明らかになった場合、当該情報源は生命の危険に瀕する可能性があるのみならず、当該インテリジェンス機関の信頼性に悪影響を及ぼす可能性があるからです。

例えば、A国政府の職員（X）がB国のインテリジェンス機関の情報源として密かにB国に協力していたとします。その事実がA国政府の知るところとなった場合、当該人物（X）はA国政府の官憲によってスパイ罪等で検挙され、場合によっては死刑等の生命の危険に晒される可能性があります。こうした事態は、B国のインテリジェンス機関の当面の情報収集活動に大きな打撃を与えるのみならず、B国インテリジェンス機関の信頼性を損ない、以後、危険を賭してでもB国機関に協力しようとする潜在的協力者を減少させる可能性があります。米国のエイムズ事件（1994年検挙）及びハンセン事件（2001年検挙）においては、CIAを始め米国ICがソ連・ロシア内に有していた人的情報源に関する情報がソ連・ロシア側に漏洩しており、この結果、米国ICが同国内に有していた人的情報源の多くが現地当局によって検挙・処刑されたとみられています（第3章4、第7章5、第10章コラム）[*27]。また、米国のジェリー・リー（Jerry Chun Shing Lee）事案（2018年検挙）においては、CIAが中国内に有していた人的情報源に関する情報が中国側に漏洩していたとみられます（第10章3）。

こうしたことから、ヒューミントが露呈した場合に備えて、担当者のみならず、秘密の人的情報源（さらには場合によってはその家族等）の安全の確保（相手国からの脱出等）の方策を組織的に確立しておく必要があります。前記のとおり、こうした措置は、相手国の法令に違反する可能性があります。

一般に、インテリジェンス機関の中では収集部門と分析部門は分離すべきとされています。この背景には、分析の客観性の担保とともに、収集作業の情報源の秘匿性の確保の要請（ニード・トゥ・ノウの組織論への適用）の意味もあります（第3章4）。

(3) ヒューミントの長所[*28]

第1に、相手の意図（心の内面）を知り得ることがあります。例えば、A国の軍事基地でミサイル発射の準備が進行している場合、そうした「ミサイル発射準備が進行している」という事実に関する素材情報は、情報収集衛星を通じて収集される画像インテリジェンス（イミント）等からも入手可能です。しかし、「A国の指導者は本当にミサイルを発射する意図があるのか」、「単なる威嚇のための活動に過ぎず本音ではミサイル発射の意図はないのではないか」等の内心の意図に関しては、イミントからは把握することが困難です。ヒューミント（あるいはシギント）であれば、こうした相手の意図（心の内面）を知ることが可能となります（ただし、その前提として、A国指導者が本音を吐露する人物等を情報源としてリクルートする必要があります）。

第2に、米国始め西側先進諸国のインテリジェンス活動の主たる課題は、東西冷戦時においては国家（例えばソ連）の活動でした。しかし、東西冷戦終了後はテロ組織、国際犯罪組織等の非国家主体（Non-State Actor）の脅威への対応も重要な課題となっています（第13章2）。イミント等の技術的情報に基づくインテリジェンスは、国家による比較的大規模な活動（例えば軍事基地の動向）に対しては有効ですが、テロ組織、国際犯罪組織等の非国家主体による比較的小規模な活動に対しては必ずしも有効ではありません。例えば、あるテロ組織が中東地域やアフリカの砂漠や山岳地帯等に潜伏して活動している場合、その所在や動静をイミントによって把握することは困難です。これに対して、ヒューミントはこうした非国家主体に対する有効性は比較的高いと考えられます。[*29] ちなみに、2011年5月に米国がアルカイダの最高指導者であるオサマ・ビン・ラディン（Usama bin Laden）の掃討作戦に成功した際、同人の居場所の発見の端緒となる素材情報はアルカイダ関係者に対する尋問の中で得られたとされています。[30]

第3に、ヒューミントに必要な予算は、一般に、シギント、イミント等のテキントに比較して安価です。

(4) ヒューミントの短所[31]

第1に、ヒューミントは、インテリジェンス機関の職員を生命の危険に晒すリスクが他の手法に比較して高いとみられます。

すなわち、ヒューミントにおいては、インテリジェンス機関の担当者は、人的情報源と直接接触を行う必要があります。シギント、イミント等のテキントのように、対象から遠く離れた安全な遠隔地において作業をするわけにはいかないのが一般的です。ヒューミントにおいて人的情報源を運営して情報を入手する作業は繊細であり、失敗した場合にはインテリジェンス機関の担当者、人的情報源、さらにその家族等に生命の危険が及ぶ場合もあり得ます（これに対してテキントの場合は、仮に作業に失敗したとしても、担当者等に対して直ちに生命の危険が及ぶ可能性は比較的低いとみられます）。

第2に、ヒューミントは、相手側からの欺瞞工作（Deception）に対する脆弱性が他の手法に比較して高いと考えられます。具体的には、ヒューミントにおいては、「リクルートした人的情報源が実際には相手側にも通じた二重スパイであり、我が方に対して意図的に欺瞞情報を提供し続けている」との可能性を常に疑いながら情報源の運用を継続する必要があります。

例えば、２００９年12月、アフガニスタン東部のホースト州にあるＣＩＡの基地（チャップマン基地（Camp Chapman））で自爆テロが発生し、ＣＩＡ関係者7人を含む基地関係者9人が死亡しました（チャップマン基地自爆テロ事件）。報道によると、テロの犯人は、アルカイダに潜入して貴重な内部情報をもたらしていたＣＩＡの人的情報源であり、事件の当日はＣＩＡ関係者との面会のために同基地を訪れていました。しかし実際には、同人はアルカイダ側にも通じる二重スパイであったとみられます。当該事件は、欺瞞工作に対するヒューミントの脆弱性やヒューミントに伴う担当者等の生命・身体の危険性を顕著に表した事件と言えます（本章コラム）。[*32]

(5) ヒューミントの課題

人材の確保

ヒューミントに要する予算は、テキント（シギント、イミント等）に要する予算に比較して安価です。しかし、ヒューミントを担当する熟達したインテリジェンスの職員の育成には長い時間を要します。加えて、ヒューミント担当者には、使用言語、対象地域等に応じて一定の専門性があるのが一般的です。したがって、カスタマー（政策部門）からのリクワイアメンの優先順位が変化した場合、直ちにそれに応じてＩＣ側のヒューミント活動の優先順位を変更することは容易ではありません。[*33]

犯罪者等を情報源として運用することに関する倫理上の問題

テロ組織や国際犯罪組織等の非国家主体を対象とする場合、ヒューミントは他の手法よりも有効な手法であると考えられます。しかし、テロ組織や国際犯罪組織等の内部に人的情報源をリクルートしてこれを運用する場合、当該情報源自体もテロリストや犯罪者である可能性が高いと考えられます。したがって、こうした犯罪者等を情報源として利用することに関しての倫理上の疑念が生じ得ます（第13章２）。

例えば、インテリジェンス機関が情報提供の対価として情報源に対して支払う金銭的報酬等はテロ組織や犯罪組織の活動資金に供される可能性が高く、いわば「公的資金がテロ組織や犯罪組織の活動資金として提供された」ことになります。また、リクルートの過程において当該情報源に接近し信頼を得るため、インテリジェンス機関の担当者自身も犯罪行為等に加担しなければならない可能性もあります。

これに対して、通常の国家主体を対象としたヒューミントの場合は、人的情報源としてリクルートされる対象者は相手国の政治家、外交官、政府職員、ビジネスマン等である場合が多く、犯罪者等である可能性は比較的低いとみられます。[*34]

適法性の確保

ヒューミントは秘匿性が強い活動であることから適切な統制が利きにくく、人権侵害等の不適切な活動に踏み込んでしまう可能性があります。

米国では、９１１事件（２００１年）後にテロ対策目的で実行された様々なインテリジェンス活動の実態が次第に明らかになるにしたがって、行き過ぎとも見られるインテリジェンス活動の適法性や妥当性に対して疑問が呈せられることとなりました（第３章５、第７章５）。ヒューミントに関連するものとしては、ＣＩＡによるテロ容疑者等に対する拷問の疑いのある取調べ（第12章２）[*35]、ＣＩＡによるテロ容疑者等の第三国への不適切な移送（rendition）[*36]（第11章１及び４、第12章１）等があります。

4　シギント（S I G I N T：Signals Intelligence）

(1)　シギントとは何か

シギントとは、信号（Signals）から収集される素材情報に基づくインテリジェンスのことを言います。[*37] シギントはさらに、コミント（C O M I N T：Communications Intelligence）とエリント（E L I N T：Electronics Intelligence）に大別されます。

コミントとは、通信の傍受に基づくインテリジェンスです。この場合の通信とは、電話（有線、無線）を始め、Eメール、コンピューター・ネットワーク等様々な形態を含みます。これらの中には暗号化されているものもあります。*38 例えば、第二次世界大戦中の連合軍側によるドイツ軍や日本軍の暗号通信の傍受・解読作業（MAGICとULTRA（第7章5））はコミントの一例です（本章コラム）。コミントには、通信の内容そのものを把握・分析する場合と、（通信の内容そのものではなく）通信の量、頻度、パターン、相手方等を分析する場合「トラフィック分析（traffic analysis）」）があります。*39

エリントとは、通信ではない信号（Non-communication signals）」の収集に基づくインテリジェンスです。例えば、ミサイル等から発せられる電磁波等を収集し、その加工・分析を通じて当該武器の性能を把握する作業等が含まれます。*40

米国では、国防省傘下の国家安全保障局がシギント業務を中心的に担っています。*41 ただし、米国内における国際テロ、スパイ事案等の捜査に伴う通信傍受は連邦捜査局（FBI）等の法執行機関が担っています。信号の収集には、地上の施設の他、船舶、航空機（無人偵察機（ドローン（Drone）又はUAV：Unmanned Aerial Vehicle）を含む）、情報収集衛星等が利用されます。*42 また、米国、イギリス、カナダ、オーストラリア及びニュージーランドは、シギント業務に関し、緊密な協力関係にあります（いわゆるファイブ・アイズ（本章コラム））。

日本では、防衛省・自衛隊がシギント業務を行っています。具体的には、防衛省情報本部に電波部が設置されており、同部がシギント業務を担当しています（第6章2）。*43 例えば、報道によると、1983年9月の大韓航空機撃墜事件の際にはソ連戦闘機の無線通信を防衛省・自衛隊が傍受していたと言われています。また、2001年12月の東シナ海における北朝鮮の不審船事案の際にも当該不審船の無線通信を防衛省・自衛隊が傍受していたと言われています。*44*45

(2) シギントの長所

第1に、ヒューミントと同様に、相手の意図（心の内面）を知り得ることができます。ただし、相手方が何らかの通信を介して意図を表明することが前提となります。

第2に、対象から離れた遠隔地から情報収集活動を実施するため、業務に従事する担当者を生命の危険等に晒すリスクはヒューミントに比較すると低くなります。

(3) シギントの短所[*46]

第1に、巨大な通信傍受基地を必要とするなど、ヒューミントやオシントに比較して開発や設備の運営維持の財政的コストは非常に高価になります。

第2に、捕捉可能な信号が存在しなければ情報収集は不可能です。相手方が用心して通信を控えてしまえばシギントは無力となります。例えば、アルカイダの最高指導者であるオサマ・ビン・ラディンは、パキスタン内の拠点に潜伏中、携帯電話等の使用を控えていたとみられます。[*47]

第3に、仮に信号が捕捉できたとしても、その信号や通信が暗号化されていれば、解読、分析作業はより困難になります。ただし、通信内容が完全に解読できない場合でも、通信の量、頻度、パターン、相手方等の分析によって何らかのインテリジェンスを得ることは可能です（トラフィック分析）。

第4に、シギントにおいても、相手側からの欺瞞工作（Deception）に対する脆弱性を完全に回避することは困難です。例えば、相手方が警戒して偽の信号や通信を大量に流すような場合、これらの中から本当に意味のある信号や通信を選別することは困難になります（第9章コラム）。

(4) シギントの課題

IT技術の発達と通信量の増加

近年、科学技術の発達により、各種の信号、通信の量は大きく増加しています。この結果、米国では、国家安全保障局、FBI等のシギント担当機関の処理能力が十分に追い付かなくなりつつあるとみられます[*48]。

第1に、そもそも全ての信号や通信を漏れなく捕捉することは技術的にも極めて困難です。

第2に、仮に多くの信号や通信を捕捉できたとしても、これをデータとして蓄積しておくことはやはり困難です。物理的に巨大な記憶媒体を必要とします。

第3に、蓄積された大量のデータの中から必要なものを適切に選別することが大きな課題となります（第9章コラム）。この点に関し、米国の国家安全保障局では、特定のキーワードによる検索を通じて必要な通信情報を抽出する方法も試みられています。

第4に、仮にこのような手法により一定の絞り込みができたとしても、依然としてデータ量が膨大であれば、通信内容の分析までに一定のタイムラグが生じてしまう場合もあります。

語学力の不足[*49]

シギントにおいては、収集した素材情報（例えば電話通信の内容）を分析に供する前に翻訳作業が必要となる場合が少なくありません。東西冷戦時代には、米国のインテリジェンス活動の主要な標的はソ連であったことから、翻訳作業に必要とされる語学力の大半はロシア語でした。しかし、冷戦終了後、インテリジェンス活動の標的は多様化し、翻訳作業に必要とされる語学力の種類も多様化しています。特に2001年の911事件の後は、アラビア語を始めとする中東の言語やアジアの言語等も重要となっています。場合によってはこれらの言語の方言やスラング（日常語）の知識も必要となります。こうした語学力の需要の変化・増加に見合う人材（翻訳担当者）の確保が大きな課題となっています。

人権（プライバシー等）とのバランスの問題

２００１年の９１１事件以降、米国では、テロ対策上の必要性からシギント活動が従前以上に活発化しています。[*50] こうした活動の適法性・妥当性等が人権保護、特にプライバシー保護等との関係で問題となっています。

国家安全保障局やＦＢＩは、米国内の関係者に対する通信傍受を実施する際には、対外インテリジェンス監視法（ＦＩＳＡ：The Foreign Intelligence Surveillance Act of 1978）に基づく令状を得ることとされています。しかし、同事件以後、国家安全保障局は非公開の大統領命令に基づき米国内の関係者に対して無令状の通信傍受を行っていたこと、通信事業者がこれに協力していたこと等が、２００５年12月の報道を契機に次第に明らかになりました。[*51] こうした活動の合法性に疑問を呈する見解もある一方、Ｇ・Ｗ・ブッシュ（George W. Bush）政権（当時）は、当該活動の合法性を主張していました。２００８年７月、こうした国内関係者を対象とした無令状の通信傍受を一定の条件下で合法化する法案が連邦議会において成立し、本件には一定の決着が図られました。[*52]

２０１３年に発覚したスノーデン（Edward Snowden）による暴露事案では、米国の国家安全保障局等による大量の通話記録データの収集活動、インターネット上の通信情報の収集活動（いわゆるプリズムプログラム）、友好国の首脳に対するインテリジェンス活動等の状況が詳細に報道されることとなりました。[*53] 同年８月、国家安全保障局によるシギント活動と個人のプライバシーのバランスの問題を検討するため、オバマ（Barack Obama）大統領（当時）による大統領覚書（Presidential Memorandum）に基づき、「インテリジェンスと通信技術に関する検討グループ」が設置されました。[*54] 同委員会の報告書（２０１３年12月12日発表）[*55] を踏まえ、２０１４年１月17日、オバマ大統領は、国家安全保障局によるシギント活動の見直し案を発表しました。[*56] ただし、同大統領は、国家安全保障局の従来の活動の合法性に関してはこれを擁護する立場を維持しました（第７章５、第12章２）。

前記のとおり（本章コラム）、米国のシギント活動は自国のみならず他国との緊密な連携の下に実施されていることから、同様の課題は他国にも波及しました。例えば、イギリスにおいては、当該事案を契機として、ＩＣに対する民主的統制制度の見直し、強化等が図られることとなりました（第12章３）。

5 ジオイント（GEOINT：Geospatial Intelligence）

(1) ジオイントとは何か

ジオイントとは、地球空間情報[*57]に基づくインテリジェンス、すなわち、安全保障に関連する地球上の諸活動を分析し、視覚的に表現することを言います。[*58]

このうち、画像から得られる素材情報に基づくインテリジェンスのことをイミント（ＩＭＩＮＴ：Imagery Intelligence）と言います。ジオイントとイミントはほぼ同義として論じられる場合もありますが、正確には両者は同義ではありません。画像情報に依存しないジオイントもあります。例えば、ツイッター上の各「つぶやき」の発信地に関する位置情報と発言内容を地図情報にプロットすることにより、政治デモや災害時の避難活動の動向等を地理的に分析・評価することが考えられます。また、イミントはある特定の場所・時点に限定されたスナップショット的（静的）なインテリジェンスです。これに対し、ジオイントは、画像情報に地理情報等を融合させることにより、特定の場所・時間に限定されない動的なインテリジェンスを可能とします。例えば、軍事活動を行うに当たり、進攻予定地域の地形等に関するジオイントに基づき、実際の進攻に先立って当該軍事活動のシミュレーションを行うことが可能となります。[*59]

ジオイントの素材情報、特にイミントの素材情報は、主に情報収集衛星、無人偵察機（ドローン又はUAV）等によって収集されます。

米国では、国防省傘下の国家地球空間情報局（NGA）がジオイントに関わる業務を担当しています（第7章1）[*60]。

日本では、1998年に情報収集衛星の導入が決定されました。2001年4月に内閣官房内閣情報調査室に内閣衛星情報センターが設置され、実際の運用は2004年4月より開始されています[*61]。また、情報収集衛星の開発・運用の基本的な方針決定等を行うため、内閣情報会議の下に情報収集衛星推進委員会と情報収集衛星運営委員会が設置されています。両会議の長は内閣官房副長官（事務）が務め、内閣情報官のほかインテリジェンス関係省庁の局長級幹部が構成員となっています。会議の運営事務は内閣情報調査室が担当しています（第6章2）[*62]。また、防衛省情報本部にもジオイントを担当する画像・地理部が設置されています（第6章2）[*63]。

(2) ジオイントの長所

第1に、インテリジェンス・プロダクトの多くが視覚的で説得力があります。必ずしも専門知識を持たず多忙である政策決定者にとっても比較的理解が容易です[*64]。

第2に、ジオイントでは、シギントと同様、多くの場合は対象から離れた遠隔地から情報収集活動を実施することができます。したがって、業務に従事する担当者を生命の危険等に晒すリスクはヒューミントに比較すると低くなります。

(3) ジオイントの短所

第1に、シギントと同様、その実施には高価な情報収集衛星や無人偵察機（ドローン又はUAV）等を必要とするなど、ヒューミントやオシントに比較して開発や設備の運営維持の財政的コストが非常に高価です。[*65] 特に米国の場合、東西冷戦終了後は、インテリジェンス活動に伴う高コストに対する社会の眼は厳しくなっており、連邦議会等において政治的な理解を得ることは従前以上に困難となっているとの指摘もあります。[*66]

第2に、技術的なシステムの開発に要する時間は非常に長くなります。米国の場合、情報収集衛星等のシステムは、政府内で新システム採用の検討・決定がなされてから実際に稼働を開始するまでに10～15年を要する場合もあります。新しいシステムが始動した時には既に当該技術が時代遅れになっている可能性もあるほか、インテリジェンスの優先課題が変化しており当該システムでは新たな課題に十分に対応できない可能性もあり得ます。[*67]

第3に、ヒューミントの長所とは裏腹に、ジオイントは、地球上の物体や事象として把握することが不可能な対象、特に人間の内面の意思に関する情報を収集することはできません。例えば、「A国の軍事基地でミサイル発射の準備が進行している」との事実に関する情報はジオイントからも入手可能です。しかし、「A国の指導者は本当にミサイルを発射する意図があるか否か」に関しては、ジオイントによる解明は困難です。[*68]

第4に、ジオイントは、敵国の軍事基地の動向等の比較的大規模かつ継続して特定の場所に存在する標的に対しては有効性が高いものの、テロ組織、国際犯罪組織等比較的小規模かつ不規則に移動するような標的に対する有効性は低いとみられます[*69]（本章コラム）。

第5に、ジオイント（特にイミント）は、相手側からの欺瞞工作（Deception）に対する脆弱性が（ヒューミント程ではないにしろ）比較的高いと考えられます。なぜならば、情報収集衛星は一定の軌道を通るものであり、相手側はその軌道を推測することが可能です。特に、最近は米国の情報収集衛星の軌道に関する情報も含め、米国のインテリジェンス活動に関する情報の多くがインターネット、報道等で暴露されてしまう場合も少なくありません。こうした場合、相手側としては、情報収集衛星による監視が外れている時間帯・場所を選んで活動を行う等の防衛措置を採ることが容易になります（本章コラム）。また、意図的なカモフラージュ等によって積極的に欺瞞工作を行うことも容易になります。[*70] 近年、こうした情報収集衛星の短所に対応するべく、小型の無人偵察機（ドローン又はＵＡＶ）を利用した情報収集活動も活発化しています。

第６に、（前記の長所と裏腹に）ジオイントの場合、インテリジェンス・プロダクトの多くが視覚的で説得力があるが故に、時として分析担当者や政策決定者を誤った判断に導くリスクも高いとみられます。実際には、ジオイントにおいては、素材情報の加工及び分析・評価には相当の技量が必要とされます。[*71] 例えば、キューバ危機（１９６２年）の際には、同国中におけるミサイル基地建設の動向を米国が把握するに当たり、画像情報に基づくイミントが大きな役割を果たしたとみられます。同時に、別途のヒューミントがなければ、当該画像情報の正確な分析は困難であったとの指摘もあります。[*72]

(4) ジオイントの課題

対衛星兵器の開発　近年、中国及びロシアは、対衛星（ＡＳＡＴ：anti-satellite）兵器、特に対衛星ミサイルの開発を進めているとみられます。こうした動向は、ジオイント活動を含む米国の情報収集衛星の運営にとって脅威となっています。[*73]

商用衛星の利用の拡大　近年、衛星技術の発達により、民間企業から商用衛星画像情報が大量に市場に出回るようになっています。米国を始め各国のＩＣは、こうした商用衛星画像情報への依存を高めています。[*74]

この結果、米国のＩＣは、政府の活動資源をより高度かつ重要なインテリジェンス作業に専念させることが可能になっています。同時に、従前の米露（米ソ）による画像情報の独占と他国に対する優位性は低下しつつあります。こうしたことから、米国政府は、安全保障上の要請に基づき、米国の商用衛星企業に対し、外国に対する衛星画像の販売等に関して一定の規制を課しています（いわゆるシャッター・コントロールの問題）。*75

無人偵察機の利用の拡大　前記のような情報収集衛星の短所に対応するため、近年、米国のＩＣでは、小型の無人偵察機（ドローン（Drone）又はＵＡＶ）のジオイントへの活用事例が増加しています。*76

無人偵察機は、情報収集衛星とは異なり、特定の場所に対して継続的かつ臨機応変な情報収集活動を行うことが可能です。ビデオカメラ等を搭載すれば、現場の状況に関するリアルタイムかつ継続的な情報を得ることも可能となります。*77 例えば、２０１１年５月のパキスタンにおけるオサマ・ビン・ラディン掃討作戦においても、現場の状況を継続的かつリアルタイムに把握するために無人偵察機が活用されました。*78

他方、中東、アフリカ、南アジア等においてＣＩＡがテロ対策目的で運用する無人偵察機にはミサイルが装填され、情報収集のみならずテロリスト等に対する攻撃にも活用されている場合があります。２０１１年９月のイエメンにおけるアルカイダ幹部・アウラキ（Anwar al-Awlaki）の殺害はこうした例の一つです。こうした活動は、一般市民が巻き込まれる場合も多く、その合法性や倫理的な妥当性を問題視する見方もあります（第11章４）。*79

６　各「イント」に共通の問題

(1)　各インテリジェンス手法間のバランスの問題

本章において概観したとおり、オシント、ヒューミント、シギント、ジオイントの各「イント」にはそれぞれの長所、短所があります。どれか一つの手法が他の手法と比較して常に優れているとは言えません（図表8−1）。

図表 8-1　各情報収集の手法の長所・短所

	手 法	長 所	短 所
非技術系	オシント OSINT	・情報源へのアクセスや素材情報の加工が容易 ・金銭的コストは安価	・入手可能な情報の量が膨大であり取捨選択が困難 ・相手方が秘匿している核心的な重要情報の入手は困難 ・「反響効果（Echo Chamber Effect)」
非技術系	ヒューミント HUMINT	・相手の意図（心の内面）を知り得る ・非国家主体に対する有効性高い ・金銭的コストは比較的安価	・担当者等の生命の危険性が高い ・情報源の設置に時間を要する ・相手側の欺瞞工作に対する脆弱性が高い
技術系	シギント SIGINT	・相手の意図（心の内面）を知り得る ・担当者等の生命の危険性は低い	・開発や運用の金銭的コストが高価 ・捕捉可能な信号が存在しなければ情報収集は不可能 ・信号が暗号化されていると、解読や分析作業は困難になる ・相手側の欺瞞工作に対する脆弱性がある
技術系	ジオイント GIOINT	・インテリジェンス・プロダクトが視覚的で説得力があり、政策決定者にとっても理解が容易 ・担当者等の生命の危険性は低い	・開発や運用の金銭的コストが高価 ・システムの開発の時間が長い ・相手の意図を知り得ない ・非国家主体に対する有効性が低い ・相手側の欺瞞工作に対する脆弱性がある ・インテリジェンス・プロダクトが視覚的で説得力があるため、政策決定者を誤った判断に導くリスクも高い（加工・分析が必要）

出典：Lowenthal (2019), pp. 143-144 を基に筆者が作成。

理想としては、各「イント」の長所・短所を踏まえ、自国が必要としているインテリジェンスの種類、特性等に応じて複数の様々な手法を組み合わせて活用することが必要と考えられます。ただし、実際には、組合せの見直し等は、各国の官僚制度の中では必ずしも容易ではないとみられます。[*80]

米国の場合、東西冷戦時代に、ソ連及びその同盟国の軍事力の把握を主な目的としたインテリジェンスの仕組みが構築されました。その結果、収集の手法の中心はシギント及びイミントを始めとしたテキントとなっていきます（第7章4）。しかし、そうしたシステムが果たして、東西冷戦終了後（特に911事件後）の状況下で、国家的な主体に加えて非国家主体（テロ組織、国際組織犯罪等）に対するインテリジェンス活動を行うのに適切であるのか否か、各手法のバランスを見直す必要があるのか否かが課題となっています（第13章1）。[*81]

加えて、昨今のインターネット等の発達による公開情報の爆発的な増加、民間の商用衛星画像情報の増加などの状況も、今後の各手法のバランスの在り方に影響を与えるものと考えられます。

(2) 秘匿性の確保（ニード・トゥ・ノウ）と情報共有（ニード・トゥ・シェア）の両立

米国では、21世紀に入り、911事件（2001年）及びイラクにおける大量破壊兵器問題（2003年～）の発生以降、これらの事案からの教訓を踏まえ、より良いインテリジェンス活動の実践を目指して、ニード・トゥ・シェア、分析部門と収集部門・工作部門の協力等の新しい考え方が導入されています（第3章6）。しかし、こうした新しい考え方は、秘匿性の確保を目的とした伝統的なニード・トゥ・ノウの考え方との間で、様々な局面において矛盾を来す可能性があります（第3章7）。特に情報収集の局面においては、手法や情報源の秘匿をめぐり、そうした矛盾が顕在化しやすいと考えられます。

国際社会のレベル——諸外国との協力

米国のＩＣを始め各国のＩＣは、他国のＩＣとの間で、情報の共有を含む様々な協力を行っています。こうしたインテリジェンス協力は一般に、同盟国、友好国等との間でより緊密に実施されます。しかし、近年、潜在的に戦略的競合関係にある国同士が（限定的にせよ）一定のインテリジェンス協力を実施する場面が増加しているとみられます。

背景として第1に、２００１年の９１１事件以降、テロ対策に関する各国間のインテリジェンス協力の必要性が高まったことがあります（例えば米国とロシア、米国と中国等）。第2に、国連平和維持活動、いわゆる有志連合による軍事活動等複数の国家が合同で軍事活動を実施する場面が増加していることがあります。

これらの活動は、テロ対策、地域の平和と安定の維持等の観点からは望ましいことと考えられます。しかし同時に、自国のインテリジェンス業務に関する秘密情報が他国に察知されるリスクを高める可能性もあります。したがって、こうした局面において情報共有等のインテリジェンス協力を進めるに当たっては、そのメリット・デメリットを慎重に検討することが必要となります。[*82]

国内の各機関間、組織内の各部門間の協力

米国のＩＣにおいては、従来各インテリジェンス機関がそれぞれ得意とする手法（ヒューミント、シギント、ジオイント等）に特化した活動を行っており、相互の協力は不十分と言われてきました（いわゆるストーブ・パイプ（Stove Pipe）問題）[*83]。加えて、各機関の内部においても、収集部門と分析部門は分離すべきとされています。この背景には、分析の客観性の担保とともに、収集作業の情報源の秘匿性の確保の要請（ニード・トゥ・ノウの組織論への適用）の意味もあります（第3章2及び4）。

しかし、９１１事件（２００１年）とイラクにおける大量破壊兵器問題（２００３年〜）以後は、これらの事件等の反省・教訓を踏まえ、国家情報長官（ＤＮＩ）の創設（２００４年）を始めＩＣの積極的な統合が進められています（第7章1）。そうした動向の中では、ニード・トゥ・シェアに基づく情報共有、複数のインテリジェンス機関の知見を統合した分析・評価（オール・ソース・アナリシス）、収集部門と分析部門を統合するミッションセンター方式[*84]、などの新しい試みが実行されています。こうした取組は、確かに米国のＩＣの統合の進展に一定の成果を挙げているとみられます。しかし同時に、秘匿性の確保（特に、収集段階における情報源や収集手段の秘匿性の確保）に悪影響を与える可能性が危惧されます。ウィキリークスへの情報漏洩事案（２０１０年）、スノーデンによる暴露事案（２０１３年）（第7章5）等は、まさにこうした危惧が現実化した事例と評価することも可能です。

このように、インテリジェンス業務における伝統的な理念（秘匿性の確保）と新たな理念（情報共有の推進）の両立をどのようにして図るかは引き続きの課題となっています。

7　インテリジェンス理論と収集作業

本章で概観したとおり、収集をめぐる各種の課題の中には、インテリジェンス理論の主要課題（第3章）と密接に関連しているものが少なくありません。

例えば、人権とのバランスの問題は、インテリジェンス・プロセスの中でも特に収集段階で顕在化する場合が多いと言えます。こうした問題は民主的統制の確保（第3章5、第12章）とも密接に関連しています。また、秘匿性の確保と情報共有の両立、すなわちニード・トゥ・ノウ（伝統的な考え方）とニード・トゥ・シェア（新しい考え方）の両立の問題も収集段階においてしばしば顕在化しています。

これらの課題に明確な回答を得るのは容易ではありません。ただし、検討に当たっては、収集の視点のみではなく、インテリジェンス理論の体系の全体像を踏まえることが重要と考えられます。

□本章のエッセンス

・インテリジェンス・プロセスの中における収集活動は、収集の手法、情報源の種類等の違いに応じて、オシント、ヒューミント、シギント、ジオイント等に分類されます。ただし、こうした「イント」による分類は一応の目安であり、必ずしも相互に排他的なものではありません。

・「イント」という用語が使用される際にも、それぞれの異なった情報収集手法や情報源に基づくインテリジェンス活動全般を意味する場合（広義の「イント」）もあれば、「情報収集の手法の類型」あるいは「情報源の類型そのもの」を意味する場合（狭義の「イント」）があります。

・各「イント」にはそれぞれの長所、短所があります。どれか一つの手法が他の手法と比較してあらゆる面で優れていることはありません。各「イント」の長所・短所を踏まえ、自国が必要としているインテリジェンスの種類、特性等に応じて複数の様々な手法を組み合わせて活用することが必要と考えられます。

・収集をめぐる各種の課題の中には、インテリジェンス理論の主要課題（第3章）と密接に関連しているものが少なくありません。例えば、人権とのバランス（民主的統制の確保）の問題、秘匿性の保持と情報共有（ニード・トゥ・ノウとニード・トゥ・シェア）の両立の問題等です。こうした諸問題の検討に当たっては、収集の視点のみではなく、インテリジェンス理論の体系の全体像を踏まえることが重要と考えられます。

【さらに学びたい方のために】

・小谷賢（2015）『インテリジェンスの世界史─第二次世界大戦からスノーデン事件まで』岩波書店。
本書は、公刊資料等に基づき、ファイブ・アイズ（本章3(1)及びコラム）の歴史を詳細に解説しています。加えて、ファイブ・アイズの中核を成している米国の国家安全保障局やイギリスの政府通信本部（GCHQ）の戦中・戦後の歴史も概観しています。特に第5章では、9・11事件以降の国家安全保障局の活動やスノーデンによる暴露事案が平易に説明されています。

COLUMN

ファイブ・アイズ

米国、イギリス、カナダ、オーストラリア、ニュージーランドの5カ国は、シギント業務に関して特に緊密な協力関係にあります。その法的な根拠となっているのは、UKUSA**協定（ユー・キュー・サ協定：UKUSA Agreement）**です。同協定は、第二次世界大戦中の米国とイギリスのインテリジェンス協力を背景として、1946年3月に当該2国間で締結されました。その後の東西冷戦を背景に、同協定は1956年までに他の3カ国にも拡大されました。同協定の存在は長年非公開とされていましたが、2010年に関係資料が公開され、存在が確認されました。いわゆる「**ファイブ・アイズ（Five Eyes）**」とは当該協定に参加している5カ国のことを指します[1]。

ファイブ・アイズの活動の例として、いわゆる**エシュロン（Echelon）**があります。これは、UKUSAの枠組みに基づく商業用通信傍受のためのプログラムとみられます[2]。また、スノーデンによる暴露事案（2013年）によって発覚した米国の国家安全保障局による大量の通話記録データの収集活動、インターネット上の通信情報の収集活動（いわゆるプリズム（PRISM）プログラム）等にも、同協定に基づきファイブ・アイズの参加国が関与していたとみられます[3]（本章4、第7章5、第12章2）。

このように、ファイブ・アイズとは、UKUSA協定に基づいた、シギント業務に関する多国間の協力枠組みです。外交、安全保障全般等の幅広い事項をカバーするものではありません。近年、日本のファイブ・アイズへの参加、加入等が取り沙汰されることもあります[4]。こうした問題の検討に当たっては、こうしたファイブ・アイズの本質的な性格を踏まえて議論を行う必要があると考えられます。すなわち、「国際政治上の諸課題への対応に際してファイブ・アイズ諸国と政治的に連携する」ことと「UKUSA協定に基づきファイブ・アイズへ公式に参加すること（すなわち、シギント業務において同協定で定められたレベルの協力を実行すること）」は質的に異なることを踏まえる必要があります。

例えば、①日本の現在のインテリジェンス業務にとって具体的にどのようなメリットがあるのか（具体的なインテリジェンスのリクワイアメントがあるのか）、②日本は当該枠組みに十分な貢献を行い得るインテリジェンス能力があるのか、③日本は他のメンバー国が安心して情報提供をし得るに十分なカウンターインテリジェンス能力があるのか（体制、法制度等）、などの点を冷静に検討する必要があると考えられます。

1 Jensen et al. (2017), p. 185; イギリスの政府通信本部（ＧＣＨＱ）ＨＰ（"GCHQ marks 75th anniversary of the UKUSA agreement"）https://www.gchq.gov.uk/news/gchq-marks-ukusa-75th-anniversary; 同ＨＰ（"A Brief History of the UKUSA agreement"）https://www.gchq.gov.uk/information/brief-history-of-ukusa; 国家安全保障局ＨＰ（"UKUSA Agreement Release 1940-1956"）https://www.nsa.gov/news-features/declassified-documents/ukusa/。
2 小谷（２０１５）、１７１頁。
3 小谷（２０１５）、１８５頁。
4 「スパイ同盟、険しい道 まず「閣外協力」で」『日本経済新聞』、２０２０年12月22日（日経速報ニュースアーカイブ）

COLUMN

映画、ドラマに見る情報収集の手法

情報収集活動はインテリジェンス活動の中でも秘匿性が高いことから、適切なイメージを描くことが容易ではありません。各種の映画やテレビドラマの中で描かれるインテリジェンス活動は、こうしたイメージ作りに有用なものもあります（ただし、極めて不正確な場合もあるので、取捨選択には注意が必要です）。

「Zero Dark Thirty」
（米国映画（邦題「ゼロ・ダーク・サーティ」）、２０１２年）

本映画は、米国ＩＣがアルカイダのリーダーで９１１事件の首謀者でもあるオサマ・ビン・ラディンの所在を察知し、掃討作戦（２０１１年５月）の実行に至るまでの状況を題材とした映画です。

劇中、ＣＩＡによるテロ容疑者等に対する拷問の疑いのある取調べの場面（本章3、第12章2）、チャップマン基地自爆テロ事件（２００９年12月）（本章３）等の場面があります。ヒューミントの直面する課題（人権とのバランス、欺瞞工作に対する脆弱性、担当者の生命の危険のリスク等）をイメージするのに役立ちます。

「Patriot Game」
（米国映画（邦題「パトリオット・ゲーム」）、１９９２年）

本映画は、ハリソン・フォード演じるＣＩＡ分析官・ライアン博士のテロ対策活動を描くフィクションです。

劇中、ライアン博士は、情報収集衛星を活用して北アフリカのテロリスト・キャンプに関する情報収集を行います。その際、テロリスト側が情報収集衛星の軌道とスケジュールを熟知しており所定の時間になると地下に潜ってしまう場面があります。また、CIAの会議で衛星軌道の変更を主張するライアン博士が、同僚から「それが官僚機構の中でどれだけ面倒か理解しているのか」と反対を受ける場面もあります。イミントの直面する課題をイメージするのに役立ちます（本章5）。

「The West Wing」シーズン2、エピソード13・14
（米国ドラマ（邦題「ザ・ホワイトハウス」）、2001年）

本ドラマは、マーティン・シーン演じる米国大統領と大統領府スタッフの活動や日常生活を描いたフィクションです。本エピソードでは、コロンビアの薬物組織に拘束された人質の救出作戦の検討と実行の様子が大統領の視点から描かれています。救出作戦は、薬物組織に対する通信傍受によって人質の拘束場所を探知した上で実行されました。しかし、当該通話は米国ICを欺くための偽情報であり、作戦は失敗に終わります。シギントの直面する課題（欺瞞工作に対する脆弱性）をイメージするのに役立ちます（本章4）。

「The West Wing」シーズン1、エピソード11
（米国ドラマ（邦題「ザ・ホワイトハウス」）、2000年）

本エピソードは、インド軍の大規模部隊がパキスタンとの国境に集結している旨を米国の情報収集衛星が察知する場面から始まります。緊急に招集された国家安全保障会議の場において、大統領は「あれだけ大規模な軍隊の活動をなぜもっと早期に察知できなかったのか」とCIA長官等を詰問します。これに対してIC側幹部は「当該地域は衛星の軌道から外れていたので発見が遅れました」と答えます。さらに大統領は「インド軍は本気か、それとも単なる駆け引き上のデモンストレーションか」と質問します。IC側幹部は「衛星画像からは相手が何を考えているかはわかりません」と答えたことから、大統領はイライラを募らせます。こうしたやりとりは、イミントの直面する課題をイメージするのに役立ちます（本章5）。

「Infernal Affairs」
（香港映画（邦題「インファナル・アフェア」）、2002年）

本映画は直接インテリジェンスを扱うものではありませんが、身分を偽装して犯罪組織に潜入している警察官（いわゆる「潜入捜査官」）の活動が描かれています。

劇中では、潜入捜査官が、組織（警察）の指示で、指定のメンタルクリニックに定期的に通院する様子が描かれています。類似の作業であるヒューミント担当者（特にノック）の生活インフラの確保、特にメンタルヘルスへの配慮の重要性をイメージするのに役立ちます（本章3）。

「Mission: Impossible」

（米国映画（邦題「ミッション・インポッシブル」）、１９９６年）

本映画は、トム・クルーズが演じる工作員・イーサン・ハントを主人公とした人気シリーズの第一作です。ＣＩＡ本部に潜入したイーサン・ハントの天井からの宙吊りのシーンでも有名です。

本映画の中でイーサン・ハントがＣＩＡ本部から盗み出すのは、ＣＩＡの「ノック」（本章３）の名簿です。本映画のストーリーそのものは荒唐無稽なフィクションですが、ヒューミントに携わるノックの人定事項（身元）の秘匿の重要性が垣間見られます。

「The Bourne Identity」

（米国映画（邦題「ボーン・アイデンティティー」）、２００２年）

本映画は、架空のＣＩＡの秘密工作活動に関するフィクションです。ＣＩＡが暗殺専門の工作員を密かに育成・運用しているとの設定であり、そのこと自体は現実離れしています。

この映画の中には、マット・デイモン演じる工作員（ジェイソン・ボーン）の「反乱」により当該計画が世間に露呈しそうになった際、関係するＣＩＡ幹部が「この不祥事が表沙汰になったら、議会のインテリジェンス委員会に何と報告するんだ」、「来年度の予算審議が心配だ」等と議論している場面があります。

また、この映画は、連邦議会のインテリジェンス担当問題の委員会（秘密会）においてＣＩＡ幹部が本件に関する釈明を行っているシーンで終わります。

こうした場面からは、ＩＣに対する議会による統制の影響の強さを垣間見ることができます。

1　本映画が作成・公開された時期は、香港返還（１９９７年）から比較的間もない時期であることから、劇中で描かれている香港警察の潜入捜査の手法等はイギリスの影響を受けたものであったことが推測されます。

第9章

インフォメーションの分析

本章では、インテリジェンス・プロセス（第5章）の中の情報の分析に関して概観します。

分析とは、料理にたとえると、仕入れた食材（野菜、肉、魚介等）を調理して食べられるようにし、皿に盛り付ける段階です。仕入れたままの食材はそのままでは必ずしも食べられないように、収集された素材情報はそのままではカスタマーである政策部門の政策立案や判断の役には立たない場合が少なくありません。分析とは、こうしたそれぞれの素材情報を、カスタマーの判断の役に立つもの、すなわち情勢評価等の成果物（インテリジェンス・プロダクト）に変換する作業です。換言すれば、「そのままでは役に立たない物を役に立つ物に変換する」という意味において「付加価値を生み出す作業」と言えます。

では、優れた分析、優れたインテリジェンス・プロダクトと言えるための要件は何なのでしょうか。また、分析担当者が直面する課題にはどのようなものがあるのでしょうか。さらに、こうした諸課題の検討に当たり、インテリジェンス理論はどのように役に立つのでしょうか。本章では、こうした諸問題を検討します。

1　「優れたインテリジェンス・プロダクト」とは何か

分析とは、収集された素材情報をインテリジェンス・プロダクトに変換する作業です。では、優れたインテリジェンス・プロダクトとはどのようなものでしょうか。優れているか否かを判断する基準は何なのでしょうか。

本書におけるインテリジェンスの定義は、「国家安全保障上の重要な問題に関する知識が、要求に基づいて収集・分析されて政策決定者（policy makers）に提供される仕組み（プロセス又はシステム）」及び「そうした仕組みによって生産された成果物（プロダクト）」としています（第2章1）。こうした定義を前提とすると、優れたインテリジェンス・プロダクトか否かの判断に当たり最も重要な基準は、**「政策決定者の判断を支援するという制度**

の目的にかなっているか」であると考えられます。例えば、米国の中央情報局（CIA）の分析部門の元幹部であるマッド（Phillip Mudd）は、回顧録の中で、「分析担当者の任務は、自分自身が興味を持っている問題に答えることでもなければ、蓄積した知識を単にまとめることでもない」、「政策決定者がより明確な思考ができるよう支援することができなければ、分析担当者の専門知識など何の意味もない」と指摘しています。[*1]

こうした点を前提とし、米国の研究者であるローエンタール（Mark Lowenthal）は、優れたインテリジェンス・プロダクトの具体的な基準として次の5個の要素を指摘しています。[*2]

(1) 大前提――インテリジェンスの客観性の維持

インテリジェンスが、国家安全保障に関する政策決定の支援という機能を果たすためには、インテリジェンスの客観性が維持されていることが極めて重要です。本書においても、客観性の維持をインテリジェンス理論の第1の基本理念として位置付けています（第3章2）。

もとより、客観性の維持は、優れたインテリジェンス・プロダクトであることの大前提であり、次に掲げる他の4つの基準よりも重要と考えられます。なぜならば、もしもインテリジェンス・プロダクトが客観性を欠く場合、当該プロダクトに関して次の4つの基準を吟味することはもはや無意味だからです。[*3]

(2) 基準①――時期を失していないこと[*4]

優れたインテリジェンス・プロダクトは、時期を失していないものである必要があります（Timely）。すなわち、カスタマーである政策部門、特に政策判断者（狭義の政策決定者）が当該インテリジェンスを必要とする時までに、その手元に届けられている必要があります。

より多くの時間を費やして分析の精度を向上させたり報告書類の形式をより端正に整えること等も確かに重要です。しかし、そのために報告のタイミングを失してしまうと、当該インテリジェンス・プロダクトの価値は著しく低下してしまいます。場合によっては全く無価値になってしまうこともあり得ます。例えば、カスタマーである大統領、総理大臣等から「A国大統領との首脳会談の前に相手の考え方を知りたい」とのリクワイアメントを付与された場合、インテリジェンス部門は、当該首脳会談の開始前に、その時点で最善のインテリジェンスを（たとえ分析の精度、文書の体裁等が不十分だとしても）カスタマーに届けることが求められます。会談開始後に届けられたものは、（たとえ分析の精度が上がり、体裁がより整っているとしても）カスタマーにとっての価値はゼロです。その意味では、「時期を失していないこと」の基準は(3)以降の3つの基準よりも重要です。言い換えると、「真実解明に近付くことよりも、不完全でも良いから締め切りに間に合う」ことの方が重視されます。

前記のとおり（第2章3）、政策部門とインテリジェンス部門の関係において、インテリジェンス部門は「業務遂行の時点において、客観的に最善のインテリジェンス（情勢評価等）を政策部門に提供すること」に関してのみ責任を負うと考えられます。すなわち、インテリジェンス部門は「100％の真実解明」の責任を負うものではありません。こうしたインテリジェンス部門の理論上の責任を分析業務において具現化したものの一つが、「時期を失していないこと」の基準と言えます。

(3) 基準②――特定のカスタマーに向けて内容が絞り込まれていること[*5]

優れたインテリジェンス・プロダクトは、特定のカスタマーからリクワイアメントを付与された個別具体の課題に焦点を絞って生産・作成されたものであることが望ましいとされます（「テイラード（Tailored）」）。付与されたリクワイアメントに対する明確な回答が付されていない、リクワイアメントに直接関係のない情報が多々盛り込まれている等のプロダクトは、内容が絞り込まれておらず要点が曖昧となります。こうしたプロダクトは、カスタマーにとっては理解しにくい、すなわち利用しにくいものとなります。このようなプロダクトは、「政策決定を支援する」というインテリジェンスの機能を十分には果たしていないと考えられます。

例えば、「明日のA国大統領との首脳会談において予想される論点」に関するリクワイアメントを付与されたにもかかわらず、内容の大半が最近のA国の政治・外交の一般情勢の説明であるようなプロダクトは、「テイラード（内容の絞り込み）」の観点からは「焦点がぼけている」、「的外れ」との評価を受ける可能性があります。

実務上、実際のプロダクト生産に当たっては、例えば、主題の背景に関する関連情報等をどの程度盛り込むかについては、個別のカスタマーの具体的な関心事項や背景知識レベルに応じて判断されます。したがって、同一のプロダクトが、あるカスタマーからは説明不足と評価される一方で、別のカスタマーからは余計で無駄な情報が多いと評価される場合があります。また、同じ問題であっても、各カスタマーの任務や権限によって、求められるインテリジェンスは異なることがあります。例えば、同一のテロ事案をめぐる評価に関し、米国政府の中においても、大統領、国務長官、国土安全保障省長官、連邦捜査局（FBI）長官、CIA長官のそれぞれが判断を下す必要がある（すなわちインテリジェンスの評価を求める）事項は異なります。[*6] こうしたことから、理想としては、インテリジェンス・プロダクトは、可能な限り限定された特定のカスタマーに対し、当該カスタマーの具体的な関心、知識レベル等に応じて個別に作成されることが望ましいと考えられます。

例えば、米国の大統領に対する定例のインテリジェンス報告（大統領定例報告（PDB））等は、具体的なカスタマーが明確です。したがって、扱う主題に関する当該カスタマー（大統領）の関心事項や背景知識レベルの把握は比較的容易です。他方、実務上は、複数のカスタマー向け、さらには不特定多数のカスタマー向けの言わば「汎用プロダクト」を作成しなければならない場合もあります。こうした場合であっても、特に優先順位の高いカスタマーの関心事項や背景知識レベルを前提としてある程度内容を絞り込んだプロダクト生産を行うことが効果的と考えられます。場合によっては、プロダクトの本体部分はシンプルに維持しつつ背景説明等は別添とする等の工夫が効果的な場合もあります。

なお、「テイラード（内容の絞り込み）」ということはあくまで、個別のカスタマーからの具体的なリクワイアメントに応じてより理解しやすい内容のプロダクトを提供することを意味します。分析内容の客観性までもがカスタマーの意向におもねって歪曲されること（例えば、カスタマーが不快に感じであろう「悪い知らせ」の報告を差し控えること）が容認されるわけではありません（第2章2）。

(4) 基準③——カスタマーにとって容易に理解可能であること：簡潔・明瞭[*7]

優れたインテリジェンス・プロダクトは、カスタマーがその要点を容易に（最小限の労力で）理解し得るものです（Digestible）。逆に、カスタマーにとって理解に労力を要するプロダクトは、「政策決定を支援する」というインテリジェンスの機能を十分に果たしていないと言えます。理解しやすいものであるためには一般に、カスタマーの意向に応じて体裁（分量、書式等）が簡潔・明瞭（Succinct and Clear）に整えられていることが効果的です。

一般に、カスタマーである政策判断者（大統領、総理大臣等）は多忙であることから、プロダクトの分量は少ない方が好まれやすいとみられます[*8]。体裁面では、長い文書よりも短い箇条書き、文章よりも図表等がそれぞれ好まれる場合もあります。いずれにせよ、これらの点に関しては、個別具体のカスタマーの嗜好に応じて調整される必要があります。例えば、米国の大統領定例報告の方式は、報告書の体裁等も含め、その時々の大統領の意向によって変更されます（第5章2、第7章2）[*9]。

前記の基準②「テイラード（内容の絞り込み）」と当該基準③「簡潔・明瞭」は、いずれもカスタマーにとっての理解のしやすさに関するものです。このうち前者は主にプロダクトの内容に関するものであり、後者は主にプロダクトの形式（分量、体裁、書式等）に関するものです。ただし、実際には両者は密接に関連している場合が少なくありません。例えば、カスタマーから「何が言いたいのかよく分からない」との指摘を受けた場合には、内容の焦点が絞れていない、文書の形式等が読みにくい、その両方であるなど様々な理由が考えられます。

(5) 基準④――「結論の確度」の明示[*10]

結論の確度とは、文字通り、分析の結論に対してＩＣがどの程度の自信を持っているのかを示すものです。

優れたインテリジェンス・プロダクトは、分析に影響を与える様々な要素に関して「何が判明済で何が未判明なのか」をそれぞれ明示するべきとされます（Clear regarding the known and the unknown）。あるいは、「結論の判断を支持している要素と支持していない要素をそれぞれ明示するべき」と論じられることもあります。こうした配慮は、分析の客観性を担保し、カスタマーをミスリードする（誤解させる）ことを抑止するためのものです。例えば、判断の根拠の説明に当たり、当該判断を支持する要素だけを明示する一方で支持しない要素には言及していない（いわゆる「いいとこどり」）プロダクトは、客観性に疑念を生じさせる可能性があります。

ただし実際には、（中長期予測等を扱う長文の報告書等は別として）短い報告書等の中でそうした事項を全て明示することは容易ではありません。こうした要素の詳述は逆に、基準③「簡潔・明瞭」と相矛盾する可能性もあり得ます。したがって、実務上は、判明事項・未判明事項等の全てを詳述する代わりに、「結論の確度」、すなわち、「判断に関する確信の程度」と「実現可能性の評価」が明示されることもあります（後述）。

こうした基準が重視される背景には、基準①の場合と同様、インテリジェンス部門は「１００％の真実解明」の責任を負うものではないとの前提があります。すなわち、「結論の確度」の明示は、「タイムリーであること」

（基準①）とともに、こうしたインテリジェンス部門の理論上の責任を分析業務において具現化したものの一つと言えます。

判断に関する確信の程度（Confidence in the Judgements）

判断に関する確信の程度とは、分析の判断の裏付けとなる情報及び分析的根拠に対する信頼性の度合いのことです。[*11] 例えば、２０１７年１月に米国ＩＣが作成・公表した２０１６年の米国大統領選挙へのロシアによる介入に関する分析評価書には次のような記載があります。[*12]

- 「我々は、ロシアのプーチン大統領が２０１６年の米国大統領選挙を標的としてこれに影響を与える作戦を実施するよう指示したと、**高レベルの確信を持って**評価している（We assess **with high confidence** that Russian President Vladimir Putin ordered an influence campaign in 2016 aimed at the US presidential election）」（ゴチック等は筆者が付したもの）。
- 「我々はまた、プーチンとロシア政府が、トランプ次期大統領の当選を支援することを希望していたと評価している（中略）。ＣＩＡとＦＢＩはこの判断に**高レベルの確信**を持ち、ＮＳＡは**中レベルの確信**を持っている。（We also assess Putin and the Russian Government aspired to help President-elect Trump's election chances（中略）. CIA and FBI have high confidence in this judgment; NSA has **moderate confidence**）」（ゴチック等は筆者が付したもの）。

こうした米国ＩＣのインテリジェンス・プロダクトの中で示される「判断に関する確信」には次の３段階があるとされています。[*13] 主に「素材情報の信頼性」と「分析プロセスの信頼性」の２つの側面から検討されます。

高レベルの確信（High Confidence）――

高レベルの確信とは、素材情報の信頼性と分析プロセスの信頼性の双方が高い状態です。例えば、前者に関しては、質の高い情報が複数の情報源から継続してもたらされているような場合です。後者に関しても、未判明の要素が少なく、様々なシナリオの検討も十分に尽くされている等の場合です。ただし、高レベルの確信とは言っても、当該評価が「事実（fact）」や「確実（certainty）」であることを意味するものではありません。[*14]

中レベルの確信（Moderate Confidence）――

中レベルの確信とは、素材情報の信頼性と分析プロセスの信頼性の双方とも概ね妥当ではあるものの、高レベルの確信とするには依然不十分な状態です。例えば、前者に関しては、結論を支持しない別の情報が併存しているような場合です。後者に関しては、必ずしも深刻なレベルではないものの、未判明の要素やＩＣ内での分析上の意見の食い違いが存在する等の場合です。[*15]

低レベルの確信（Low Confidence）――

低レベルの確信とは、素材情報の信頼性と分析プロセスの信頼性のいずれか、あるいは双方が不確実な状態です。例えば、前者に関しては、判断の基となっている情報が断片的である、古過ぎる、裏付けが不十分である、そもそも情報源の信頼性が疑わしい等の場合です。後者に関しては、未判明の要素が多い、ＩＣ内での分析上の意見の食い違いが大きい等の場合です。[*16]

実現可能性の評価（Judgements of Likelihood）

実現可能性の評価とは、分析評価の対象である事象が実現する（実際に発生する）可能性に関する評価のことです。[*17] 例えば、２００７年11月に米国ＩＣが作成・公表したイランの核開発に関する国家インテリジェンス評価（ＮＩＥ：National Intelligence Estimate）には次のような記載があります。[*18]

・「我々は（中略）イランが２０１０年から２０１５年の間に、兵器に必要な量の高濃縮ウランを製造する技術的な能力を

図表 9-1　実現可能性の評価と各副詞の意味

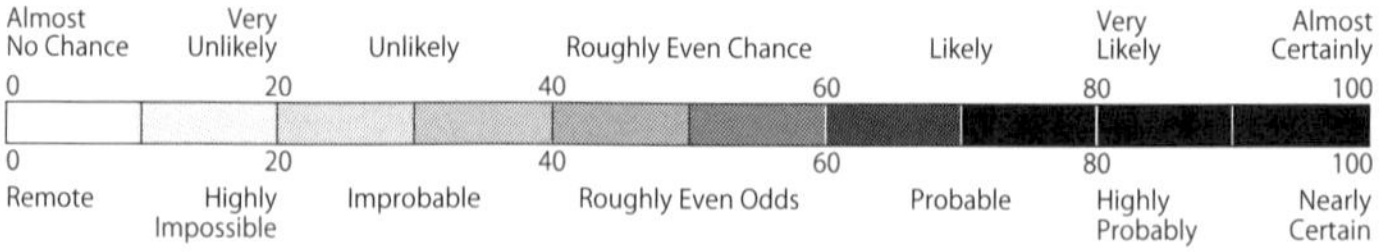

※数字はパーセンテージ。

出典：U.S. National Intelligence Council (2021), p. 10 の記述を基に筆者作成。

所持するに至る**可能性が高い**と判断している（"We judge（中略）Iran **probably** would be technically capable of producing enough HEU for a weapon sometime during the 2010-2015 time frame"）」（ゴチック等は筆者が付したもの）。

・「ＩＮＲは、イランは技術面や計画面に問題を抱えているため、同国が２０１３年よりも前にこうした能力を保持するに到る**可能性は低い**と判断している（"INR judges Iran is **unlikely** to achieve this capability before 2013 because of foreseeable technical and programmatic problems"）」（ゴチック等は筆者が付したもの）。

このように、米国ＩＣのプロダクトでは一般に、分析評価の結論の提示（「judge」、「assess」等の動詞が主に使用されます）に当たり、当該事象が実現する（実際に発生する）可能性を示す副詞（probably, unlikely 等）が使用されます。その上で、これらの副詞の統一的な意味は図表9-1のとおりとされています。なお、パーセンテージへの換算はあくまで目安であり、統計的な裏付けを伴うものではありません。[*19]

(6)　基準の実践を阻むもの

以上の「優れたインテリジェンス・プロダクトの基準」の実践は、当然かつ簡単なものであるとの印象を与えるかもしれません。しかし、実務上これらを実践するのは必ずしも容易ではありません。後述する（本章2）「分析をめぐる諸問題」とは別に、これらの基準の実践の障碍となり得る主な要因として、分析担当者（あるいは組織としての分析部門）自身の自己顕示欲、責任回避本能等が考えられます。

分析担当者の自己顕示欲とは、例えば、分析担当者がカスタマーに対して「自分は詳しく知っている、深く考えている」等と誇示したいと考える傾向です。こうした思考は、カスタマーにとっては「不要な情報が多すぎる」、「説明が複雑過ぎて理解し難い」等の状況に繋がる可能性があり、「内容の絞り込み」（基準②）や「簡潔・明瞭」（基準③）を阻む可能性があります。

分析担当者の責任回避本能（あるいは自己保身本能）とは、例えば、分析担当者が事後にカスタマーから「その話は聞いていなかった」「結論が誤っていた（例えば、テロ脅威評価、選挙予想等が外れた場合）」等の非難を受けることを回避したいと考える傾向です。こうした思考は、「手元にある情報は取り敢えず何でも盛り込む」、「結論を曖昧（いわゆる玉虫色）にしておく」との行動に繋がる可能性があり、やはり、カスタマー視線での「内容の絞り込み」（基準②）や「簡潔・明瞭」（基準③）が阻まれる可能性があります。

自己顕示欲や責任回避本能はいずれも分析担当者（あるいは分析部門）のエゴに由来すると考えられます。したがって、こうした**分析担当者のエゴを排してカスタマー目線となれるか否か**が克服のカギと考えられます。そのためには、日常的な業務や研修等を通じてインテリジェンス業務の目的等への理解を深めることが重要と考えられます。

2　分析をめぐる諸問題

分析をめぐる課題は、分析担当者個人、分析を担当する組織やグループ、インテリジェンス部門と政策部門の結節の各レベルにおいて存在します。

(1) 分析担当者個人のレベルにおける課題

インテリジェンスの分析担当者が直面する主な課題、特に分析の客観性を損なう可能性のある心理的な課題としては次のものがあります。

ミラー・イメージング（Mirror Imaging）[*20]

ミラー・イメージングとは、「分析対象（国、組織、個人等）も当方と同様の思考方法に基づき考え、行動するだろう」という分析担当者による根拠のない思い込みです。例えば、米国政治を説明する際にしばしば利用される「強硬派と穏健派」、「タカ派とハト派」等の概念は、米国ICが他国の国内政治情勢を分析する際にも利用されることがあります。この背景には、米国と他国のそれぞれの国内政治の動き方には類似点があるだろうとの前提があります。しかし実際には、政治体制、社会情勢、歴史・文化的背景、価値観等が異なれば、たとえ類似の状況下であっても各アクターの思考、行動等は異なる可能性があります。「常識的に考えれば」という際の「常識」が分析対象には必ずしも共有されていない結果として発生する齟齬とも言えます。

米国ICの真珠湾攻撃（1941年）の予測の失敗の一因として、ミラー・イメージング（「まさか日本はそのような無茶な攻撃には打って出ないだろう」との思い込み）があったとの指摘もあります[*21]（第7章5）。日本の地下鉄サリン事件（1995年）の予測の失敗の背景にも「まさか宗教団体がそんなことはしないだろう」との思い込みが日本のICにあった可能性があります。

リニア思考（線形思考：Linear Thinking）[*22]

リニア思考とは、従来からの思考の延長のみに基づく思考を言います。例えば、自然災害の発生に関し、「先例に鑑みると、これ程の大規模の災害の発生は想定外だった」等というのもリニア思考の例と考えられます[*23]。背景に、いわゆる正常性バイアス[24]を始めとする「まさかそんなことはないだろう」との思い込み等があるとみられます。自己中心的な「常識」に捕らわれたバイアスという意味では、ミラー・イメージングとリニア思考は重複する部分があります。言わば、前者が主に他者との「横の比較」におけるバイアス（「相手も同じだろう」）である一方、後者は主に時系列的な「縦の比較」におけるバイアス（「前と同じだろう」）とも言えます。

例えば、ソ連の崩壊（1991年）やアラブの春（2010〜2012年）を米国ICが事前に十分予想し得なかった背景には、こうしたリニア思考があったとも考えられます。[25] 元CIA副長官のモレル（Michael Morell）は回顧録の中で、アラブの春の事前予測の失敗に関し、CIAは当時新たに広まりつつあったソーシャルメディアの影響力に十分な注意を払っていなかった旨を指摘しています。[26]

クライアンティズム（相手方過信症：Clientism）[27]

クライアンティズムとは、分析担当者が特定の事項（国、組織、個人等）の分析に長い期間にわたり没頭し過ぎた結果、分析対象に対する愛着や同情が湧くなどして、客観性を持って批判的に接することができにくくなる傾向のことを言います。

例えば、分析対象国が国際的に非難されるような活動を行った際にも、当該活動の背景等を客観・中立的に分析するのではなく、当該国の立場に立ってこれをかばうような思考に陥ってしまうことがあり得ます。

レイヤリング（積み重ね現象：Layering）[28]

レイヤリングとは、過去の分析評価が改めて検証・評価されることなく、それを前提として新たな分析評価が集積されて行く状態のことを言います。結果として、関連事項に関する分析評価の誤りが言わば「雪だるま式」に拡大して行くことになります。同様に、元CIA副長官のモレルは、「最初は一つの仮説に過ぎなかった見方が、なし崩し的にいつの間にか『確固たる判断』として取り扱われるようになってしまう」状況があり得ることを指摘し、これを「分析のクリープ（analytic creep）」と呼んでいます。[*29]

過去の分析評価を再検証・修正することは、（それが別の分析担当者のものであれ自分自身のものであれ）これまでの分析評価の全否定に繋がる可能性があり（いわゆる「ちゃぶ台返し」）、一般的に多大な労力が必要となります。したがって、分析担当者にとっての心理的抵抗感は少なくないと考えられます。

なお、レイヤリングには組織的な要因が関係している場合もあります。例えば、イラクの大量破壊兵器問題（２００３年～）における米国ＩＣによる「インテリジェンスの失敗」の一因として、ＣＩＡの分析部門と収集部門の連携不足が指摘されています。すなわち、当該事案においては、情報源の信用性に関する収集部門の懸念（低い評価）が分析部門との間で十分に共有されておらず、その結果として分析部門において誤った分析評価が継続して累積されてしまったとみられます（第３章６及び７）。[*30] こうした問題は、同問題に関する大統領の調査委員会の報告書（２００５年３月）でも指摘されています（第７章５）。

こうした諸課題を抑止するためには、各分析官に対する然るべき研修等を組織的に実施することが考えられます。また、各分析担当者の思考が視野狭窄とならないよう、経験の幅を広げることを念頭に置いた人事制度の導入等も考えられます。ただし、こうした人事制度は特定分野の専門家の育成にはマイナスとの考え方もあります。

制度上の問題に基づくレイヤリングに関しては、分析部門と収集部門の協力を緊密化させる対応策が考えられます。例えば近年、ＣＩＡにおいては、**ミッションセンター**（mission center）制度が多用されるようになっています（第３章６）。ただし、こうした施策は、客観性の維持や秘匿性の確保等を目的とする伝統的な考え方と齟齬を来す可能性もあります（第３章７、本章３）。

(2) 組織のレベルにおける課題

グループ・シンク（集団的思考：Groupthink）[*31]

グループ・シンクとは、組織やグループのレベルにおける思考や意思決定をめぐる問題です。例えば、「結束力の強いグループの中において、様々な異なる選択肢の評価を行おうとする動機よりも、メンバー間の満場一致を尊重する思考が上回ってしまう傾向」と説明されます。[*32] グループ内の調和の維持を優先するが故の同調圧力、付和雷同、馴れ合い、「空気読み」等の傾向の産物とも言えます。グループ・組織内の各個人の間で発生する場合もあれば、ICのような組織集合体の中において各組織間に発生する場合もあります。[*33]

なお、個人のレベルでのレイヤリングには、「同僚等による過去の分析評価の再検証を躊躇する」心理が関係する場合もあります。こうした状況は、組織レベルにおけるグループ・シンクとも関連しています。

フォークランド紛争（1982年）の際にイギリスICがアルゼンチン軍の動向の事前予測に失敗した背景にはグループ・シンクがあったと指摘されています。[*34] また、インテリジェンス分析の事例ではありませんが、ピッグス湾事件（1961年）の際の当時のケネディ（J. F. Kennedy）政権の作戦実行判断[*35]（第7章5）、米国のスペースシャトル・チャレンジャー号の爆発事故（1986年）の前の航空宇宙局（NASA）の発射実行判断等はいずれもグループ・シンクの例と指摘されています。

グループ・シンクを抑止するためには、組織・グループの文化としてこうした傾向を育まないような努力が重要と考えられます。例えば、個人レベルの課題の場合と同様、各分析官に対する然るべき研修等を組織的に実施することが考えられます。また、リーダーが率先して「コンセンサスを無理に求めない」組織文化の醸成に努めることも考えられます。米国ICが作成した近年のオール・ソース・アナリシスのプロダクトの中には、論点によってはIC内の合意が得られなかったとして、少数意見が併記されているものもみられます。[*36]

競争的分析（Competitive Analysis）の活用もグループ・シンクの抑止に一定の効果があると考えられます。これは、複数の分析チーム（あるいは複数のインテリジェンス機関）が相互に独立して同じ課題に関する分析・評価を行って比較する手法です。[*37] 例えば、元CIA副長官のモレルは回顧録の中で、911事件直後のCIAは、次のテロ攻撃のあらゆる可能性を予測するために競争的分析を多用した旨を述べています。[*38] もとより米国のICはインテリジェンス機関の数が多く相互の独立性も比較的高いことから（いわゆるストーブ・パイプ（Stove Pipe）現象）、こうした競争的分析に馴染みやすい素地があると考えられます。加えて、競争的分析の考え方は、伝統的なニード・トゥ・ノウと秘匿性の確保の考え方とも親和性が高い手法と言えます。

ただし、競争的分析に対しては資源（人材、予算等）の無駄使いとの批判があり得ます。加えて、911事件（2001年）やイラクにおける大量破壊兵器問題（2003年～）以降に広がりつつあるオール・ソース・アナリシス、ニード・トゥ・シェア等の新しい手法や考え方との調整が課題となります（第3章7、本章3）。

(3) インテリジェンス部門と政策部門の関係のレベルにおける問題――インテリジェンスの政治化

インテリジェンスの政治化は、インテリジェンスの客観性を損なう可能性を持つ深刻な問題として、インテリジェンスの理論体系の中でも最も重視されている課題の一つです（詳細は第3章2）。

政治化の問題は、インテリジェンス・プロセスの中でも特に分析段階で顕在化する場合が多いとみられます。例えば、イラクにおける大量破壊兵器問題（第7章5）に関し、2003年2月5日、米国のパウエル（Colin Powell）国務長官（当時）は、国連安全保障理事会における演説の中で、イラクによる大量破壊兵器の開発疑惑を強調する内容の発言を行いました。同演説の起草にはCIAの分析部門が関与しており、同部門においてインテリジェンスの政治化があったとの見方もあります（ただし、2005年3月、同問題に関する大統領の調査委員会は、そうしたインテリジェンスの歪曲は認められなかった旨の結論を出しています（第7章5））。

インテリジェンスの政治化等の防止とインテリジェンスの客観性の維持のためには、学術上、政策部門とインテリジェンス部門は、組織的にも機能的にも分離されるべきと考えられます（第2章2）。

3　インテリジェンス理論と分析作業

本章で概観したとおり、分析をめぐる各種の課題の中には、インテリジェンス理論の主要課題（第3章）と密接に関連しているものが少なくありません。

第1は、インテリジェンスの政治化の問題です（第3章2）。

第2は、分析部門と収集部門の関係の問題です。両部門は、伝統的には、分析の客観性の維持の観点から分離されるべきと考えられます（第3章2）。こうした立場は、秘匿性の確保（ニード・トゥ・ノウ）の考え方とも親和性があり、特に収集段階における情報源の秘匿にも資すると考えられます。他方で、イラクにおける大量破壊兵器問題における分析の失敗（本章2）等を踏まえ、近年は、情報共有（ニード・トゥ・シェア）の促進を前提として、両部門の協力を緊密化させる例もみられます。例えばＣＩＡにおいては、**ミッションセンター（mission center）**制度、すなわち、テロ対策、イラン問題、北朝鮮問題等の特定の課題に関し、収集、分析、工作等の担当者を一つの部署に集めて協働させる仕組みが多用されるようになっています（第3章6及び7、本章2）[*39]。

第3は、競争的分析とオール・ソース・アナリシスの関係の問題です。伝統的には、グループ・シンク等を抑止して分析の客観性を担保するため、競争的分析の活用が有意義と考えられています。こうした立場はやはり、伝統的な秘匿性の保持（ニード・トゥ・ノウ）の考え方とも親和性があるものです。他方で、９１１事件（２０１１年）やイラクにおける大量破壊兵器問題（２００３年～）以降、これらの事案の教訓を踏まえ、情報共有（ニード・

トゥ・シェア）の促進を前提としたオール・ソース・アナリシスも一層推奨されるようになっています。

これらの課題に明確な回答を得るのは容易ではありません。ただし、検討に当たっては、分析の視点のみではなく、インテリジェンス理論の体系の全体像を踏まえることが重要と考えられます。

□ 本章のエッセンス

優れたインテリジェンスの判断基準――

・インテリジェンスの定義に鑑みると、優れたインテリジェンス・プロダクトか否かの判断に当たり最も重要な基準は、「**政策決定者の判断を支援するという制度の目的にかなっているか**」であると考えられます。

・具体的な基準としては、インテリジェンスの客観性の維持を大前提として、①時期を失していないこと、②特定のカスタマーに向けて内容が絞り込まれていること、③カスタマーにとって容易に理解可能であること（簡潔・明瞭）、④「結論の確度」が明示されていること、などが考えられます。

分析をめぐる諸問題――

・分析担当者個人のレベルにおける課題としては、①ミラー・イメージング、②リニア思考、③クライアンティズム、④レイヤリング、などがあります。

・組織のレベルにおける課題としては、グループ・シンクがあります。

・さらに、インテリジェンス部門と政策部門の関係のレベルにおける問題としては、インテリジェンスの政治化の問題があります。

インテリジェンス理論と分析作業――

・分析をめぐる各種の課題の中には、インテリジェンス理論の主要課題（第3章）と密接に関連しているものが少なくありません。例えば、インテリジェンスの政治化の問題、分析部門と収集部門の関係の問題、競争的分析とオールソース・アナリシスの関係の問題です。

・第1の問題は、インテリジェンス理論をめぐる諸課題の中でも最重要の問題の一つです。第2及び第3の問題はいずれも、客観性の維持や秘匿性の確保を重視する伝統的な考え方と、情報共有の促進等を重視する新しい考え方のバランスの問題です。
・こうした諸問題の検討に当たっては、分析の視点のみではなく、インテリジェンス理論の体系の全体像を踏まえることが重要と考えられます。

COLUMN

分析手法の基礎

分析の具体的な手法の詳細について論じることは本書の目的とするところではありません。以下では、日常生活にも応用可能な基礎的な手法について簡単に紹介します。

素材情報はそれだけではカスタマーの政策決定の役に立たないのが一般的です。素材情報を役に立つプロダクトに変換する（付加価値を生み出す）ためには一般に、①情報に意味を持たせること、②情報の確度を評価すること、が第一歩となります。

1　情報に意味を持たせる——比較による相対化

付加価値を生み出すには、素材情報に何らかの「意味を持たせる」ことが必要です。そのためには、別の素材情報との比較による相対化が有用な場合があります。特に、数値情報（経済指標、世論調査結果、その他の統計数値等）に関してはこうした手法は有用です。比較による相対化の方法には、大別すると、他者との比較（横の比較）と時系列的な比較（縦の比較）があります。

【他者との比較（横の比較）】

例えば、A国の軍事増強の動向を評価するに当たり、同国の軍事費や軍事費の対GDP比率の値そのものを見ても、特段の意味を見出すことは困難です。そこで、A国と競争関係にある他国との間でこれらの数値を比較することにより、相対的な意味付けをすることが可能になります（学力テストの結果を評価するに当たり、素点を見るだけではなく、受験生全体の平均点との比較や偏差値への変換によって相対的に評価する作業と似ています）。なお、こうした比較に当たっては、比較対象の選択に合理性があることが重要です。

【時系列的な比較（縦の比較）】

時系列な比較とは、過去から現在までの変化の状況をみることによって意味付けを行うことです。例えば、経済指標、世論調査結果等の数値は、現在の値だけを見ても、特段の意味を見出すことは困難です。そこで、過去（5年前、10年前等）との比較によって、上昇傾向、下降傾向、横ばい等のトレンドを把握することにより、相対的な意味付けをすることが可能になります。数値以外の情報に関しても、こうした時系列的な比較が有用な場合があります。例えば、画像情報の場合は、同じ地点の過去の画像情報との比較が有用です。国の重要な政策文書や首脳の政策スピーチ等に関しても、過去の同様な文書等との比較に基づき、同一の課題に関する用語の変化、言及のボリュームの増減等の把握から相対的な意味付けが可能になります。

なお、例えばテロ脅威評価等を定点観測的に行う場合には、「危険がある」、「安全だ」等の言わば「絶対値」的な評価よりも、「1カ月前に比較して脅威が上昇した（あるいは下降した、変化していない）」等の「時系列的な相対的変化」に関する評価の方がカスタマーの政策判断に役立つ場合があります（「積分値よりも微分値」）。

2　情報の確度を評価する

【クロス・チェック（Cross Check）】

ある情報の信頼性を複数の情報源に基づいて検証することをクロス・チェックと言います（俗に言う「裏取り」）。一般に、複数の情報源によって裏付けられる情報は、単数の情報源のみに基づくものより確度は高いと考えられます。また、単一の「イント」よりも複数の異なった「イント」による裏付け（例えば、イミント（画像情報）とヒューミントによる裏付け）の方が好ましいと考えられます。なお、クロス・チェックの際には、いわゆる「反響効果（Echo Chamber Effect）」に注意する必要があります（第8章2）。

【個別の情報源の信頼性の評価】

ヒューミントやオシントでは、各情報源から過去にもたらされた情報の事後検証を蓄積することにより、当該情報源の信頼性を評価することがある程度可能です。例えば、「（ヒューミントにおいて）情報源Aのもたらす X国の政治情勢に関する情報は概ね信頼性が高いが、軍事情勢に関する情報の信頼性は概ね中程度である」、「（オシントにおいて）Y国の政治情勢に関しては、B新聞のC記者の記事が概ね最も信頼性が高い」等の評価の蓄積です。新たな情報の確度を評価するに当たっては、こうした各情報源の過去の実績の検証の蓄積が参考となります。

COLUMN

「麦とモミ殻」

欧米のインテリジェンスに関するテキスト等では、分析や収集をめぐる様々な課題が、英語の比喩的な表現で説明されることがあります。

近年、科学技術の進歩等により、インテリジェンス機関が収集し得る素材情報の量は急激に増加しています（特に、オシント及びシギント（第8章4及び5））。インテリジェンス機関の人的資源が限られている中で、分析担当者が大量の素材情報から真に有意義なものを選別する作業は以前にも増して困難になっています。こうした状況は、比喩的に**「麦とモミ殻（Wheat versus Chaff）」**[1]や**「信号と雑音（Noise versus Signals）」**[2]と表現される場合があります。

こうした状況の背景には、そもそも情報の収集の段階において、収集担当部門が見境なく何でも収集してしまう傾向、多くのインテリジェンス機関が（自己の特性に適合しているか否かに関わりなく）時々の流行の事象に関する情報収集への参画に殺到しがちな傾向等があるとみられます。前者は**「掃除機問題（Vacuum Cleaner Problem）」**[3]、後者は**「子供のサッカー現象（Collection Swarm Ball Phenomenon）」**[4]とそれぞれ表現されることがあります（子供のサッカーではポジションに関係なく全員がボールに群がってしまう、とのイメージが背景にあります）。

1 Lowenthal (2019), p. 73; pp. 87-88; p. 137; p. 158.
2 Lowenthal (2019), pp. 87-88.
3 Lowenthal (2019), pp. 87-88.
4 Lowenthal (2019) p.90; p. 94.

□第10章□

カウンターインテリジェンス——その他のインテリジェンス機能①

第5章から第9章までは、インテリジェンス・プロセス及びこれに関係する事項を概観しました（第5章及び第6章は日米のICに関する章ですが、リクワイアメント付与に関係する結節点の仕組みが中心的課題でした）。本章及び次章では、インテリジェンス・プロセスとは直接関係ないようにみえる事項を扱います。本章のテーマはカウンターインテリジェンス（CI：Counterintelligence）です。

そもそもCIはインテリジェンス理論の中でどのように位置付けられるのでしょうか。CIが直面する課題にはどのようなものがあるのでしょうか。さらには、こうした諸課題の検討に当たり、インテリジェンス理論はどのように役に立つのでしょうか。本章では、こうした諸問題を検討します。

1　カウンターインテリジェンスの定義と理論体系上の位置付け

(1)　定　義

カウンターインテリジェンス（CI）には様々な定義がありますが、例えば「国外からのインテリジェンス活動による自国に対する脅威を把握し、対抗措置を採ること」と言えます。[*1] ここで言う「国外からのインテリジェンス活動」とは主に外国のインテリジェンス機関の活動を指しますが、テロ組織のような非国家主体による活動も含まれます（本章3）。また、ここでの「インテリジェンス活動」には、各種の秘密工作活動（第11章）も含まれると解されます。[*2]

この定義には「国外からの」という限定が付されています。これは、海外インテリジェンスと国内インテリジェンスの伝統的な区分を前提としたものです（第4章4）。したがって、純粋な国内勢力（例えば、海外と直接の関係を持たない国内のテロ組織）による政府機関等に対する情報収集活動等への対抗措置は厳密にはCIに含まれないことになります。しかし、そもそも両者の区別は必ずしも絶対的なものではなく、近年その区別は曖昧になっています。こうしたことから、CIの定義に「国外からの」という限定が本当に必要か否かは今後議論を要します。

CIに含まれるさらに狭い概念として**カウンターエスピオナージ**（Counterespionage）があります。カウンターエスピオナージとは一般に、CIの中でも特に「自国のインテリジェンス機関の職員等に対する外国インテリジェンス機関等によるヒューミント活動の脅威を把握し、対抗措置をとること」を意味します。[*3] 俗に言うモール・ハント（Mole Hunt）（モグラ狩り）に当たります。

逆にCIを内包するさらに広い概念としていわゆる**情報セキュリティ**があります。情報セキュリティは、情報保全のための活動・施策の全般を意味し、必ずしも外国インテリジェンス機関等の関与を前提としない概念です。例えば、職員のミスによる書類や電子記録媒体の紛失、メールの誤配による情報漏洩等への対策は、CIには含まれませんが、情報セキュリティには含まれます。

(2) 理論体系上のカウンターインテリジェンスの位置付け

CIは、インテリジェンスの理論体系上どのように位置付けられるのでしょうか。また、そもそも、インテリジェンスの定義（第2章1）にCIは含まれるのでしょうか。

本書の依拠しているインテリジェンスの定義は「国家安全保障上の重要な問題に関する知識が、要求に基づいて収集・分析されて政策決定者（policy makers）に提供される仕組み（プロセス又はシステム）」及び「そうした仕組みによって生産された成果物（プロダクト）」です。こうした定義の中にCIの機能が含まれるのか否かは、少なくとも字面上の解釈としては不透明です。また、前記のCIの定義から示されるCIの機能（本章3）は、カスタマー（政策決定者）の判断の支援を直接の目的としたものではなく、インテリジェンス・プロセスの中に明確に位置付けられるものでもありません。

他方で、CIは、インテリジェンスの正常な機能を担保するために不可欠な、言わばインフラストラクチャー的な機能を果たしています。すなわち、CIが不十分な場合にはインテリジェンスの秘匿性が十分には確保されず、結果として政策決定の支援というインテリジェンスの責務の遂行に支障が生じる可能性が高くなります（第8章3、本章コラム）。したがって、CIは、インテリジェンスの理論体系の基本的な理念の一つである秘匿性の確保の具現化に直接関係している要素と位置付けられます（第3章4、図表3-1及び3-2）。こうしたことから、本書は、「CIは、その機能に鑑み、インテリジェンスの中に含まれると解釈し得る」との立場を採ります。[*4]

この点に関し、米国の研究者であるジェンセン（Carl Jensen）等は、インテリジェンスによるカスタマー（政策決定者）の判断を支援する機能の本質を、「自国が利用し得るインテリジェンスの最大化のみならず、相手方が利用し得るインテリジェンスの最小化により、自国の政策決定者が相手方との比較において享受し得る相対的なインテリジェンスの優位性を最大化すること」であると解しています。こうした立場からは、カウンターインテリジェンス機能がインテリジェンスの概念に含まれることは当然と解されます。[*5]

なお、CIを通じて収集された情報は、第1次的には相手方のインテリジェンス活動の分析・把握等を目的としたものです。しかし、副次的な用途として、自国の政策決定者による国家安全保障上の判断にも直接利用され得る場合があります。例えば、2003年4月に米国で検挙されたカトリーナ・リョン事案（本章3）では、米国連邦捜査局（FBI）がCI目的で運用していた人的情報源（中国系米国人実業家）から入手していた情報の中には、大統領府に報告されるような政治情報等も含まれていたとされます。また、CIがスパイ事件の摘発等に繋がる場合、そうした捜査活動の動向は、相手国との外交関係等に関する政策決定者の判断に影響を及ぼすことがあります。

2　カウンターインテリジェンスの担当機関

(1)　米　国

米国のインテリジェンス・コミュニティ（ＩＣ）では、ＣＩ関連の個別具体的な事案への対処に関してはＦＢＩがＩＣ全体の取りまとめ機関（リードエージェンシー）の役割を果たしています。[*6] 例えば、政府内各機関の長官は、自組織内において外国勢力に対する不適切な秘密情報漏洩の徴候を認知した場合には速やかにＦＢＩに連絡する義務が法律上定められています。[*7] また、ＦＢＩ長官は、米国内における秘密の人的情報源によるヒューミントに関して、ＩＣ全体の調整等の責務を担っています（7章1）。[*8] 実務上も、政府内各機関のＣＩ担当部署にＦＢＩからの出向者が登用されている例は珍しくありません。

国家情報長官室（ＯＤＮＩ）の傘下には国家カウンターインテリジェンス・保安センター（ＮＣＳＣ：National Counterintelligence and Security Center）が設置されています。[*9] 同センターは、米国政府全体にまたがるＣＩに関連する諸施策の立案、調整等を担っています。[*10] 例えば、同センターは、米国政府全体のＣＩの基本政策文書である米国国家カウンターインテリジェンス戦略（The National Counterintelligence Strategy of the United States of America）[*11] を作成しています。なお、同センター及びその前身組織（National Counterintelligence Executive）の歴代長官にはＦＢＩ出身者が登用されている例が少なくありません。

(2)　日　本

日本のＩＣでは、警察が、個別具体的な事案の捜査の観点からＣＩに関して重要な役割を果たしています。内閣官房内閣情報調査室には、カウンターインテリジェンス・センターが設置されています（第6章2、本章6）。同センターは、内閣情報官を長とし、日本政府全体のＣＩ機能の強化に関する基本方針の施行に関する連絡調整等の業務を担っています（設置根拠は２００８年3月4日付内閣総理大臣決定）[*12]。

(3) その他

個別具体的な事案への対処に当たっては、イギリスの保安部（ＳＳ（いわゆるＭＩ５））、ドイツの憲法擁護庁（ＢｆＶ）等の国内インテリジェンス専従機関が中心的な役割を果たす場合もあります。米国や日本にはそうした専従機関が存在しないことから、捜査機関（法執行機関）がこうした機能を担っています（第6章2、図表6－4）。インテリジェンス機関と捜査機関は別々であるべきか否かに関しては様々な議論があります（第4章5参照）。

3 カウンターインテリジェンスの対象

(1) ＣＩの対象の変化と多様化

ＣＩの対象（警戒すべき相手と手法、保護するべき利益等）は、それぞれの国を取り巻く安全保障情勢の変化、安全保障概念そのものの変化（第2章2、第13章）等に応じて変化します。

例えば、現在の米国にとってのＣＩ上の脅威となる対象として、米国国家カウンターインテリジェンス戦略（２０２０～２０２２年版）（本章2）は、ロシア及び中国に加え、キューバ、イラン、北朝鮮、ヒズボラ、アルカイダ、ＩＳＩＳを指摘しています[*13]。すなわち、国家のみならず、テロ組織等の非国家主体もＣＩの対象となると考えられています。

CIが保護すべき利益も、伝統的な軍事関連情報等に加えて、国家安全保障に関連する経済関連情報や科学技術情報、民主的な選挙制度等まで幅広くなっています。また、警戒すべき相手方の手法としては、サイバー攻撃への警戒が高まっています（本章5）[*14]。

(2) ロシア

東西冷戦時代、米国を始め西側先進諸国のCIの主な対象はソ連を始め東側諸国のインテリジェンス活動でした。こうしたことから、ソ連の崩壊（1991年）直後には、東西冷戦の終焉とともに各国のインテリジェンス活動は低下し、CIの必要性も低下するであろうとの見方がありました。しかし、米国におけるエイムズ事件（1994年）、ハンセン事件（2001年）の摘発等は、東西冷戦とは関係なくロシアの米国等に対するインテリジェンス活動は継続しており、CIの必要性も継続している旨を明らかにしました（第4章3、第7章5、本章コラム）。また、米国ICは、2016年及び2020年の米国大統領選挙に際し、ロシアのインテリジェンス機関が同選挙への介入を図ったと評価しています[*15]。

日本においても例えば2008年に、インテリジェンス機関員とみられる日本駐在のロシアの外交官が内閣情報調査室職員から同室の秘密情報を入手していた事件が摘発されています[*16]。

(3) 中国

米国においては、概ね1990年代後半以降、中国による活発なインテリジェンス活動を示唆する事案がみられるようになっています。主なものとしては、ウェン・ホー・リー（Wen Ho Lee）事案（1999年12月検挙、台湾系米国人科学者が核関連技術に関する情報を漏洩していたとみられる事案）[17]、カトリーナ・リョン（Katrina Leung）事案（２００３年４月検挙、ＦＢＩの人的情報源であった中国系米国人実業家が実際には「二重スパイ」であったとみられる事案）[18]、中国人民解放軍関係者によるサイバー・エスピオナージ事案（２０１４年５月訴追）[19]、ジェリー・リー（Jerry Chun Shing Lee）事案（２０１８年１月検挙、元ＣＩＡ職員が中国インテリジェンス機関に対し、中国内のＣＩＡの人的情報源を含む情報を漏洩していたとみられる事案）[20]等があります。

近年の中国関連のＣＩ事案には経済関連の事案が増加しているとみられます[21]。例えば、前記の米国国家カウンターインテリジェンス戦略（２０２０〜２０２２年）は、当面のＣＩの目的である５項目の１つに「米国経済からの不当な搾取への対処」を掲げ、とりわけ中国による活動が懸念である旨を指摘しています（第13章２）。

(4) 同盟国、友好国等

本書の依拠しているインテリジェンスの定義に鑑みると（第２章１）、理論上は同盟国、友好国等を対象としたインテリジェンス活動もあり得ると考えられます（第４章２）。したがって、その裏返しとして、同盟国、友好国等を対象としたＣＩもあり得ると考えられます。

例えば米国においては、イスラエル、フィリピン、台湾等の米国にとって同盟国あるいは友好国のインテリジェンス機関が関与していたとみられる事案が適宜摘発されています（第４章２）。

(5) 事件検挙件数

いわゆるスパイ事件の検挙件数を正確に把握することは容易ではありません。スパイ事件とされる事案は、必ずしもいわゆるスパイ罪で立件されるとは限らないからです（本章５）。日本を始め、そもそもスパイ罪という罪名が存在しない国もあります。したがって、個別具体の事件の検挙あるいは起訴罪名等に基づいてスパイ事件か否かを判断することは困難です。

こうした課題はあるものの、米国国防省関係機関発行の資料によると、米国において、1975年から2008年までの間に摘発されたスパイ事件は141件、これらの事件において検挙された主な米国人被疑者は180名とされています。[*22] また、警察庁の資料によると、日本において戦後2020年までの間に摘発された北朝鮮関係のスパイ事件は53件、2007年から2020年までの間に摘発されたいわゆる対北朝鮮措置[*23]に関連する事件は40件とされています。[*24]

なお、これらの事件件数は、実際のCIの脅威度を直接反映しているとは限りません。一般に、CI事案の立件は困難であることから、たとえ当局に認知されていても立件に至っていない事案、そもそも当局に認知されていない事案等も存在するとみられます（本章5）。すなわち、検挙されている事案は氷山の一角に過ぎない可能性があります。

4　カウンターインテリジェンスの機能と施策

米国のICは、CIを防衛的（Defensive）と積極的（Offensive）の2つの機能に大別しています。[*25]

(1)　防衛的な機能と施策

CIの防衛的な機能とは、外国勢力による自国に対するインテリジェンス活動の意図、能力、その他の実態等を把握・分析し、自国の秘密情報等を防衛する機能です。

個別具体的な事案への対応

情報漏洩等に関する個別具体的な事案の疑いがある際には、国内インテリジェンス機関による調査や法執行機関による捜査が実施されます。イギリスやオーストラリアのように、法執行機関とは別に国内インテリジェンス専従機関が設置されている国では、主にこうした機関が事案への対応に中心的役割を果たします。他方、米国では法執行機関であるFBIが中心的役割を果たします。日本においても、各都道府県警察が捜査を行います（本章2）。

未然防止のための施策

CIを効果的に実行するためには、個別具体的な事案への対応に加え、未然防止のための諸施策が必要です。主な施策としては次のようなものがあります。

機密指定制度（Classification System）[*26]――

いわゆる機密指定制度では一般に、個別の情報の機密の区分（例えば、極秘、秘、取扱注意）の定義及び認定手続のほか、指定を受けた秘密情報の取扱方法、アクセス手続等が定められています。文書の収納場所の性能等を始め物理的管理の基準等が定められている場合もあります。米国の場合、大統領命令12958号（Executive Order 12958 : Classified National Security Information）等がこうした制度を定めています。[*27]

セキュリティクリアランス制度（Security Clearance System）[*28]――

いわゆるセキュリティクリアランス制度では一般に、機密指定制度に基づき指定を受けた秘密情報に関する各政府職員等の取扱権限、そうした権限を決定する手続等が定められています。[*29] 一定の資格要件を満たした者に対してのみ指定を受けた秘密情報の取扱権限等を認めるという意味で、言わば「資格制度」とも言えます。米国の場合、大統領命令12968号（Executive Order 12968: Access to Classified Information）等がこうした制度を定めています。日本においては、特定秘密保護法の定める適性評価制度が実質的にセキュリティクリアランス制度に該当すると言えます。

機密指定制度が各情報の属性に着目した制度であるのに対し、セキュリティクリアランス制度は情報を取り扱う各個人の属性に着目した制度です。一般的に両者は一体あるいは緊密な関係にあります。

セキュリティクリアランス制度においては、各申請者に対する身上調査（バックグラウンド・チェック）の実施が定められている場合が少なくありません。米国の場合、身上調査においては、外国との関係、性的嗜好、資産状況、アルコール依存歴、薬物依存歴、精神疾患歴、犯罪歴等が審査されます。[*30] この背景には、過去の主要なCI関連の事件においては、米国政府職員の個人的な金銭問題、趣味嗜好等が外国インテリジェンス機関にリクルートされるきっかけとなっていた事例が少なくないことがあります（例えばエイムズ事件及びハンセン事件（本章コラム））。米国のICの中には、セキュリティクリアランスの申請及び更新に伴う身上調査の際にポリグラフ検査を実施している機関もあります。

なお、米国の大統領命令12968号1・2項(c)及び2・5(a)は、各政府職員等が個別具体の情報へのアクセスを認められるか否かは、当該人物が保有するセキュリティクリアランスのレベルと併せて**ニード・トゥ・ノウ（Need to Know）**の基準に基づいて判断される旨を定めています。この場合のニード・トゥ・ノウとは、「ある職員が業務を遂行するに当たり、当該秘密情報へのアクセスを必要とするか否か」に関する情報管理権限者による判断を言います（同命令1・1(h)）。[*31] 例えば、ある政府職員が極秘（トップ・シークレット）レベルのセキュリティクリアランスを保持しているとしても、政府内の全ての極秘レベルの秘密情報へのアクセスを認められるわけではありません。極秘レベル（及びそれ以下のレベル）の秘密情報のうち、同人の具体的な職務遂行に当たり実際にアクセスが必要である旨が情報管理権限管理者によって認められたものに対してのみアクセスが認められます。これは、実務慣習としてのニード・トゥ・ノウ（後述）が法令に基づき制度化されたものと言えます。

処罰法令の整備――

スパイ罪とは　CI上問題のある行為が処罰される場合の根拠法令は様々です。一般的には、公務員に課される守秘義務の違反や所定の手続に違反した情報の取扱いに対する罰則に基づくことが少なくありません。

特定の種類の重要な秘密情報に関しては、特別な法令等に基づいて特に罰則が重く科される場合もあります。例えば、日本の特定機密保護法の定める特定秘密の漏洩に対する罰則（23条）、同法制定前の自衛隊法上の防衛秘密の漏洩に対する罰則（同法旧96条の2）等です。

国によっては、スパイ罪あるいはスパイ防止法と称される法令があります。ただし、具体的な構成要件等は国によって様々です。例えば、米国のスパイ法（The Espionage Act）（合衆国法典18篇792条～799条（18 U.S. Code §793-798））は、国家安全保障上特に重要と考えられる情報を列挙した上で、外国勢力等を利する目的でこれらを漏洩する行為等に対して通常の情報漏洩よりも重い罰則を科しています。[*32] 日本にはスパイ罪あるいはスパイ防止法と称される法令はありません。しかし、特定秘密保護法24条は、「外国の利益（略）を図り（略）特定秘密を取得した者」に対して一般の情報漏洩（国家公務員法の守秘義務違反等）よりも重い罰則を科しており、実質的に米国のスパイ法と近いものになっています（次項）。

日本における処罰法令　日本では、一般職の公務員については守秘義務の定めがあります。国家公務員法では100条1項、地方公務員法では34条1項でそれぞれ守秘義務が課されています。守秘義務の違反者は、国家公務員の場合は1年以下の懲役又は50万円以下の罰金に（同法109条）、地方公務員の場合は1年以下の懲役又は3万円以下の罰金に（同法60条）、それぞれ処せられます。2008年に摘発された内閣情報調査室職員による情報漏洩事件においても、立件された罪名は国家公務員法（守秘義務違反）違反と収賄でした。なお、閣僚等の特別公務員に対しては、守秘義務の定めはあるものの、同義務違反に対する罰則はありません。[*33]
これらに加え、２０１３年12月に成立した特定秘密保護法（本章６及び図表10-２）では、「特定秘密を取り扱うことを業務とする者」や「公益上の必要により行政機関から特定秘密の提供を受け、これを知得した者」が故意又は過失により特定秘密を漏えいした場合に関し、国家公務員法等の守秘義務違反よりも重い罰則（最高で10年以下の懲役等）が定められています（同法23条）。また、外国の利益等を図る目的で行われる、特定秘密の取得行為（①人を欺き、人に暴行を加え、又は人を脅迫する行為、②財物の窃取、③施設への侵入、④有線電気通信の傍受、⑤不正アクセス行為、⑥前記②～⑤以外の特定秘密の保有者の管理を侵害する行為）に関しても罰則（10年以下の懲役等）が定められています（同法24条）。さらに、これらの漏えい（故意に限る）又は取得行為の未遂、共謀、教唆又は煽動に関しても罰則（最高５年以下の懲役）が定められています（25条及び26条）。

実務上の慣習：ニード・トゥ・ノウ、サード・パーティー・ルール――

米英を始め多くの国においては、秘匿性の確保及びＣＩを目的として、前記のような諸制度に加え、インテリジェンス活動における実務上の慣習であるいわゆるニード・トゥ・ノウ（Need to Know）やサード・パーティー・ルール（Third Party Rule）が重視されていることが少なくありません。これらはいずれも、インテリジェンスの共有を必要最小限度に限定することを目的としたものです（第３章４）。

ニード・トゥ・ノウとは、政府やインテリジェンス組織の内部においても、「そのインテリジェンスを本当に必要としている者にしか伝えない」として、不必要なインテリジェンス共有を避ける慣習です。[*34] 元来は実務上の慣習ですが、米国のセキュリティクリアランス制度のように一定程度制度化されている場合もあります（本章４）。また、分析部門と収集部門・工作部門の分離の考え方（第３章２）は、分析の客観性の維持の視点に加え、収集活動における情報源の秘匿を徹底するべくニード・トゥ・ノウを組織論に適用している面もあります。

サード・パーティー・ルールとは、「他者から提供を受けたインテリジェンスを、提供元の承諾なく勝手に別の第三者に提供してはならない」という実務上の慣習です[*35]（同ルール違反が疑われた具体的事例に関しては第3章4⑶）。

こうした考え方は、インテリジェンスに対する民主的統制、特に立法府とのインテリジェンス共有（第3章5）等の考え方と矛盾を来す可能性もあります。また、911事件（2001年）以降、収集や分析の段階において提唱されているニード・トゥ・シェアの考え方とも矛盾を来す可能性があります。それぞれの理念の調整が課題となります（第3章7、本章7）。そうした際には、各理念等を表層的に墨守するのではなく、各理念等の根本にある目的を踏まえつつ、（部分的ではなく）全体として調和のとれた解決を図ることが重要です。

⑵　積極的な機能と施策

CIの積極的な機能とは、自国のインテリジェンス機関等の内部における外国勢力等による浸透活動を特定し、これを逆利用することによって相手方のインテリジェンス活動の攪乱等を積極的に図る機能です。

例えば、自国のインテリジェンス機関の内部で外国インテリジェンス機関の人的情報源（情報提供者）となっている者（いわゆるモグラ（モール））を特定し、この者に偽の情報を摑ませることが考えられます。さらには、こうした者をいわゆる「二重スパイ」としてリクルートし、積極的に相手方に偽情報を流させるとともに、併せて相手方に関する情報収集に協力させるべく運用することが考えられます。

実際の個別具体的な事案への対処においては、積極的CIは防衛的CIの延長上にあると考えられ、両者の区別はやや曖昧と考えられます。また、「二重スパイ」に関しては、米国のカトリーナ・リョン事案（2003年検挙、本章3）の例にもみられるように「成功と失敗は紙一重」である場合もあるなど、実務上の管理・運営は容易ではありません。

5 カウンターインテリジェンスの直面する課題

(1) 解明の困難性

第1に、そもそも、外国のインテリジェンス機関等の活動を把握することは非常に困難です。

第2に、関係機関の非協力の問題があります。特に、政府機関内に外国インテリジェンス機関への情報提供者（いわゆるモール）が存在する疑いがある事案（カウンターエスピオナージ事案）の場合、疑惑の渦中にある当該機関自体は、自らの面子の問題もあり、対応が遅れてしまう場合もあります。エイムズ事件におけるCIA、ハンセン事件におけるFBIにおいても両機関においてそうした傾向があったとみられます（第7章5、本章コラム）[*36]。ただし、事案の発覚後は、再発防止措置等を通じて両機関の協力が一定程度進展した面もあります。

第3に、組織内部の疑心暗鬼の増幅の問題があります。すなわち、CI施策の徹底は、職員相互の疑心暗鬼を招き、人間関係等に悪影響を及ぼす可能性があります。例えば、CIAにおいて1950年代中盤から1970年代中盤までCI部門の幹部であったアングルトン（James Angleton）に関しては、その業績が高く評価されている一方、CIAの最高幹部を始め多くの職員に疑惑の目を向け厳しい措置を採っていたことから、組織内に疑心暗鬼と混乱をもたらしたとの見方もあります（本章コラム）[*37]。

(2) 司法手続における立証の困難性

仮に外国インテリジェンス機関の活動を把握して摘発した場合でも、司法手続において十分な立証を行うことは容易ではありません。この背景として、各国におけるいわゆるスパイ罪の構成要件は、人権とのバランスへの配慮等から、厳格に定められている場合が少なくないことがあります。また、立証に必要な証拠が機微な情報源から得られたものである場合（例えばシギント、ヒューミント等）には、当該インテリジェンス機関が情報源の秘匿を優先するため、法廷への証拠の提供に難色を示す場合もあると考えられます（本章コラム）。

米国においても、当初はスパイ罪として訴追され、あるいはメディアにおいて「スパイの検挙」等として報じられた場合でも、最終的にはスパイ罪での立件は見送られ、別途比較的軽微な罪名（例えば、情報の取扱規則違反）による立件に終わる事例は少なくありません。ウェン・ホー・リー事案（１９９９年検挙）、カトリーナ・リョン事案（２００３年検挙）等はそうした例に当たります（本章３）。

(3) 制度運用コスト等

ＣＩを効果的に実行するためには、未然防止のための諸施策、特に、機密指定制度及びセキュリティクリアランス制度が重要です（本章４）。とりわけ後者のクリアランス制度の実施には身上調査を担当する部門が必要であり、そうした組織の運営コスト（人員、予算等）は決して少ないものではありません。加えて、秘密情報を管理する施設、設備等ハードウエアの維持にも相当のコストが必要となります。米国の情報セキュリティ監視局（Information Security Oversight Office）によると、２０１７会計年度中における機密指定制度等を含めた情報セキュリティ関連の政府予算は総額１８３・９億米ドル（約2兆円）（前年度比で6％の増加）とされています。[*38]

米国では、２００１年の９１１事件以降、各インテリジェンス機関の人員の大幅な増加が図られ、これに伴いセキュリティクリアランスの申請数も増加しています。こうした状況は制度の運営コストの上昇に繋がるのみならず、クリアランス発給の遅延を招いているともみられます（身上調査の平均所要時間は約1年半）。[*39]

さらに、元CIA職員及び国家安全保障局の契約職員であったスノーデン（Edward Snowden）による暴露事案（2013年、第7章5）等をきっかけとして、身上調査を含むセキュリティクリアランス制度そのものの有効性や杜撰な実態を危惧する見方もあります。[*40]

(4) サイバーセキュリティとの関連

近年、各国のインテリジェンス活動がサイバー空間を活用して実施される例が増えています（第8章1、第13章2）。例えば、米国では、2014年5月に中国人民解放軍関係者等がサイバー空間を活用したスパイ活動で訴追されています（本章3）。こうしたことから、CIにおいてもサイバー攻撃への対処能力の向上が課題となっています。例えば、米国国家カウンターインテリジェンス戦略（2020〜2022年）は、当面のCIの目的である5項目の1つに「外国のインテリジェンス活動に対抗するためのサイバー能力の向上」を掲げています。[*41]

他方で、各国においては伝統的に、サイバーセキュリティ担当部門とICは別個である場合も少なくありません。こうした場合、両者間の円滑な連携の構築が課題となります。米国の場合、ICの中でシギント業務を担う国家安全保障局が、外国からのサイバー攻撃等に対するCIに中心的な役割を果たすこととされています。加えて、同局長官は2009年に新設されたサイバー軍（Cyber Command）の司令官をするのが慣例となっています（第7章1、第8章1及び4、第13章2）。

日本では、総務省、防衛省・自衛隊、警察庁等がそれぞれの所掌事務の範囲内でサイバーセキュリティに携わっています。また、内閣サイバーセキュリティセンター（NISC）が、政府の「サイバーセキュリティ戦略」（2015年9月閣議決定）に基づき、関係施策の総合調整を担っています。[*42] ただし、同センターはICの構成機関ではないなど、米国に比較してICとサイバーセキュリティ担当部門の連携が薄いとの指摘もあります。[*43]

6　日本におけるカウンターインテリジェンス関連の諸制度の整備の経緯

(1)　カウンターインテリジェンス機能の強化に関する基本方針の制定

日本においては、1990年代末以降、インテリジェンス機能の強化に関する各種議論が活発化し、政府においても2006年から本格的な議論が開始されました（第6章3）。こうした議論の一貫として、CI機能に関しても、2006年12月、カウンターインテリジェンス推進会議が内閣に設置され、政府におけるCI機能の強化に向けた検討が開始されました（議長：内閣官房長官、設置根拠は2006年12月25日付内閣総理大臣決定）。[*44]

同会議は、2007年8月9日、カウンターインテリジェンス機能の強化に関する基本方針を決定しました。[*45]同方針は、CI推進のための各種の政府の統一基準の導入、政府全体のCI業務の取りまとめ部署の設置等を定めています。同方針を受けて、前記のとおり、2008年3月には内閣情報調査室にカウンターインテリジェンス・センターが設置されました（第6章2及び3、本章2）。CIに関連する各種の政府統一基準の導入についても、2008年以降、順次実行されています。

(2)　特定秘密保護法の制定

意　義

2014年12月に施行された特定秘密保護法は、国家安全保障に関連する特に重要な秘密（特定秘密）の漏洩に関し、国家公務員法や地方公務員法の守秘義務違反等よりも重い処罰を定めています。また、同法が定めてい

図表 10-1　政府におけるカウンターインテリジェンス機能強化に向けた各種の取組

年月	内容
2006年12月	・内閣に、カウンターインテリジェンス推進会議を設置
2007年　8月	・カウンターインテリジェンス推進会議が「カウンターインテリジェンス機能の強化に関する基本方針」を決定 ・「カウンターインテリジェンス機能の強化に関する基本方針の着実な施行について」（閣議口頭了解）
2008年 3～4月	・特別管理秘密に係る基準を除く、CIに関する政府の統一基準の施行 ・内閣情報調査室にカウンターインテリジェンス・センターを設置 ・内閣に、秘密保全法制の在り方に関する検討チームを設置
2009年　4月	・特別管理秘密に係る基準の施行
2010年12月	・内閣に、政府における情報保全に関する検討委員会を設置
2011年　8月	・秘密保全のための法制の在り方に関する有識者会議が「秘密保全のための法制の在り方について（報告書）」を決定
2011年10月	・政府における情報保全に関する検討委員会が「秘密保全に関する法制の整備について」を決定
2013年12月	・特定秘密保護法の成立、公布
2014年　1月	・情報保全諮問会議の設置
2014年　6月	・衆参両院の情報監視審査会の設置等に関するする改正内閣法等の成立
2014年12月	・特定秘密保護法の施行 ・衆参両院に情報監視審査会設置

出典：内閣官房（2010）等を基に筆者作成。

る特定秘密の指定制度及び適性評価制度は、それぞれ機密指定制度及びセキュリティクリアランス制度の一種と言えます（本章4）。その意味で、同法の制定は、日本におけるCIの推進にとって大きな意義を有しています。

制定の経緯

カウンターインテリジェンス機能の強化に関する基本方針の決定（2007年8月）に続き、2008年4月、秘密保全法制の在り方に関する検討チームが内閣に設置され、「秘密保全に関する我が国及び諸外国の実情を踏まえ、我が国に真にふさわしい秘密保全法制の在り方についての検討」が開始されました（議長：内閣官房副長官（事務）、設置根拠は2008年4月4日付内閣官房長官決裁）[*46]。

さらに、2010年12月には、政府

図表 10-2 「特定秘密の保護に関する法律」の概要

◎ 特定秘密の指定（3条〜5条）

・ 行政機関の長（大臣等）は、① 防衛、外交、特定有害活動（スパイ行為等）の防止、テロリズムの防止、のいずれかの事項に関する情報であって、② 公になっていないもののうち、③ その漏えいが我が国の安全保障に著しい支障を与えるおそれがあるため特に秘匿することが必要であるもの、を特定秘密として指定する。

◎ 特定秘密の取扱者の制限（11条）と適性評価の実施（12条〜17条）

・ 特定秘密の取扱いの業務を行うことができる者は、適性評価により特定秘密の取扱いの業務を行った場合にこれを漏らすおそれがないと認められた行政機関の職員等に限る。
・ 適性評価の実施に当たっては、評価対象者に関して次の事項の調査を行う。
① 特定有害活動（スパイ行為等）及びテロリズムとの関係に関する事項、② 犯罪及び懲戒の経歴に関する事項、③ 情報の取扱いに係る非違の経歴に関する事項、④ 薬物の濫用及び影響に関する事項、⑤ 精神疾患に関する事項、⑥ 飲酒についての節度に関する事項、⑦ 信用状態その他の経済的な状況に関する事項。

◎ 特定秘密の提供（6条〜10条）

・ 特定秘密の提供に関して次の制度を整備する。① 安全保障上の必要による他の行政機関への特定秘密の提供、② 安全保障上の特段の必要による契約業者への特定秘密の提供、③ その他公益上の必要による特定秘密の提供。

◎ 罰則（23条〜27条）

・ 特定秘密の漏えい（故意または過失による）を処罰する（最高10年以下の懲役）。
・ 外国の利益等を図る目的で行われる、特定秘密の次に掲げる取得行為を処罰する（10年以下の懲役）：① 人を欺き、人に暴行を加え、又は人を脅迫する行為、② 財物の窃取、③ 施設への侵入、④ 有線電気通信の傍受、⑤ 不正アクセス行為、⑥ ②〜⑤以外の特定秘密の保有者の管理を侵害する行為。
・ 漏えい（故意に限る。）又は取得行為の未遂、共謀、教唆又は煽動を処罰する（最高5年以下の懲役）。

◎ 同法の適正な運用を図るための仕組み等

・ 情報保全諮問会議、保全監視委員会（仮称）、独立公文書管理監（仮称）、情報保全監察室（仮称）を設置。（18条〜19条、附則9条）
・ 本法を拡張して解釈して、国民の基本的人権を不当に侵害するようなことがあってはならず、国民の知る権利の保障に資する報道又は取材の自由に十分に配慮しなければならない旨を規定。（22条1項）
・ 出版又は報道の業務に従事する者の取材行為については、専ら公益を図る目的を有し、かつ、法令違反又は著しく不当な方法によるものと認められない限りは、これを正当な業務による行為とする旨を規定。（22条2項）

出典：内閣官房特定秘密保護法施行準備室（2014）を基に筆者が作成。

における情報保全に関する検討委員会が設置され、「秘密保全に関する法制の在り方及び特に機密性の高い情報を取り扱う政府機関の情報保全システムにおいて必要と考えられる措置」についての検討が開始されました（委員長：内閣官房長官、設置根拠は２０１０年12月7日付内閣総理大臣決裁）（同「検討委員会」の設置にともない従前の「検討チーム」は廃止）[*47]。同検討委員会は、傘下の有識者会議の報告書等[*48]を踏まえ、２０１１年10月7日、「秘密保全に関する法制の整備について」を決定しました[*49]。

こうした流れを受けて、２０１３年（平成25年）12月6日、第１８５回国会において特定秘密保護法（特定秘密の保護に関する法律）（平成25年12月13日法律１０８号）が可決され、成立しました（同年12月13日公布）。同法はその後、翌２０１４年（平成26年）12月10日に施行されました（同法の概要は図表10-2）。

あわせて、同法の適正な運用を確保するため、２０１４年1月、情報保全諮問会議が設置されました（設置根拠は２０１４年1月14日付内閣総理大臣決裁）。また、２０１４年（平成26年）6月の国会法等の改正を受け、同年12月、特定秘密保護法の施行に併せて衆参両院に**情報監視審査会**が設置されました（第12章）。

7　インテリジェンス理論とカウンターインテリジェンス

本章で概観したとおり、CIめぐる各種の課題の中には、インテリジェンス理論の主要課題（第3章）と密接に関連しているものが少なくありません。

そもそも、CIをインテリジェンス理論の中でどのように位置付けるか、CIはインテリジェンスの定義に含まれるのか、という問題があります（本章1）。

また、CIは、インテリジェンス理論の基本的な理念の一つである「インテリジェンスの秘匿性の確保」（第

3章5）を具現化したものです。しかし、実際には、他の理念と矛盾を生じる場合もあります。例えば、CI推進のための実務上の慣習であるサード・パーティー・ルールの考え方は、インテリジェンスに対する民主的統制、特に立法府とのインテリジェンス共有の励行（第3章6）等の考え方と調整を図る必要があります。また、やはりCI推進のための実務上の慣習であるニード・トゥ・ノウの考え方は、911事件（2001年）以降に収集や分析の段階において提唱されているニード・トゥ・シェアの考え方（分析部門と収集部門・工作部門の協力等）とも矛盾を来す可能性があります。それぞれの理念の調整が課題となります（第3章7、第8章7、第9章3）。

これらの課題に明確な回答を得るのは容易ではありません。ただし、検討に当たっては、CIの視点のみではなく、インテリジェンス理論の体系の全体像を踏まえることが重要と考えられます。

□本章のエッセンス

- CIは、インテリジェンス・プロセスの中に明確に位置付けられているものではありません。他方で、CIは、インテリジェンスの理論体系における基本的な理念の一つである秘匿性の確保の具現化に直接関係する要素の一つです。したがって、CIは、その機能に鑑み、インテリジェンスの中に含まれると考えられます。
- CIの実行に当たっては、個別具体的な事案への対応に加え、未然防止のための制度として、機密指定制度、セキュリティクリアランス制度、処罰法令等の整備が必要となります。さらに、実務上の慣習としてのニード・トゥ・ノウ、サード・パーティー・ルール等も未然防止のために重要な役割を果たしています。
- CIの直面する課題としては、解明の困難性、司法手続における立証の困難性、制度運用コスト、サイバーセキュリティとの連携等があります。

・インテリジェンス理論との関係では、そもそも論として、CIのインテリジェンス理論上の位置付けの問題があります。加えて、民主的統制（立法府との情報共有）、近年の新しい考え方（ニード・トゥ・シェア、分析部門と収集部門・工作部門の協力）等との調整等が課題となります。

COLUMN

エイムズ事件[1]

1994年2月24日、CIA職員のオルドリッチ・エイムズ（Aldrich Hazen Ames）（当時52歳）は、バージニア州アーリントン市において、スパイ罪容疑でFBIに逮捕されました。エイムズは1985年以降、CIA職員でありながら、ソ連及びロシアのインテリジェンス機関の情報源として活動していました。裁判の結果、エイムズは終身刑に処せられています。

逮捕時のエイムズは、勤続31年のCIAのベテラン職員で、ロシア語にも堪能など、ロシアのインテリジェンス活動に関する専門家でした。エイムズの初任地はトルコのアンカラで、その当時から、現地のソ連のインテリジェンス機関員に対するリクルート業務等に携わっていました。その後、ニューヨークやメキシコシティーでの勤務を経てCIA本部のソ連・東欧部に配属になりました。

CIA本部ソ連・東欧部在勤中の1985年4月、エイムズはワシントンのソ連大使館のKGB関係者と密かに接触を持ちました。その直後、ソ連側からエイムズに対して50万ドルが支払われたことが確認されています。同年の夏にもエイムズはソ連大使館の外交官に数回接触し、CIAやFBIの持つ人的情報源やソ連を標的とした米国のテキント作業に関する秘密情報をソ連側に提供しました。

1986年7月、エイムズはイタリアのローマに転勤となりました。同地在勤中にもエイムズは現地駐在のソ連外交官を始めKGB関係者との接触を継続しました。ローマ勤務の終了に当たり、エイムズはKGB側より、次の任地であるワシントンにおける秘密の連絡方法に関する指示を受け取りました。その時点でエイムズは既にソ連側から総計で188万ドルの報酬を受け取っていました。

1989年にワシントンに帰任した以降も、エイムズは

KGB側に秘密情報の提供を継続しました。主な接触の方法はいわゆるデッド・ドロップ（Dead Drop）と呼ばれる手法でした。すなわち、予め打ち合わせておいた場所にエイムズが秘密情報入りのパッケージを隠しておき、後からソ連大使館のKGB関係者がこれをピックアップするという方法でした。その後、別の場所にKGB側から報酬と次の指示が届けられ、後からエイムズがこれをピックアップしていました。エイムズとKGB側が直接接触する必要がある際には、米国内ではなくコロンビアのボゴダで接触を行っていました。

その頃、CIAとFBIがソ連・ロシア国内に有する貴重な人的情報源が次々と現地当局に逮捕、処刑される事案が発生しました。これらの人的情報源は、米国の安全保障政策の策定の上で貴重なインテリジェンスをもたらす極めて重要な情報源でした。

これらの一連の人的情報源の粛清事案の分析の結果に加え、エイムズが莫大な私的財産を蓄積しているとの情報に基づき、FBIは1993年5月までにエイムズに対する本格的な捜査を開始しました。FBIは約10カ月間にわたり同人に対する監視活動を実施した結果、ロシアのインテリジェンス機関と同人の関係の解明に成功しました。

その後、エイムズが公務出張としてモスクワ行きを計画していることが判明したことから、1994年2月24日、FBIは同人の逮捕に踏み切りました。

1　FBI の HP "Famous Cases & Criminals - Aldrich Ames" https://www.fbi.gov/history/famous-cases/aldrich-ames 記載の記事を基に筆者が作成。

COLUMN

ハンセン事件◇1

2001年2月20日、FBI職員のハンセン（Robert P. Hanssen）（56歳）は、秘密情報をソ連及びロシアに漏洩していたスパイ罪容疑でFBIに逮捕されました。

逮捕の際、ハンセンは、バージニア州ビエナ市の公園において、秘密情報の入ったパッケージを隠匿しようとしていたところでした。ハンセンが行っていたのはデッド・ドロップ（Dead Drop）と呼ばれる情報の受渡し手法で、後からロシアの情報機関員がこれをピックアップする段取りになっていました。

ハンセンは１９８５年以来ソ連及びロシアのインテリジェンス機関（ＫＧＢ、ＳＶＲ）の人的情報源として働いており、秘密情報提供の見返りとして、ロシア側から莫大な金額の報酬を得ていました。現金60万ドル（総額）及び宝石類の提供を受けていた他、モスクワの銀行口座には別途80万ドルが積み立てられていました。

ハンセンは、ワシントン地域においてこうしたデッド・ドロップの手法を利用するなどして、６０００頁以上の量に相当する秘密情報をソ連及びロシアのインテリジェンス機関に提供していました。提供された秘密情報の中には、米国インテリジェンス機関がロシア内に有する多くの人的情報源の身元に関する情報も含まれていました。その結果、米国の人的情報源のうち少なくとも3名がロシア当局に逮捕され、うち2名は処刑されました。加えて、米国ＩＣのテキント技術、ＣＩＡやＦＢＩの対ソ連・ロシアのＣＩプログラムの詳細な手法等に関する秘密情報も含まれていました。

ハンセンはニューヨークやワシントンにおいてＦＢＩのＣＩ部門の枢要な地位で勤務していたことから、こうした様々な機微な秘密情報に合法的にアクセスすることが可能でした。また、ＣＩ担当者として業務上取得した経験・知識を利用し、ＦＢＩ内部においてロシア側のために働いていたにもかかわらず、当局の眼をかいくぐることが可能であったとみられます。

ハンセンが当局の眼に止まることになったきっかけは、米国人スパイに関するロシア側の秘密情報をＦＢＩが入手し、当該米国人スパイを特定する過程でハンセンが浮上したことでした。当該捜査は、米国ＩＣに対する外国インテリジェンス機関の浸透工作を解明するため、ＣＩＡとＦＢＩの共同作業として実施されたものでした。

1　ＦＢＩのＨＰ "Famous Cases & Criminals - Robert Hanssen" https://www.fbi.gov/history/famous-cases/robert-hanssen 記載の記事を基に筆者が作成。

COLUMN

映画、ドラマに見るカウンターインテリジェンス

「The Good Shepherd」
（米国映画（邦題「グッド・シェパード」）、2006年）

本映画は、CIAの創成期から1970年代頃までのCI活動、特に組織内の「モール・ハント（スパイ探し）」を題材としたフィクションです。主役であるCIA幹部のモデルは、同時期に実在したCIAのCI部門の責任者・アングルトン（James Angleton）と言われています。

アングルトンは、その業績が高く評価されている一方、CIAの最高幹部を始め多くの職員に疑惑の目を向け厳しい措置を採っていたことから、組織内に疑心暗鬼と混乱をもたらしたとの見方もあります（本章5）。本作品では、一般的なスパイ映画にありがちな爽快感はほとんどなく、むしろ、組織内部の疑心暗鬼と重苦しさが中心に描かれています。

「The West Wing」シーズン2、エピソード13・14
（米国ドラマ（邦題「ザ・ホワイトハウス」）、2001年）

本ドラマは、マーティン・シーン演じる米国大統領と大統領府スタッフの活動や日常生活を描いたフィクションです。本エピソードでは、過去にソ連のスパイとして検挙されたものの結局スパイ罪では立件されなかった元国務省職員（故人）に対して大統領の恩赦と名誉回復を与えるか否かを、大統領府のスタッフが検討する様子が描かれています。

大統領府の副報道官は当初、当該元国務省職員がソ連のスパイであった証拠は結局何もなかったとして、恩赦に積極的でした。しかし、国家安全保障担当大統領補佐官から、「当該人物がソ連のスパイであった証拠は明白だ」、「同人に恩赦を与えるのはとんでもない」との説得を受けます。大統領補佐官が説明した理由は、「決め手となった証拠は当時のソ連の外交・軍事通信を傍受した機微なシギント情報だった」、「国家安全保障局（NSA）とCIAが当該情報を法廷に提出することに難色を示したため、裁判上の立証はできなかった」とのものでした。CIの成果を司法手続において立証する際の困難性（本章5）を表した内容となっています。

なお、同エピソードでは、当該副報道官には国家安全保障局の文書を閲覧する権限があるのか、というセキュリティクリアランスの問題にも触れられています。

第11章

秘密工作活動——その他のインテリジェンス機能②

本章では、前章に引き続き、インテリジェンス・プロセスとは直接関係ないようにみえる事項を扱います。本章のテーマは秘密工作活動（Covert Action）です。

そもそも秘密工作活動はインテリジェンス理論の中でどのように位置付けられるのでしょうか。秘密工作活動が直面する課題にはどのようなものがあるのでしょうか。さらに、こうした諸課題の検討に当たり、インテリジェンス理論はどのように役に立つのでしょうか。本章では、こうした諸問題を検討します。

なお、本章の内容は米国のインテリジェンス機関による秘密工作活動の検討が中心です。別の国では異なった定義、特徴、位置付け等があり得るので注意が必要です（本章1⑶）。

1 秘密工作活動の定義、特徴及び理論体系上の位置付け

⑴ 定 義

秘密工作活動（Covert Action）とは、米国の国家安全保障法503条(e)（合衆国法典50編3093条(e)）において「国外の政治、経済あるいは軍事情勢に影響を及ぼすための我が国政府の活動であって、かつ、我が国政府の関与が公式には知られないように行われるもの」（ただし、通常のインテリジェンス及びカウンターインテリジェンス活動、外交・軍事活動、法執行活動等は除く）と定義されています。[*1]

日本語では謀略活動と訳される場合もあります。例えば、外国の反政府勢力のクーデター活動に対する秘密裡の支援等がこうした活動に含まれます（本章2）。

米国のインテリジェンス・コミュニティー（IC）では、中央情報局（CIA）の工作局（Directorate of Operations）が中心的にこうした任務に当たっています。

(2) 特　徴

米国のインテリジェンス機関による秘密工作活動は、次のような特徴を持ちます。

政策の執行である

定義から明らかなとおり、秘密工作活動は、政策決定を支援する活動ではなく、既に決定された政策の執行です。個別具体の外交・安全保障上の課題に対する複数の可能な政策オプションの中で、通常の「軍事・外交オプション」や「静観（何もしない）オプション」と異なる「第3の政策オプション」であることが秘密工作活動の特徴です（本章3）。

政府の関与の否認が可能である（Plausible Deniability）

定義から明らかなとおり、秘密工作活動は、政府の公式な関与が否認されるものとして実施されます。もしも同様の活動を正規の軍等が実施した場合（軍事・外交オプション）、正規の軍の活動は様々な国際法の制約等を受ける場合も多く、それだけ政治的リスクは高いものとなります。同時に、正規の軍等の活動は、（例えば国際法違反等の活動が露呈してしまった場合等において）政府の関与を否認することは非常に困難と考えられます。したがって、否認可能性は、（政策判断者の立場から見ると）インテリジェンス機関による秘密工作活動の持つ重要なメリットであり、政策判断者がこうした政策オプションを採ることを正当化する理由の一つとされます（本章3）。

実際には、政府が関与の否認に失敗する場合もあります。例えば、1960年にソ連領空内で核ミサイル等に関する情報収集活動に従事していたCIAのU2偵察機がソ連側に発見・撃墜された事例があります。米国政府は当初「気象観測機が行方不明となった」旨の声明を発表するなど、情報収集活動への関与を否定していました。しかし、当該偵察機のパイロットの自白内容がソ連側から公開されるなどしたことから、結局情報収集活動への関与を認めざるを得なくなりました。その後の米ソ首脳会談がキャンセルされるなど、同作戦の失敗は米ソ関係に悪影響を及ぼしたとみられます。[2]

また、１９６１年にＣＩＡがキューバの反体制派等を支援したピッグス湾事件等も秘密工作活動の失敗事例です（第7章5）。同年4月21日、ケネディ（J. F. Kennedy）大統領（当時）は、記者会見で米国政府の関与と作戦の失敗を認めました。当該作戦の失敗は、その後のダレス（Allen Dulles）ＣＩＡ長官（当時）の辞任の一因となったとみられます。[3]

所定の適切な手続に基づく「合法的」な行政府の活動である

米国においては、インテリジェンス機関による秘密工作活動は、実行の要件、手続等が法令によって定められている活動です（国家安全保障法５０３条(a)～(d)（合衆国法典50編３０９３条(a)～(d)））。

ＣＩＡ長官は、国家安全保障法の１０４Ａ条(d)(4)（合衆国法典50編３０３６条(d)(4)）[4]に基づき秘密工作活動の権限を与えられていると解されます。[5]同時に、同法５０３条(a)(5)（合衆国法典50編３０９３条(a)(5)）は、秘密工作活動が、米国の合衆国憲法を始めいかなる法令にも違反することを禁じています。

したがって、少なくとも米国政府の立場からは、秘密工作活動は同国にとって「合法的」な活動です。インテリジェンス機関が独断で行う活動でもなければ、自国の法令に違反する非合法活動でもありません。元ＣＩＡ副長官のモレル（Mark Morell）は、回顧録の中で、「多くの人々はＣＩＡが独断で活動していると誤解している」、「実際は、大統領を含め大統領府の承認を受けるまでの大変な手続を経なければならない」と記しています。[6]なお、こうした所定の手続を逸脱した違法な活動の例として、イラン・コントラ事件（１９８６～１９８７年）があります（第7章5、本章4）。

ただし、こうした活動は、ヒューミントによる情報収集活動と同様（第8章3）、実施主体（米国政府）にとっては「合法」であっても、工作の対象国を含む他国においては違法行為に該当する可能性があります。したがって、インテリジェンス機関による秘密工作活動を実施するためには、こうした活動に対して少なくとも自国政府としては免責を与えるような法制度を整備する必要があります。例えば、９１１事件直後にＣＩＡが欧州等において実施していたテロ容疑者等の第三国への不適切な移送（rendition）（第３章５、第８章３、本章４、第12章１）に関しては、当時、イタリア等における作戦に関与していた約20人のＣＩＡ関係者等が現地司法当局によって訴追され、有罪判決を受けています。しかし当該ＣＩＡ関係者等は訴追前に米国に帰国しており、米国では特段罪には問われていません。*7

(3) 理論体系上の秘密工作活動の位置付け

本書の依拠するインテリジェンスの定義に基づくと、インテリジェンスとは国家安全保障に関する政策決定を支援するものと解されます（第２章１及び２）。こうした立場からは、**秘密工作活動は理論的にはインテリジェンスには含まれないと解されます**。なぜならば、こうした活動は、政策部門によって既に決定された政策を執行する活動であり、政策決定を支援する機能とは本質的に異なるからです（第２章４、図表２-４）。

ただし、例えば米国においては、ＣＩＡ等のインテリジェンス機関がこうした秘密工作活動を担っている現実があります。こうした現象は、理論的には「この種の活動を担い得る適切な組織が他にないという実務的な事情に基づき、**インテリジェンス機関が言わば『副業』的にこれを担っている**」と説明されることになります。*8 背景として、米国に特有の歴史的背景、すなわち、設立当初（第二次大戦直後）のＣＩＡは政府内での立場が軍等に比べて弱く、こうした言わば「汚れ仕事」的な業務も引き受けざるを得ない状況があったとみられます*9（同時に、こうした業務への取組が結果的には政府内におけるＣＩＡの地位向上に貢献した面もあると考えられます）。他国においてもインテリジェンス機関が秘密工作活動を担っている場合がありますが、各国ごとに様々な歴史的、政治的背景事情等があると考えられます。逆に言えば、現在の各国のインテリジェンス機関と秘密工作活動の関係性は、各国ごとの背景事情に応じて異なる（すなわち、普遍的な「正解」は見出しにくい）と考えられます。

前記のとおり、インテリジェンスの概念に関しては様々な見解が存在し、学術的にも実務的にも普遍的な定義を示すことは困難です（第2章4）。インテリジェンスの定義に関して本書とは異なる立場を取れば、秘密工作活動も理論上インテリジェンスに含まれると解することも可能と考えられます。重要なことは、このように、現時点においてインテリジェンスの普遍的な定義は存在しないことを認識した上で、インテリジェンスに関する議論を行う際には予め定義に関する認識の相違の確認を行うことです。そうした概念定義の確認を経ない場合、論者の間で議論が上手く噛み合わず混乱してしまう可能性があります。秘密工作活動に関する議論においては特にこうした点は重要と考えられます。

2　秘密工作活動の類型

米国の研究者のローエンタール（Mark Lowenthal）は、米国のインテリジェンス機関による秘密工作活動を次のように分類しています。[*10] なお、こうした分類はあくまで便宜的なものです。実際には、これらの要素を同時に複数併せ持った活動も少なくありません。

(1)　プロパガンダ（宣伝煽動工作）活動

対象国の政府に打撃を与えるための偽情報の流布等が該当します。例えば、ＣＩＡは、東西冷戦時に欧州において、ソ連及び東側諸国に対するプロパガンダ活動を行うためのラジオ放送局（Radio Free Europe, Radio Liberty等）を設立・運営していました。[*11] ＣＩＡによるイラン・クーデター（１９５３年）及びグアテマラ・クーデター（１９５４年）の支援の際にも、あわせてプロパガンダ活動が実施されていたとみられます[*12]（第７章５）。

近年のオンラインネットワークの発達は、こうした活動を以前よりも多彩かつ容易にしているとみられます。

(2) 政治活動

対象国の親米的な政党に対する秘密裡の財政的支援等が該当します。例えば、ＣＩＡは、戦後の東西冷戦時にフランス、イタリア、日本等において、現地の保守勢力に対して秘密裡に選挙時の資金援助等を行っていたとみられます。[*13]

(3) 経済活動

対象国の経済に悪影響を与えることを意図した、労働争議の煽動、偽造通貨の流通によるインフレの喚起、当該国の主要産品の価格を暴落させるような国際市場操作等が該当します。例えば、１９７３年のチリ・クーデターの背景には、左派政権の弱体化を意図したＣＩＡによる経済攪乱活動（トラック運転手による労働争議の扇動等）があったとみられます。[*14]

(4) サボタージュ

対象国の社会を攪乱することを目的とした重要施設の破壊活動等が該当します。例えば、２０１０年にイランの核燃料施設がコンピューターウイルスに感染された事案（スタックスネット（Stuxnet）事案）は、米国とイスラエルのインテリジェンス機関による秘密工作活動とみられます（第13章2）。[15]

(5) クーデター

対象国の反体制組織のクーデター活動に対する武器、技術、経済的支援の供与等が該当します。例えば、CIAによるイラン・クーデター（1953年）[16]及びグアテマラ・クーデター（1954年）の支援等です（第7章5）。また、CIAは、1970〜1980年代にかけてアフガニスタンにおいて、現地の反ソ連・反政府勢力を支援していました。[17]

(6) 準軍事的活動（Paramilitary Operations）

インテリジェンス機関による直接的な事実上の「軍事」的な活動です。実質的には正規の軍による活動とほぼ変わらないものの、実施主体が正規の軍ではなくインテリジェンス機関、すなわち非軍事組織であることから、「準軍事的」活動と言われます。

例えば、ピッグス湾事件（1961年）は、クーデター支援であるとともに、CIAによる準軍事的活動であったともみられます（第7章5）。[18]また、CIAは、911事件以降、南アジア、中東、アフリカ等において、無人偵察機（ドローン（Drone）又はUAV）搭載のミサイル等を利用したテロリスト等に対する攻撃を行っています。[19]2011年9月のイエメンにおけるアルカイダ幹部・アウラキ（Anwar al-Awlaki）の殺害はこうした例の一つとされます（第8章5、本章4）。ただし、こうしたCIAによる無人偵察機による攻撃は、規模の拡大とともに否認可能性（本章1）が実質的に失われているとみられます。したがって、こうした活動はもはや秘密工作活動に含まれないとの見方もあります。[20]

(7) その他

1975年に連邦議会上院に設置されたいわゆるチャーチ委員会（Church Committee）は、CIAが1960年代から1970年代前半の時期、キューバのカストロ（Fidel Castro）暗殺未遂を始め外国要人等の暗殺計画に関与していた旨を結論付けています（第7章5、第12章2）。[*21] 1976年以降は大統領命令（Executive Order）によって米国のインテリジェンス機関による暗殺行為は禁止されています（現在の根拠規定は、レーガン（Ronald Reagan）大統領（当時）により1981年に発出された大統領命令12333号2・11条）。[*22]

ただし、2001年の911事件以降、米国政府は、アルカイダ等のテロ組織と戦争状態にあるとの認識の下、テロリスト等に対する準軍事的活動による攻撃は、戦時中の合法的な自衛活動の範囲内の活動であり、大統領命令で禁止されている暗殺には該当しないとの立場を取っています。[*23]

米国では、IC幹部が秘密裡の対外交渉等に関与する例もあります。例えば、2014年11月、クラッパー（James Clapper）国家情報長官（当時）は、米国人人質解放の際の大統領特使として北朝鮮を訪問しました。また、報道によると、2018年、ポンペオ（Mike Pompeo）CIA長官（当時）は極秘に北朝鮮を訪問し、米朝首脳会談実現に向けた協議等を実施したとみられます。[*24] こうした活動は、本書の依拠する定義によれば、理論的にはインテリジェンス活動でもなければ秘密工作活動にも含まれません。IC幹部に対する政治的な特命事項と解されます。こうした活動は、ICに対する大統領等の信頼の現れと理解することができます。しかし同時に、政策部門とインテリジェンス部門の分離の観点（第3章2）からの問題はあり得ると考えられます。

3 秘密工作活動をなぜ行うのか——秘密工作活動の正当性、要件・手続

(1) 正当性——「第3の政策オプション」

秘密工作活動は、倫理的な問題を始め課題の多い政策オプションです（本章4）。それにもかかわらず秘密工作活動が正当化され得る理由として、いわゆる「第3の政策オプション」という考え方が指摘されています（本章1）。すなわち、ある国益が深刻な危機に瀕している一方で正規の軍による通常の軍事行動を採ることは政治的リスク等が高く困難である局面において、通常の「軍事・外交オプション」（第1のオプション）及び「静観（何もしない）オプション」（第2のオプション）に加え、その中間にある「第3の政策オプション」を政策判断者（狭義の政策決定者）たる大統領等に提示することが国益にかなうという考え方です。*25

したがって、秘密工作活動においては、政府の関与の否認可能性の確保が重要視されます（本章1及び4）。政策判断者の立場から見ると、否認可能性の確保こそが、（倫理的問題等はあるかもしれないものの）正規の軍事活動等ではなくインテリジェンス機関による秘密工作活動（第3の政策オプション）を選択することの最大のメリットだからです。

(2) 要件・手続

米国のインテリジェンス機関による秘密工作活動の実行要件、手続等は、主に国家安全保障法503条（合衆国法典50編3093条）によって定められています。

秘密工作活動を行い得る要件としては、①自国の個別具体の外交政策上の目標を支援するために必要であること、②自国の安全保障のために重要であること、の2点が定められています（同法503条(a)（合衆国法典50編

3093条(a))。

秘密工作活動は、合衆国憲法を始めいかなる米国の法令に違反するものであってはならないとされています（同法503条(a)(5)（合衆国法典50編3093条(a)(5))）。また、秘密工作活動は、米国国内の政治過程、世論、政策、メディアに影響を与えることを意図したものであってはならないとされています（同法503条(f)（合衆国法典50編3093条(f))）。

秘密工作活動の実行は大統領によって承認される必要があります（同法503条(a)（合衆国法典50編3093条(a))）。さらに、当該承認は原則として書面で行われる必要があります（同法503条(a)(1)（合衆国法典50編3093条(a)(1))）。また、秘密工作活動の実行は、連邦議会上下両院の情報問題担当の委員会等にも報告されるべきとされています（同法503条(b)及び(c)（合衆国法典50編3093条(b)及び(c))）。

4　秘密工作活動の直面する課題

(1)　正当性、倫理性の問題

米国のインテリジェンス機関による秘密工作活動に関しては、「第3の政策オプション」（本章3）の考え方に基づき「真にやむを得ない場合には許され得る」との見解がある一方で、倫理上これを問題視する見解もあります。

例えば、他国の政党、反政府勢力等に対して支援を与えることは、不適切な内政干渉とも考えられます。特に、他国の選挙への干渉、民主的手続で選ばれた政府に対するクーデターの支援等は、米国自身が擁護する民主主義の価値を自己否定しているとの見方もあります。[*26]

インテリジェンス機関による準軍事的活動は、正規の外交、軍事、法執行活動等に対する米国国内法令や国際法令による制約等を迂回するための言わば「脱法行為」との見方もあります。例えば、911事件以後、CIAはテロ容疑者等の第三国への移送（rendition）を実施しました。これは、テロ容疑者等を欧州等の外国で拘束した上で、取調べ等に対する法規制が比較的緩い第三国の収容施設等に移送し、厳しい取調べを実施するというものです。こうした活動に対してはその適法性が疑問視されました（第8章3。本章1、第12章1）[*27]。

また、CIAは、911事件以降、南アジア、中東、アフリカ等において、無人偵察機（ドローン又はUAV）に搭載されたミサイル等を利用したテロリスト等に対する攻撃を行っています。こうした攻撃には一般市民が巻き込まれる場合も多いなど、その合法性や倫理的な妥当性を問題視する見方もあります（第3章5、第8章5。本章2、第12章1）[*28]。

(2) 政府の関与の否認（Plausible Deniability）の困難化

インテリジェンス機関による秘密工作活動においては、政府の関与の否認可能性の確保が重要視されます（本章1及び3）。しかし、近年は、以前に比較すると、関与の否認の貫徹は困難化しているとみられます[*29]。

背景の第1は、オンラインネットワークを始めとする各種のIT技術の発展と普及です。この結果、一般市民による情報の収集、記録及び拡散が以前よりも容易になっています。

背景の第2は、インテリジェンス活動のアカウンタビリティに対する社会の要求の高まりです。911事件（2001年）以降、米国を始めとする西側先進諸国においては、主にテロ対策目的でICの権限、機能等の強化が図られました。そうした中、スノーデンによる暴露事案（2013年）等により、一部には行き過ぎともみられる活動があったことが明らかになりました（第7章5）。この結果、インテリジェンス機関に対する社会の注目

イラン・コントラ事件を究明する米議会特別委に出席するノース（Oliver North）中佐
（1987年7月7日）（AFP＝時事）

は上昇しているとみられます。

(3) 適切な監督の在り方

秘密工作活動は、その正当性や倫理性に対して疑問が呈せられています。したがって、可能な限り適切な監督の下でなされることが必要と考えられます。しかし実際には、活動そのものの高い秘匿性もあり、適切な監督が十分に可能なのか否かが問題となります。イラン・コントラ事件（1986〜1987年）では、少なくともその当時の行政府及び立法府による秘密工作活動に対する監督・統制が十分に機能していなかったことが露呈しました（第7章5）。[*30]

米国の現行法では、秘密工作活動に関しては、連邦議会上下両院のインテリジェンス問題担当の委員会等にも報告されるべきこととされています（国家安全保障法503条(b)及び(c)）（合衆国法典50編3093条(b)及び(c)）（本章3）。ただし、連邦議会は、個別具体の秘密工作活動の許可・不許可を決める法的な権限は有していません。また、報告の具体的なタイミング（事前か事後か）や内容（どの程度詳細にか）等に関しては法令の規定は必ずしも明確ではありません。[*31]

なお、議会による民主的統制と秘密工作活動の秘匿性の確保のバランスを取るべく、秘密工作活動等に関する極めて機微な秘密事項に関しては、（インテリジェンス問題担当の委員会の委員全員ではなく）同委員会の最高幹部を含む限られた少数の議会指導者のみに報告をすれば足りるとの制度が導入されています（いわゆるギャング・オブ・エイト及びギャング・オブ・フォーの制度）（国家安全保障法５０３条(c)(2)（合衆国法典50編３０９３条(c)(2)））（第３章7、第12章２）。

(4) 評価の基準

秘密工作活動の評価は、そもそも評価の基準が曖昧であることもあり、容易ではありません。同じ結果に対しても、政治的な立場、評価を行う時期等に応じて異なった評価があり得ます。

例えば、仮に秘密工作活動の当初の目標（例えば、人質の救出・解放等）は達成されたとしても、その過程において多数の人命が損なわれる場合、当該活動が暴露されて深刻な外交問題等に発展する場合等があり得ます。また、ある国の反政府勢力のクーデター活動に対する支援が成功したとしても、クーデター後の新政権が当方にとって本当に「好ましい」政権となるか否かは不透明です。

時間の経過に伴って評価が変化し得る場合もあります。例えば、ＣＩＡは、１９７０〜１９８０年代にかけてアフガニスタンにおいて現地の反ソ連・反政府勢力（イスラム過激派勢力）への支援を実施し（本章２）、その結果ソ連は同国から撤退しました（１９８９年）。しかし、当時ＣＩＡの支援を受けた現地のイスラム過激派勢力はその後のタリバン、アルカイダ等の伸長の基盤となり、９１１事件（２００１年）にも繋がります。こうした場合、長期的な見地からの当該秘密工作活動の評価は容易ではありません。[*32]

本章で概観したとおり、秘密工作活動めぐる各種の課題の中には、インテリジェンス理論の主要課題（第3章）と密接に関連しているものが少なくありません。

第1に、秘密工作活動をインテリジェンス理論の中でどのように位置付けるか、そもそも秘密工作活動はインテリジェンスの定義に含まれるのか、という問題があります（本章1）。

第2に、無人偵察機（ドローン又はUAV）を利用した準軍事的活動を始め、秘密工作活動は、安全と人権、安全と倫理等のバランスの問題が最も顕在化しやすい分野の一つです（本章4）。

第3に、多くの国において、秘密工作活動は、議会のIC監督機関による一定の統制下にあります。かかる状況は、議会によるICに対する民主的統制とICの活動の秘匿性の確保のバランスの在り方の問題に繋がります（第7章7、本章4、第12章2）。

これらの課題に明確な回答を得るのは容易ではありません。ただし、検討に当たっては、インテリジェンス理論の体系の全体像を踏まえることが重要と考えられます。

□本章のエッセンス

- 米国のICによる秘密工作活動は、理論的には本書の依拠するインテリジェンスの定義には含まれません。他方、現実には米国を始め多くの国において、それぞれの歴史的経緯等により、ICが秘密工作活動を担っています。こうした状況は、理論的にはICが言わば「副業」的にこれを担っていると理解されます。
- 米国のICによる秘密工作活動の特徴点として、①政策の執行である、②政府の関与の否認が可能である、③所定の適切な手続に基づく「合法的」な行政府の活動である、等があげられます。類型としては、プロパガンダ（宣伝扇動工作）活動、政治活動、経済活動、サボタージュ、クーデター、準軍事的活動等があります。

・秘密工作活動の正当性の根拠として、しばしば「第3の政策オプション」という考え方が指摘されます。

・秘密工作活動の直面する課題としては、①正当性、倫理性の問題、②政府の関与の否認の困難化、③適切な監督の在り方、④評価の基準等があります。

・インテリジェンス理論との関係では、第1に、そもそも秘密工作活動をインテリジェンス理論上どのように位置付けるかとの問題があります。第2に、安全と人権、安全と倫理等のバランスの問題が顕在化しやすい分野でもあります。第3に、秘密工作活動は、民主的統制（立法府との情報共有）と秘匿性の確保の調整の課題が最も顕在化する分野の一つでもあります。

【さらに学びたい方のために】

①ワイナー・ティム（藤田博司・山田侑平・佐藤信行訳）（2008）『CIA秘録―その誕生から今日まで』（上）（下）、文藝春秋（原著：Weiner, T. (2008). *Legacy of Ashes: The History of the CIA*. Anchor）。
第7章を参照。

②名越健郎（2019）『秘密資金の戦後政党史―米露公文書に刻まれた「依存」の系譜』新潮社。

③春名幹男（2003）『秘密のファイル―CIAの対日工作』（上）（下）、新潮社。

②及び③はいずれも日本人ジャーナリストによる、日本に対する政治工作に関する著作です。主に公開された米国の公文書等を基にまとめられています。③は米国（CIA）による工作に重点が置いてあるに対し、②はソ連による活動にも言及があります。

□第12章□

インテリジェンス・コミュニティに対する民主的統制

民主主義国家においては、インテリジェンス・コミュニティ（IC）の活動に対する民主的な統制の制度を確立することが重要です（第3章5）。では、具体的にはどのような制度が考えられるでしょうか。米国、イギリス等主要国及び日本の現状はどのようになっているのでしょうか。さらに、こうした諸課題の検討に当たり、インテリジェンス理論はどのように役に立つのでしょうか。本章では、こうした諸問題を検討します。

1　基本的な考え方

(1)　なぜ民主的統制が必要なのか

国家のインテリジェンス機能は、軍事力や警察力と同様に、国民の権利自由に制約を加える作用を伴うことがあります。加えて、秘匿性が高い機能でもあります（第3章4）。したがって、仮にインテリジェンス部門が暴走するようなことがあるとすれば、国民の権利自由を著しく侵害し、場合によっては国家の存亡を危うくしかねない潜在的な危険性があり得ます。

実際、欧米先進諸国における先例に鑑みると、政府のインテリジェンス機能の強化にともない、インテリジェンスに対する国民の懸念が高まった事例は少なくありません。やや古い例としては、米国のイラン・コントラ事件（1986～1987年）があります（第7章5）。また、2001年の911事件の後の米国による様々なテロ対策の中では、国家安全保障局（NSA）による米国内の関係者に対する無令状の通信傍受（第8章4）、CIAによるテロ容疑者等に対する拷問の疑いのある取調べ（第7章5、第8章3、本章2）、CIAによるテロ容疑者等の第三国への不適切な移送（rendition）（第8章3、第11章1及び4）、CIAによる無人偵察機（ドローン又はUAV）を利用したテロリスト等に対する攻撃（第8章5、第11章2及び4）等があります。さらに、2013年に発覚したスノーデン（Edward Snowden）による暴露事案（第7章5）では、米国の国家安全保障局等による大量の通話記録データの収集活動、インターネット上の通信情報の収集活動（いわゆるプリズムプログラム）、友好国の首脳に対するインテリジェンス活動等の状況が詳細に報道されることとなりました（第8章4）。

　こうした状況に鑑みると、民主主義国家においては、インテリジェンス部門の権限強化とこれに対する民主的統制の強化は適切なバランスの下に実行されるべきと考えられます。そうでなければ、インテリジェンス部門に対する国民からの信頼とインテリジェンス部門の民主的正統性（Democratic Legitimacy）が低下する可能性があり、そうした事態は結局のところインテリジェンス機能の低下を招く可能性があります。言い換えると、**民主主義国家においては、効果的なインテリジェンス活動を確保するためにも、インテリジェンス部門に対する適切な民主的統制の制度を確立することが重要**と考えられます。

　また、本書が依拠しているインテリジェンスの定義及び機能の理解は、国家安全保障における政策決定の「主役」は政策部門（政策判断者と政策立案部門）であり、インテリジェンス部門はそれを支援する「道具」であるというものです（第2章2）。こうしたインテリジェンスの本質に関する考え方からも、インテリジェンスに対する民主的統制の重要性が導き出されます。

　こうしたことから、欧米先進諸国でのインテリジェンス研究においても、民主的統制の重要性が強調されています。[*1] 本書においても、民主的統制をインテリジェンス理論の重要の柱の一つと位置付けています（第3章5）。

(2) 着眼点——民主的統制と緊張関係にある理念とのバランス

　ICに対する民主的統制の在り方を検討するに当たっては、インテリジェンスの理論体系の中における別の理念や基本的な考え方、すなわち、秘匿性の確保、客観性の維持（特に、インテリジェンスの政治化の抑止）等との適切なバランスに配慮する必要があります（第3章5及び7）。これらの理念や考え方はいずれも「国家安全保障に関する政策決定の支援」というインテリジェンスの目標に資するものです。しかし、実際の局面においてはしばしば、相互に緊張関係が生じる可能性があります。

秘匿性の確保とのバランス

インテリジェンス活動や能力の詳細は（そうした活動の存在も含めて）極めて秘匿性の高い事項とされます（第3章4）。理由の第1として、インテリジェンス活動の意図（どのような事項に関するインテリジェンスを欲しているのか）や能力（体制、手法、情報源の所在等）が相手側に承知されてしまった場合、相手側としては防御措置が採りやすくなります。例えば、米国のエイムズ事件（1994年摘発）及びハンセン事件（2001年摘発）（CIA及び連邦捜査局（FBI）職員がソ連及びロシアのインテリジェンス機関にリクルートされ秘密情報を漏洩していた事案）の結果、ソ連・ロシア内部における米国インテリジェンス機関の人的情報源が一網打尽にされ、米国の対ソ・露インテリジェンス活動に大きな支障を来したとみられます（第3章4、第7章5、第8章3、第10章コラム）。第2に、秘匿性の確保が不十分なインテリジェンス機関は、他のインテリジェンス機関からの十分な信頼と協力を得にくくなる可能性があります。

こうした状況は、当方のインテリジェンス活動を困難なものとし、政策決定の支援というインテリジェンスの責務を果たすことを困難とします（第8章6）。こうしたことから、多くの国においては、カウンターインテリジェンスのための諸施策、すなわち、機密指定制度、セキュリティクリアランス制度、処罰法令等が整備されています。加えて、実務上の慣習として、ニード・トゥ・ノウ、サード・パーティー・ルール等が採り入れられています（第10章4）。

他方、民主的統制の実施は一般に、インテリジェンス機能を弱体化させる危険性を孕んでいます。例えば、立法府による統制を実施するに当たっては、ICは関係議員、議会職員等との間で一定のインテリジェンスを共有する必要があります。こうしたプロセスは秘密情報の漏洩の可能性を高めます。また、民主主義国家においては、立法府での審議は公開が原則の場合が少なくありません。こうしたことから、ＩＣに対する民主的統制の制度を考える場合には、秘匿性の確保とのバランスにも配慮することが必要となります（第３章７）。

政策部門とインテリジェンス部門の分離（政治化の抑止）とのバランス

民主主義国家においては、行政機関に対する理論的に最も優れた統制手法は、選挙を通じて主権者たる国民から選ばれた議員による統制と考えられます。したがって、ＩＣに対する統制の場合も、立法府による統制制度こそが理論的には最も優れた形態の民主的統制制度と考えられます。

しかし同時に、インテリジェンスは、政策部門、特に政策立案や判断に携わる政治家による濫用の対象となる危険性も孕んでいます。いわゆる「インテリジェンスの政治化」の問題です（第３章２）。例えば、政策立案や判断に携わる政治家が、自己の志向する政策に有利なインテリジェンス評価を得るべくＩＣに対して圧力を掛け、インテリジェンスの歪曲を図る可能性があります。また、政治家が、国家安全保障の必要性以外の私的目的等でＩＣを利用しようとする可能性もあり得ます。したがって、選挙を通じて選出された主権者の代表とは言え、政治家がＩＣの活動を無制限に支配できることは必ずしも好ましいとは限りません。

こうしたことから、ＩＣに対する民主的統制の制度を考える場合には、客観性の維持（政策部門とインテリジェンス部門の分離）との適切なバランス、とりわけインテリジェンスの政治化の抑止にも配慮する必要があります。ただし、制度の具体的な在り方は、それぞれの国の政治的、社会的、歴史的背景事情等により異なると考えられます。政治化を防止するための具体的な施策としては、インテリジェンス機関の長の固定任期制、政治から一定の独立性を有する機関（独立行政委員会等）による監督制度の併用等が考えられます。[*2]

(3) 統制の手法

ＩＣに対する民主的統制制度の主な手法としては、以下のようなものが考えられます。これらのうちどれか一つが普遍的に最重要あるいは最も効果的とは限らず、それぞれにメリットとデメリットがあります。もとより、各手法が効果的か否かは、各国の政治制度、社会情勢等によっても異なります。多くの国は、それぞれの国の個別具体の事情に応じて複数の手法を組み合わせて利用しています。

インテリジェンス機関の最高幹部の任命プロセスを通じた統制

例えば、米国においては、大統領が国家情報長官（ＤＮＩ）を始め主要インテリジェンス機関のトップを任命するに当たり、連邦議会上院の承認を得る必要があります（本章２）。

インテリジェンス機関の予算編成過程を通じた統制

例えば、立法府による予算の審議と承認はその典型です。また、行政府の中でも、予算案の編成プロセスにおいて、政策部門等によってインテリジェンス機関の予算に対する監督や調整等が行われる場合があります。ただし、インテリジェンス機関の予算は、他の予算から独立している場合もある一方で、他の予算の中に組み込まれており一見しただけでは判別が困難な場合もあります（例えば、軍事予算、大統領府や首相府の機密費等の中に組み込まれている場合等）。前者の方が後者に比べて民主的統制の程度はより高くなります。

インテリジェンス機関の設置・活動根拠となる法令等の制定を通じた統制

根拠法令等がより詳細に明文化され、かつ公開されている場合には民主的統制の程度はより高くなります。実際には、各国のインテリジェンス機関の設置・活動根拠は、①立法府の定める法律で定められている場合、②行政的な命令等で定められている場合（例えば米国の大統領命令（Executive Order））、③法令等の明確な定めはない場合、など様々な形態があり得ます。一般に、①→②→③の順で民主的統制の程度はより高くなります。ただし、こうした法令等の規定内容は、具体的・詳細な場合もあれば抽象的・概括的にすぎない場合もあります。さらに、行政命令等の場合は、公開の場合もあれば非公開の場合もあります。

インテリジェンス機関の活動内容に対する監督を通じた統制

監督を担う機関の形態は、立法府の機関、独立行政機関、行政府内の監察機関等様々なものがあります（次項）。監督の対象の範囲も様々です。例えば、インテリジェンス機関の概括的な活動方針等に対する監督にとどまる場合もあれば、個別具体の活動の内容の詳細等に対してまで及ぶ場合もあります。前者の場合には、監督機関には必ずしもインテリジェンスの専門的かつ詳細な知識は必要とされず、監督の結果を公開することも比較的容易です。他方、後者の場合には逆に、監督機関には専門的な知識が要求され、監督プロセスや結果の公表には秘匿性の確保の観点からの配慮が必要となります。

監督の実施のタイミングに関しても、事後的な監督のみを行うのか、あるいは一定の活動に関しては事前の報告や承認を要求するか、等について様々な形態があり得ます。

(4) 統制の主体

インテリジェンス機関に対する統制制度の主体としては、立法府、行政府、司法、メディア・市民活動等が考えられます。それぞれの手法には長所と短所の双方があります。以下、本書では立法府による統制と行政府による統制に絞って議論を続けます。

なお、司法による統制の例として、インテリジェンス機関の活動が司法手続の中で違法と判断される場合があります。例えば、911事件直後にCIAが欧州等において実施していたテロ容疑者等の第三国への不適切な移送（rendition）に関しては、イタリア等における作戦に関与していた約20人のCIA関係者等が現地司法当局によって訴追され、有罪判決を受けています（第8章3、第11章1及び4）。また、米国では対外インテリジェンス監視法（FISA：The Foreign Intelligence Surveillance Act of 1978）に基づき、一定の情報収集活動（スパイ事件捜査、テロ対策等を目的とした通信傍受等）に関しては、FISA裁判所の発出する令状の取得が義務付けられています。

メディア、市民活動等による統制の例としては、ウィキリークス（WikiLeaks）やスノーデンによる暴露事案（第7章5）の例があります。ただし、こうした活動は違法な情報漏洩等を伴う犯罪行為とされる場合もあります。

立法府による統制

民主主義国家においては、行政機関に対する統制として理論的に最も優れた制度は、主権者たる国民による選挙によって選出された代表者、すなわち立法府による統制です。

しかし、立法府によるICに対する統制には次のような課題もあります。

第1に、立法府内における党派的対立がインテリジェンス機能に影響を及ぼし、インテリジェンスの政治化に繋がる可能性があります。例えば、インテリジェンス機関の長の任命や予算の承認プロセスが、インテリジェンスの本質論とは無関係に立法府における党派的争いや駆け引きに翻弄される場合です。

第2に、立法府側におけるインテリジェンスに関する専門的な知識等（リテラシー）が不十分な場合、適切な統制が実施できない可能性があります。

第3に、インテリジェンス活動の秘匿性の確保に対して脆弱な点です。立法府による統制を実施するに当たっては、ICは関係議員、議会職員等との間で一定のインテリジェンスを共有する必要があります。こうしたプロセスは秘密情報漏洩の可能性を高めます。また、民主主義国家においては立法府での審議は公開が原則の場合が少なくありません。したがって、こうしたリスクを低減するためには、立法府側において秘密保全のための設備（例えば、秘密情報を含む資料保管のための収納設備、磁気シールド設備付きの会議室等）や制度（例えば、秘密情報を漏洩した議員に対する懲罰の手続、職員に対するセキュリティクリアランス制度等）を整備する必要があります。

立法府による統制制度に関連する主な論点としては次のようなものがあります。

第1は担当機関の数です。例えば、米国では、連邦の上下両院それぞれに担当の委員会が設置されています。これに対し、イギリス、ドイツ等では、立法府そのものは二院制ですが、ICに対する統制機関は一つです。

第2は、統制組織の権限の範囲です。米国等では、統制機関の権限が対象インテリジェンス機関の個別具体の活動にまで及び得る場合もあります。これに対し、オーストラリア等では、統制機関の権限は対象インテリジェンス機関の概括的な活動方針、予算執行等に対する監督のみにとどまり、個別具体の活動には及びません。

行政府による統制

行政府による統制の長所と短所は、立法府による統制の長所と短所とおおむね表裏一体の関係にあります。長所の第1として、政治的党派性の影響を受けにくく、政治的中立を維持しやすいことがあります。第2に、行政府自身が有するインテリジェンスに関する専門的な知識等に基づいて、立法府に比較してより深い内容の統制を行うことが可能です。第3に、立法府に比較して、秘匿性の確保の程度は高くなります。

しかし、行政府による統制はあくまでも行政府自身による内部的な作用に過ぎません。したがって、立法府による統制に比較して、民主的統制としてのレベルは低いものとなります。

両者の関係

立法府による統制と行政府による統制はどちらが優れているのか、という問題提起がなされる場合があります。しかし、こうした問題に対する単純な解答を用意することは簡単ではありません。

第1に、前記のとおり、両者はそれぞれに長所と短所があり、しかもそれぞれの長所と短所はおおむね表裏一体の関係になっています。そもそも両者は必ずしも相互に排他的なものではなく、むしろ相互補完的なものと考えられます。[*3] 第2に、各国には独自の政治的、社会的、歴史的背景等があります（本章コラム）。全ての国において通用する普遍的な「正解」が存在するとは限りません。

したがって、本件に関しても、各国の個別の事情に応じて様々な手法を効果的に組み合わせつつ、各国にとって最適な制度を構築する必要があると考えられます。[*4]

2　米国における民主的統制の制度

米国におけるICに対する民主的統制制度は、立法府（連邦議会）による統制制度と行政府による統制制度の2種類に大別されます。この中でも特に連邦議会による統制制度が他国に比較して非常に強力なことが米国の特徴です。[*5] そうしたことから、米国においては、連邦議会はインテリジェンス関連の政策の策定に当たっての重要なアクターの一つでもあります。[*6] この背景には、米国社会におけるICに対する不信感の文化、[*7] 米国政治における連邦議会と大統領・行政府の間の緊張・競争関係の文化[*8]等があると考えられます（本章コラム[*9]）。

(1)　行政府による統制制度

行政府によるICに対する統制の制度は、大統領府直轄の常設の組織による統制、大統領府が臨時に設置する特別の組織による統制、各インテリジェンス機関内の監察組織による統制、の3種類に大別されます。

大統領府直轄の常設の組織

大統領府直轄の常設の組織としては、大統領インテリジェンス問題諮問委員会（P－AB：President's

Intelligence Advisory Board）があります。[*10] 同諮問委員会は、ＩＣから独立した大統領直属の諮問機関であり、ＩＣの活動の効率性、有用性等に関して大統領に対して諮問を行うことを任務としています。１９５６年にアイゼンハワー（Dwight D. Eisenhower）大統領（当時）によって設立された「対外インテリジェンス活動に関する大統領諮問委員会（The President's Board of Consultants on Foreign Intelligence Activities）」が原型となっており、数度の改組、改名等を経て２００８年に現在の名称・形態となっています。委員（16名以内）は、国家安全保障、政治、学術、私企業等様々な分野の有識者（非政府職員）から選ばれ、大統領によって任命されます。

さらに、同諮問委員会の附置機関としてインテリジェンス監督委員会（IOB：The Intelligence Oversight Board）が設置されています。同監督委員会は、ＩＣの法令遵守の状況を監督することを任務とし、１９７６年にフォード（Gerald Ford）大統領（当時）によってＰＩＡＢとは別個の大統領府直属機関として設立されました。その後、１９９３年に大統領インテリジェンス問題諮問委員会の附置機関として改組されています。

これらの機関は、ＩＣから独立した大統領府直属の機関として、行政府の一般機関（国家安全保障会議（ＮＳＣ）等）が行うよりもハイレベルの統制を行うことが期待されています。しかし、大統領によって任命される大統領府直属の機関であることから、①大統領の意向と対立する内容の諮問はしにくい場合があり得る、②そもそも大統領が同委員会を支援し活用する意思がなければ実質的に機能し得ない、という限界もあります。例えば、２００１年から２００５年に大統領インテリジェンス問題諮問委員会の委員長を務めたスコウクロフト（Brent Scowcroft）元国家安全保障担当大統領補佐官は、イラク戦争に関してＧ・Ｗ・ブッシュ（George W. Bush）大統領（当時）と意見を異にしていたことから事実上解任されたと言われています。[*11] インテリジェンスの専門性を持たない人物が大統領に対する政治的支援の見返りとして委員に任命される例も少なくないとの指摘もあります。[*12]

また、実際にインテリジェンス関連の重要課題が発生した際に、大統領は、これらの常設の組織ではなく、別の組織を臨時に設置して調査・検討を委ねる場合もあります。
　こうした様々な限界もあり、特にG・W・ブッシュ政権以降は両委員会の活動は停滞しているとみられます。

大統領府が臨時に設置する特別の組織

　インテリジェンスに関する大きな問題が発生した際、大統領は、常設機関とは別に、臨時の組織を設置して検討・調査等を委ねる場合があります。こうした動向は、組織論的には合理性を欠くと考えられます。しかし、深刻なスキャンダルが発生した際等に政治的アピール効果を狙って実施される場合が少なくないとみられます。
　典型例は、２００４年2月にG・W・ブッシュ大統領（当時）による大統領命令（Executive Order）に基づいて設立されたいわゆる**イラクにおける大量破壊兵器問題調査委員会**（The Commission on the Intelligence Capabilities of the United States Regarding Weapons of Mass Destruction）です（第7章5）。[*13] また、２０１３年8月には、スノーデンによる暴露事案（第7章5）を契機として、オバマ（Barack Obama）大統領（当時）による大統領覚書（Presidential Memorandum）に基づき、**インテリジェンスと通信技術に関する検討グループ**（Review Group on Intelligence and Communications Technologies）が設置されました。[*14]
　こうした臨時の組織の設置は、政治的には一定のアピール効果を持つ可能性があります。しかし、大統領府直轄の常設の監督組織と同様に、大統領がこれらを支援し活用する意思がなければ実質的に機能し得ないという限界があります。[*15]

各インテリジェンス機関内の監察組織[*16]

　米国連邦政府の各機関の多くは、首席監察官法（Inspector General Act of 1978及び１９８８年修正）等に基づき、それぞれの内部に首席監察官（IG：Inspector General）を設置しています。[*17] 首席監察官は、各機関の業務の法令遵守、効率性・経済性等に関して独立かつ客観的な調査を行うことを目的としています（同法2条）。調査に当たり必要な場合には召喚状（subpoena）を発出する権限も有しています（同法3条等）。

各機関に設置されている首席監察官は、組織の中における高い独立性を制度的に保証されています（同法3条(a)項及び(b)項等）[18]。第1に、閣僚級の長を有する主要機関の首席監察官は、連邦上院の助言と承認を得て大統領によって任命されます。第2に、各機関の長は原則として首席監察官の調査活動を制限することはできません[19]。第3に、首席監察官を罷免することができるのは大統領のみであり、各機関の長は首席監察官を罷免することはできません。第4に、首席監察官は、原則として、各機関の長に対して直接報告を行う他、特に重要な問題に関しては連邦議会に対しても報告を行うとされています[20]。

ICを統括する国家情報長官室（ODNI）及びCIAを始め各IC構成機関にもそれぞれの首席監察官が設置されています。国家情報長官室のIC首席監察官（IGIC：Inspector general for Intelligence Community）は、前記の首席監察官法等に基づき[21]２０１０年に創設されました。半年ごとの活動報告書も公表しています[22]。

こうした首席監察官制度は、高い独立性に基づき、時にはIC構成機関に対する批判的な内容の調査を実施するなど、一定の成果をあげています。例えば、２００１年の９１１事件後、CIAのヘルガーソン（John L. Helgerson）首席監察官（当時）は、同事件前のCIAのテロ対策の妥当性等に関する調査を実施し、事件当時のCIA長官、同作戦局長、同テロ対策センター長を始め最高幹部の業務遂行に問題があった旨を報告書の中で指摘しました[23]。また、同首席監察官は、９１１事件以降のCIAによるテロ容疑者等に対する取調べの妥当性等に関する調査を実施し、やはり厳しい内容の報告書を作成しました[24]。

他方で、当該制度はあくまで行政府内部の統制制度であることから、調査報告書は原則として非公開にとどまるなど、民主的統制という観点からは一定の限界もあります。例えば、第2代のIC首席監察官を務めたアトキンソン（Michael Atkinson）は、トランプ（Donald Trump）大統領（当時）に関連するいわゆる「ウクライナ疑惑」の処理をめぐり、2020年に同大統領によって更迭されました。[*25]

(2) 立法府（連邦議会）による統制制度

米国合衆国憲法の定める三権分立制度は、行政府の活動全般に対する連邦議会による広範なチェック機能を認めていると解されます。[*26] 連邦議会によるICに対する統制もそうした機能の一部と位置付けられます。連邦議会議員は主権者である国民の選挙によって選ばれています。したがって、連邦議会による統制は、理論的には民主的統制の制度として最も優れた形態と言えます。

米国連邦議会においては、インテリジェンス問題を専門に担当する委員会が上下両院に設置されています。ちなみに、イギリス、オーストラリア及びドイツでは、議会は二院制ですが、議会におけるIC監督機関は一つのみです（本章3及び4）。**米国連邦上院インテリジェンス問題特別委員会**（SSCI：U.S. Senate Select Committee on Intelligence）[*27] は1976年5月に、**米国連邦下院インテリジェンス問題常設特別委員会**（HPSCI：U.S. House of Representatives Permanent Select Committee on Intelligence）[*28] は1977年7月に、それぞれ設置されました。これらの委員会の設置の背景には、1970年代中盤にICの活動に対する米国社会の不信が高まり、これをきっかけとして、連邦議会としてICに対する統制を強める機運が高まったことがあります（第7章5）。[*29]

連邦議会がICに対して統制を行う上での主な権限としては、予算承認、政府高官人事の指名承認（上院のみ）、証言・報告等の要求、議会調査等があります。

予算の承認

連邦議会による予算プロセスは、歳出権限の審査・承認（Authorization）と歳出額の確定（Appropriation）に区別されます。インテリジェンス関連予算（第7章1）、すなわち、国家インテリジェンス計画（NIP）及び軍事インテリジェンス計画（MIP）もこうしたプロセスを経る必要があります。当該手続には、上下両院のインテリジェンス問題担当の委員会も関与します。

人事の指名承認

連邦議会上院は、合衆国憲法2条2節2項[*30]に基づき、大統領が指名した閣僚、各省庁の局長級以上の幹部（政治的任命職）、連邦判事、軍の将官等の人事に関して承認を与える権限を有します。一般に、大統領から送付された人事承認案件はまず当該省庁等を所管する委員会に付託されて審議が行われ、各委員会で承認が得られた後に本会議において採決が実施されます。

ICに属するインテリジェンス機関の幹部に関しては、まず連邦議会上院インテリジェンス問題特別委員会において審議が行われ、同委員会において承認が得られた後に上院の本会議において採決が実施されます。同委員会での審議に当たっては、公聴会が開催され、被指名者本人が証言を行うのが一般的です。

こうした人事の指名承認は、一定の実質的な影響力を有します。過去には、CIA長官の被指名者が当該手続きにおける紛糾を懸念して指名を辞退した事例もあります。[*31]例えば、1987年のゲーツ（Robert Gates）及び1997年のレイク（Anthony Lake）は指名を受けた後にこれを辞退しました（ゲーツはその後改めて指名、承認を受けて1991年11月にCIA長官に就任）。また、2008年、ブレナン（John Brennan）はオバマ政権発足に当たりCIA長官の有力候補者として取り沙汰されていましたが、正式な指名を受ける前に辞退を表明しました（同人はその後第2次オバマ政権下で指名、承認を受けて2013年3月にCIA長官に就任）。

証言・報告等の要求、議会調査

連邦議会は、前記のような予算承認、人事承認等の職務を遂行するに当たり、ICを含む政府機関に対して、議会での証言や議会への報告等を求めることができます。また、連邦議会は、特に重要な問題に関しては独自の調査を実施することができます。

例えば、1976年、CIA等による違法なインテリジェンス活動の疑いに関し、上下両院はそれぞれ専従の委員会を設置して調査を実施しました（上院はいわゆるチャーチ委員会（Church Committee）、下院はいわゆるパイク委員会（Pike Committee））（第7章5）。

その他に連邦議会が調査等を実施した主な事案は次のとおりです。[*32] 911事件（2001年9月11月）[*33]、イラクにおける大量破壊兵器問題（2003年〜）（第7章5）[*34]、デルタ航空機爆破テロ未遂事件（2009年12月25日）[*35]、在ベンガジ米国政府公館襲撃事件（2012年9月11日）[*36]、CIAによるテロ容疑者等に対する拷問の疑いのある取調べ問題（第7章5）[*37]、2016年の米国大統領選挙に対するロシアの介入疑惑問題（第7章5）[*38]。

立法府による統制の直面する課題——秘匿性の確保とのバランス

連邦議会がICに対する民主的統制を効果的に実行するためには、必要な秘密情報等へのアクセスが保証されていることが必要です。しかし同時に、ICがインテリジェンス機能を円滑に運営するためには秘匿性の確保が重要です。すなわち、ICが連邦議会に提供した秘密情報等が不適切に漏洩された場合、インテリジェンス機能が損なわれる可能性があります（第3章4、本章1）。こうしたことから、「民主的統制のための議会とのインテリジェンスの共有」と「インテリジェンス活動の秘匿性の確保」の適切なバランスの維持が重要な課題となります。

こうした点に関し、合衆国法典3091条は、「インテリジェンス活動の議会への報告」に関する基本原則として「大統領は、連邦議会のインテリジェンス問題の担当委員会が、米国のインテリジェンス活動に関して完全かつ最新の報告を受けるよう確保しなければならない」旨定めています（同条a項）[*39]。同時に、同条は「上下両院は、国家情報長官との協議に基づき、議会のインテリジェンス問題の担当委員会に提供される秘密情報等の不適切な漏洩等を防止するための手続等を、議会の規則等によって確立しなければならない」旨定めています（同条d項）。[40]

秘匿性の確保のための具体的な措置の例としては次のものがあります（第3章7、第11章4）。

第1に、連邦議会におけるインテリジェンス関連の審議や公聴会等は必要に応じて非公開の**秘密会**（closed session）として開催されます。

第2に、ICと連邦議会との必要なインテリジェンス共有等は上下両院のインテリジェンス問題担当の委員会との間で行われます（合衆国法典3091条a項）。さらに、秘密工作活動（Covert Action）（第11章）等に関する極めて機微な秘密事項に関しては、（インテリジェンス問題担当の委員会の委員全員ではなく）同委員会の最高幹部を含む限られた少数の議会指導者のみに報告をすれば足りる旨が定められています（いわゆるギャング・オブ・フォー（Gang of Four）及びギャング・オブ・エイト（Gang of Eight）の制度）。[41]

第3に、上下両院のインテリジェンス問題の担当委員会で勤務する議会職員は、業務上機微なインテリジェンスに触れる場合もあることから、必要に応じて行政府の定める**セキュリティクリアランス**制度の適用を受けることとされています（セキュリティクリアランス制度は民主的な選挙によって選出された連邦議会議員には適用されません。[42]ただし、議員が秘密情報を漏洩した場合には、議会による懲罰の対象となる場合があります）。

3 イギリスにおける民主的統制の制度

(1) 経　緯

イギリスのインテリジェンス活動の歴史は米国に比較して古く、16世紀頃には国家としてのインテリジェンス活動は実施されていたとみられます。現在の秘密情報部（SIS、いわゆるMI6）と保安部（SS、いわゆる

ＭＩ５）の前身である秘密活動局（ＳＳＢ：Secret Service Bureau）は１９０９年に創設されています。[43]しかし、イギリスにおいては長期間にわたり、こうしたインテリジェンス機関の活動を規定する根拠法は存在しませんでした。

この背景として、歴史上、イギリス社会においては必ずしもＩＣに対する民主的統制、とりわけ立法府による統制に関する強い要請があったわけではないと考えられます。[44]第１に、イギリスにおいては、米国等に比較して社会におけるＩＣに対する不信感が比較的薄いと考えられます。[45]第２に、イギリスにおいては伝統的に、立法府と行政府の関係は一般に、「コリジアリティと合意形成の文化」を背景とした信頼関係とされており、相互の緊張関係を基本とする米国の例と比較すると比較的穏当と考えられます[46]（本章コラム）。

法整備の萌芽――１９８０～１９９０年代

イギリスのＩＣに関する最初の法制度の整備は、１９８０年代末から１９９０年代初めにかけて進展しました。保安部は１９８９年制定の保安部法（The Security Service Act 1989）により、秘密情報部は１９９４年制定のインテリジェンス機関法（The Intelligence Services Act 1994）により、それぞれ初めて法的な規制を受けることとなりました。さらに、１９９４年のインテリジェンス機関法に基づき、インテリジェンス機関に対する統制機関である**インテリジェンス保安委員会**（ＩＳＣ：Intelligence and Security Committee）が創設されました。[47]

こうした動向の要因として、当時、イギリスが欧州連合（ＥＵ）加盟のプロセスにおいて所定の加入要件を充足するためにこうした制度の体裁を整える必要があったとみられます。[48]

しかしながら、前記のようなイギリス特有の政治的、社会的背景もあり、創設当初のインテリジェンス保安委員会は、権限が限定的であるとともに、議会に対する責任関係も曖昧でした。すなわち、同委員会の委員は国会議員であるものの、組織としては行政府の一部局的な性格を残し、完全なる「立法府による統制機関」とは言えない組織でした。[*49] 当初の同委員会の活動に関しては、限定的な権限、体制等にもかかわらず、比較的上手く機能していたとの評価もあります。[*50] 他方で、2000年代以降は、イラクにおける大量破壊兵器問題（2003年〜）（第7章5）、2005年7月7日のロンドンにおけるテロ事件等に関する同委員会の調査報告[*51]の内容が不十分であるなど、その限界を指摘する見方も現れるようになりました。[*52]

2013年以降の組織改編

2013年以降、イギリスのIC、特に民主的統制機関は大きく改編されます。同年、インテリジェンス保安委員会の根拠法はインテリジェンス機関法から司法保安法（The Justice and Security Act 2013）に改められ、組織の名称も**議会インテリジェンス保安委員会**（ISC：The Intelligence and Security Committee of Parliament）と改められました（略称は引き続きISC）。この結果、同委員会は、立法府による統制組織としての性格が明確化されるとともに、各種の権限も強化されました（次項）。

この背景には、同年のスノーデンによる暴露事案（第7章5）等を通じて政府通信本部（GCHQ）の活動実態が明らかになるなど、イギリスにおいても、ICに対するより効果的な民主的統制制度、特に立法府による統制制度の整備を求める世論等が高まったことがあるとみられます。[*53] なお、2016年には調査権限法（Investigatory Powers Act 2016）に基づき、議会インテリジェンス保安委員会とは別に、調査権限委員会事務局（IPCO：Investigatory Powers Commissioner's Office）が創設されました。同事務局は、いわゆる独立行政委員会であり、政府通信本部等によるシギント活動の適法性等の監督を中心に担っています。[*54]

(2) 構成、権限等[*55]

2013年の組織改編以降、議会インテリジェンス保安委員会は立法府の組織と位置付けられています。委員

（上下両院の計９名の国会議員）は首相の指名に基づき議会によって任命され、報告は議会に対して直接行われます。ちなみに、２０１３年の組織改編以前は、首相が野党党首との協議に基づき委員を任命していました。また、年次報告書はまず首相に報告され、首相の承認を得た上で議会の両院にも報告されていました。

同委員会の権限も、２０１３年の組織改編により大幅に強化されています。すなわち、現在の監督権限は、保安部、秘密情報部、政府通信本部の他、国防省系のインテリジェンス機関や内閣府の合同インテリジェンス委員会（ＪＩＣ）等にも及びます。監督権限が及ぶ業務の範囲は、各インテリジェンス機関の予算支出、組織管理及び政策評価等に加えて、各機関の行う個別のオペレーション等にも及びます。ちなみに、２０１３年の組織改編以前の対象組織は、保安部、秘密情報部及び政府通信本部に限定されていました。また、監督権限が及ぶ業務の範囲についても、各機関の予算支出、組織管理及び政策評価等に限られていました。

ただし、現在でも、米国連邦議会のインテリジェンス問題担当の委員会のようなＩＣ構成機関の幹部人事の承認権限等は認められていません。

４　その他の主要国における議会によるＩＣに対する民主的統制の制度

図表12-1は、米国、イギリスの他、オーストラリア及びドイツにおける議会によるＩＣに対する民主的統制の制度の概要をまとめたものです。

各国の政治的、社会的、歴史的背景等の違いに鑑みると、各種制度の国際比較は容易ではありません。当該図表は、ニュージーランドの研究者であるギルモア（Nicholas Gilmour）等が示した分析枠組みに基づくものです。[*56] 同人らは、議会によるＩＣに対する民主的統制制度の国際比較のための指標として、①法的根拠、②監視対象組織の範囲、③構成員の資格、④権限、⑤会議の開会の頻度、⑥構成員の任期、⑦内部告発（公益通報）制度、⑧活動報告、⑨非公開情報へのアクセス権限、の9項目を指摘しています。これらの指標のうち、①③⑤⑥は主に組織基盤の強さ（人的資源、財政的資源の独立性等）、②④⑦⑧⑨は主に権限の強さにそれぞれ関連しています。[*57]

各国のうち、イギリス、オーストラリア及びドイツは日本と同様に議院内閣制度を採用しています。米国は大統領制度ですが、同国の連邦議会によるＩＣに対する民主的統制制度は、欧米先進諸国の中で最も先進的とみられます。したがって、比較の際の基準として参照するには一定の意義があると考えられます。なお、カナダの制度は独立行政委員会であり議会における統制機関ではありませんが、参考として付記しています。

各国の制度と日本の制度の比較は次項（本章5）で検討します。

5　日本における民主的統制の制度

(1)　概　観

日本においてはこれまで、ＩＣに対する民主的統制を専門に担当する機関は、議会においても、独立行政機関等としても設置されていません。背景として、第二次世界大戦後、日本のＩＣの機能・権限はＧ７等の欧米先進諸国に比較して小規模にとどまっており（第6章2）、ＩＣに対する民主的統制の問題は社会的、政治的に大きな注目を集めてこなかったことがあると考えられます。[*58]

こうしたことから、現在の日本におけるＩＣに対する民主的統制の制度は、日本国憲法の定める議院内閣制の下で、国権の最高機関である国会による行政機関全体に対する民主的統制制度の一部として成立しています。

すなわち、ＩＣの構成機関はいずれも政府の行政機関（あるいはその一部局）であり、各行政機関の長である国務大臣の統括の下に服することとされています（国家行政組織法10条）。また、各国務大臣は内閣の一員であり、行政権の行使について国会に対し内閣として連帯して責任を負うこととされています（日本国憲法66条3項）。加えて、国政調査権（同62条）、内閣不信任案の議決（同69条）なども国会の内閣に対する民主的統制を担保する手段となっています。

したがって、いずれかのインテリジェンス機関の活動に何らかの問題が生じた場合には、当該機関の担当国務大臣が内閣の一員として国会に対して責任を負うことになります。加えて、行政府内部の統制として、当該業務担当者が内部的に処分される可能性もあります。いずれにせよ、これらの措置はインテリジェンス機関に限らず他の行政機関においても同様です。

	ドイツ 議会監視委員会 (PKGr)	【参考】カナダ 保安インテリジェンス監督委員会 (SIRC)
①法的根拠	・法律	・法律
②監視対象組織	・IC 機関全てが対象	・CSIS のみ監督対象
③構成員・組織 独立した事務局	・構成員：上下院議員 ・任命権者：議院 ・議長は与野党1年交代 ・自前の事務局あり	・構成員：非議員（3-5人） ・任命権者：総督（首相が指名） ・自前の事務局あり
④権限範囲	・個別案件含む活動全般 ・勧告権（強制力なし）	・個別案件含む活動全般 ・勧告権（強制力なし）
⑤会議の開催	・最低3か月に1回 ・原則として秘密会	・常設
⑥構成員の任期 身分保証	（不明）	・任期5年、再任1回可能 ・非行等の理由ない罷免なし
⑦告発制度・ 内部通報制度	・制度あり	・制度あり
⑧報告書等作成	・会期中最低2回 ・報告先：議会	・年次報告書作成 ・報告先：議会
⑨機密への アクセス権限	・アクセスあり（個別案件含む） ・例外的なアクセス件の制限あり	・アクセスあり（個別案件含む） ・例外的なアクセス件の制限あり

出典：Richardson and Gilmour. *Intelligence and Security Oversight* (2016), pp.43-128 及び各機関の公式 HP 掲載情報に基づき筆者作成。

一方、2014年12月、

図表 12-1　欧米先進諸国における議会による IC に対する民主的統制の制度

	米　国 連邦上院インテリジェンス問題特別委員会（SSCI）	イギリス 議会インテリジェンス保安委員会（ISC）	オーストラリア 議会インテリジェンス保安合同委員会（PJCIS）
①法的根拠	・連邦上院の議決	・法律	・法律
②監視対象組織	・IC 機関全てが対象	・IC 機関全てが対象	・IC 機関全てが対象
③構成員・組織 独立した事務局	・構成員：上院議員（15 人） ・任命権者：上院議長 ・委員数配分：与党 8 人、野党 7 人 ・自前の事務局あり	・構成員：上下院議員（8 人） ・任命権者：議院 ・自前の事務局あり	・構成員：上下院議員（11 人） ・任命権者：議院 ・委員数配分：党派の議席比率 ・自前の事務局あり
④権限範囲	・個別案件含む活動全般 ・勧告権（強制力なし） ・予算案審議権、人事同意権	・個別案件含む活動全般 ・勧告権（強制力なし）	・個別案件含まない活動全般 ・勧告権（強制力なし）
⑤会議の開催	・会期中週 2 回程度（慣例） ・原則として秘密会	・会期中週 1 回程度（慣例） ・原則として秘密会	・会期中週 1 回程度（慣例）
⑥構成員の任期 身分保証	・任期制限なし ・非行等の理由ない罷免なし	・任期制限なし ・非行等の理由ない罷免なし	・任期制限なし ・非行等の理由ない罷免なし
⑦告発制度・ 内部通報制度	・制度あり	・制度なし	・制度なし
⑧報告書等作成	・報告書等適宜作成 ・報告先：上院	・年次報告書作成 ・報告先：議会	・年次報告書作成 ・報告先：議会
⑨機密への アクセス権限	・アクセスあり（個別案件含む） ・例外的なアクセス件の制限あり	・アクセスあり（個別案件含む） ・例外的なアクセス件の制限あり	・アクセスあり（個別案件含まず） ・例外的なアクセス件の制限あり

※ 米国では連邦議会の上下両院にそれぞれ委員会があるが、便宜上、上院の組織についてのみ記載した。上下両院の制度は、細部に違いはあるものの大きな相違はない。

衆参両院に情報監視審査会が設置されました。同審査会の直接の任務は、特定秘密保護制度の運用状況の監視です。すなわち、米国を始め他国の類似機関のようにＩＣに対する広範な監督を専門的に担うことは同審査会の直接の目的ではありません。しかし、同審査会の持つ権限や活動実態等に鑑みると、副次的に、米英等におけるＩＣに対する監督機関と類似の機能を一定程度担い得る可能性もあります。こうしたことから、以下では同審査会の歴史、権限等について概観します。

(2) 情報監視審査会の創設の経緯

衆参両院の情報監視審査会は、第186回国会（2014年1月～6月）中の2014年6月20日の国会法等の一部改正案の可決・成立により創設されました。当該時期に同審査会が創設された背景には、次のとおり、特定秘密保護制度の創設が深く関係しています。

情報監視審査会の創設を含む国会法等の改正案の成立の前年、第185回国会（2013年10月～12月）には、特定秘密保護制度、国家安全保障会議等の創設に関連する法案が提出されました。これらはいずれもICの機能・権限強化に繋がるものです。一方、特定秘密保護法の制定等に対しては、ICを始め政府による権限濫用等を懸念する野党や国民による反対運動が展開されました。こうした政治情勢の中、同国会会期中に与党（自由民主党、公明党）と一部の野党（日本維新の会、みんなの党）の間で同法案の成立をめぐる様々な折衝が行われました。その結果、同法案は同会期中の2013年12月6日に成立しました。

こうした政党間の折衝に基づく合意の中には、同法案を成立させる条件の一つとして、同法の運用状況等を政府が国会に報告する旨等が盛り込まれました。[*59] 当該合意の趣旨は、特定秘密保護法の附則10条後段にも反映されています。[*60] その後、翌2014年の第186回国会には、情報監視審査会の創設等を内容とする「国会法等の一部を改正する法律案」（第186回衆第27号）が提出されました。同法案の提案理由としては「特定秘密の保護に関する法律附則10条の規定に基づく検討を踏まえ、各議院に情報監視審査会を設置する（後略）」旨が示されています。[*61]

このように、2014年の情報監視審査会の創設は、前年の特定秘密保護法の成立の「副産物」と言えます。

(3) 情報監視審査会の組織、権限及び創設以降の活動実態

以下では、情報監視審査会の制度の概要（組織、権限等）及び創設以降の活動実態を概観します。なお、他国との比較が可能となるよう、ギルモア等の示した基準（本章4）に基づいて整理を行っています。[*62]

①法的根拠　衆参両院の情報監視審査会は国会法等に根拠を有する常設の機関です。[*63] 同法11章の4（102条の13から21）が同審査会の組織、権限等を定めています。これらを定める国会法等の改正法案は、2014年6月20日に成立し、同年12月10日に施行されました。さらに、組織運営の詳細等は、衆議院情報監視審査会規程（同年6月13日議決、以下、衆情規）[*64]及び参議院情報監視審査会規程（同年6月20日議決、以下、参情規）[*65]によって定められています。両院の規程は細部に若干の相違はあるもののほぼ同一です。

欧米先進諸国における類似の機関の中には、法律上の根拠を有しないものもあります。例えば、米国連邦議会上下両院のインテリジェンス問題の担当委員会は、議会の議決を根拠に設置されています。こうした例に比較すると、法律上の根拠を持つ日本の制度は組織の基盤がより強いと評価し得ます。

②監視対象組織の範囲　情報監視審査会の設置目的は、行政における特定秘密保護制度の運用を常時監視することと定められています（国会法102条の13）。特定秘密保護法の定める特定秘密を取り扱う行政機関は全て同審査会の監視の対象となります。したがって、ICの構成機関も特定秘密を取り扱う限り全て同審査会の監視対象に含まれます。

欧米先進諸国における類似の機関の中には、ICの一部の構成機関に対する監視権限しか有しないものもあります（例えばカナダ）。

ただし、日本の場合、ICの構成機関の活動であっても、特定秘密保護制度の運用と無関係の活動は同審査会の監視の対象とはなりません（例えば、予算、人事等を含む組織運営に関連する事柄等）。こうした点において、情

報監視審査会の権限範囲は、欧米先進諸国における類似の機関の有する権限に比較して限定的です。*66

③構成員の構成員（人数、資格等）、独立した事務局

衆参両院の情報監視審査会規程（2条～6条）は、審査会の委員の任免、任期等を定めています。

任命　両院の審査会とも委員数は8人であり（衆参情規2条）、会期の始めに議院においてその議決により選任されます（同3条1項）。会長は同審査会において委員が互選します（同7条1項）。

欧米先進諸国における類似の機関の中には、過去には、議会（ないし議院）ではなく首相等が任命権者の場合もありました（例えば２０１３年の制度改編前のイギリス）。こうした例に比較すると、日本を含む現在の各国の制度は監視対象である行政府からの独立性がより高いと評価し得ます（例外は独立行政機関であるカナダの場合）。

委員は常に各議院の国会議員の中から選任されると解されます。すなわち、非議員である民間有識者等が選任されることはありません。欧米先進諸国における類似の機関における状況もほぼ同様です（例外は独立行政機関であるカナダの場合）。委員が民主的な選挙を経た議員に限定されることは、民主的統制の観点からは積極的に評価し得ます。他方で、こうした場合、効果的な監督に必要な専門性をどのように確保するかが問題となります。*67

配分　委員の数は「各会派の所属議員数の比率により、これを各会派に割り当て選任する」と定められています（衆参情規3条2項）。

欧米先進諸国における類似の機関の中では、オーストラリアでも同様の制度が採られています。他方、インテリジェンス業務の性質に鑑み、党派性を薄めるための措置が取られている例もあります。米国連邦議会上院のインテリジェンス問題特別委員会では、15人の委員数が常に与党8人、野党7人に配分されます。また、ドイツの制度では、議長は与野党会派の1年交代とされています。こうした例に比較すると、日本の制度は、議会における政治的党派対立の影響を受ける可能性が高い制度と考えられます。*68

事務局　両院の情報監視審査会規程は、情報監視審査会の事務局の設置及び所要の職員の配置を定めています（衆情規32条、参情規31条）。かかる措置によって、監督対象である行政機関からの財政的・人員的な独立が確保されていると評価し得ます。[*69] 欧米先進諸国における類似の機関においても概ね同様の措置が採られています。

④権限

勧告権　情報監視審査会の目的は、行政機関による特定秘密保護制度の運用が適切に行われているか否かを監視することです（国会法102条の13）。[*70] 監視の実効性を担保するため、審査会には行政機関に対する勧告権が付与されています（国会法102の16）。[*71] ただし、勧告権は強制権限を伴うものではありません。

欧米先進諸国における類似の機関にも同種の権限を持つものは少なくありませんが、インテリジェンス業務の特性に鑑み、いずれも日本の場合と同様、強制権限を伴うものではありません。したがって、日本の制度は、欧米先進諸国に比較して特段劣っているものではないと評価し得ます。

2014年12月の制度の発足以降、これまでに当該勧告が発せられた例はありません。ただし、法令上の根拠を持たない「政府に対する意見や指摘」は頻繁になされています（図表12-2）。こうした意見や指摘の内容は衆参両院の審査会の年次報告書に掲載されており、政府が具体的な対応を行わない場合には勧告を行う旨が報告書にも明記されています。実際に、こうした意見や指摘に基づき、IC構成機関における特定秘密の取扱実務等に変更が加えられた例も少なくありません。こうした法令上の根拠を持たない非公式な手法の活用は、行政府による通達等の発出と同様、日本の政治・行政文化の中では一般的な慣行と言えます。

これまでに審査会が政府に対して出した意見や指摘の多くは特定秘密保護制度の運用に関する事柄（例えば、各省庁における特定秘密の指定の基準や簿冊の管理の在り方等）であり、インテリジェンス業務に直接関係するものではありません。しかし一部には、インテリジェンス業務に深く関係している事項も含まれています（図表12-2）。

図表 12-2　衆参の情報監視審議会の年次報告書の発行及び政府に対する意見等の状況

衆議院

	報告書提出日	報告書がカバーする期間	頁数	特定秘密の提出等要求	政府に対する意見等（うち、インテリジェンス関連）
1	16年3月30日	14年12月10日〜 16年1月31日	147頁	1件	6件（1件）
2	17年3月29日	16年2月1日〜 17年1月31日	222頁	2件	6件
3	18年3月28日	17年2月1日〜 18年1月31日	236頁	4件	7件
4	19年3月26日	18月2月1日〜 19年1月31日	214頁	1件	9件（1件）
5	20年3月17日	19年2月1日〜 20年1月31日	239頁		7件（1件）

参議院

	報告書提出日	報告書がカバーする期間	頁数	特定秘密の提出等要求	政府に対する意見等（うち、インテリジェンス関連）
1	16年3月30日	15年3月30日〜 15年12月31日	64頁	4件	11件（1件）
2	17年6月7日	16年1月1日〜 17年4月30日	81頁		1件（1件）
3	18年12月6日	17年5月1日〜 18年11月30日	158頁		9件（1件）
4	19年12月4日	18年12月1日〜 19年8月31日	115頁	4件	8件
5	20年11月12日	19年9月1日〜 20年8月31日	154頁	1件	4件

※ 2020年12月5日（第203回国会の閉会日）現在。特定秘密の提出等要求の件数は、同一の省庁に対する同種の内容の要求はまとめて1件に計算しています。実際に提出・提示された文書の件数を示すものではありません。

出典：衆参の情報監視審議会の年次報告書記載の情報を基に筆者作成。

特に、衆参双方の審査会において、いわゆるサード・パーティー・ルールの取扱いに関する意見や指摘が複数回出されています。[*72] また、特定秘密以外の秘密等の審査会への開示の問題、[*73] いわゆるニード・トゥ・ノウの取扱い等に関しても出されています。[*74] この背景には、審査会の審議において実際にこれらの事項に関する議論が活発に行われている実態があります。[*75]

その他　米国の連邦上下両院のインテリジェンス問題の担当委員会は、インテリジェンス関連の予算の審議・議決権、IC構成機関の幹部人事の承認権限（上院のみ）等、他の欧米先進諸国における類似の機関

図表 12-3　衆参の情報監視審査会の会議開催状況

国会会期	各会期の日数			情報監視審査会の会議開催回数			
				衆議院		参議院	
	招集日	終了日	日数	会期中	会期外	会期中	会期外
189	2015-01-26	2015-09-27	245	8		8	7
190	2016-01-04	2016-06-01	150	6		4	
191	2016-08-01	2016-08-03	3			1	
192	2016-09-26	2016-12-17	83	6		6	
193	2017-01-20	2017-06-18	150	7		2	
194	2017-09-28	2017-09-28	1				
195	2017-11-01	2017-12-09	39	6		1	
196	2018-01-22	2018-07-22	182	9		7	
197	2018-10-24	2018-12-10	48	6		1	
198	2019-01-28	2019-06-26	150	5		6	
199	2019-08-01	2019-08-05	5			1	
200	2019-10-04	2019-12-09	67	7		4	
201	2020-01-20	2020-06-17	150	3		5	
202	2020-09-16	2020-09-18	3				
203	2020-10-26	2020-12-05	41	4		4	
合計				67	0	50	7

※ 2020 年 12 月 5 日（第 203 回国会の閉会日）現在。

出典：衆参の両院の公式 HP 掲載の情報を基に筆者作成。

に比較して、より強い権限を有しています（本章2）。日本の制度ではこうした権限は認められていません（非公開情報に対するアクセス権限については別途後述）。

⑤会議の開会の頻度　情報監視審査会の会議の開催に関しては、「会期中であると閉会中であるとを問わず、いつでも開会することができる」（衆参情規９条）以外には特段の定めはありません。

実際の会議の開催頻度は平均して、衆議院の審査会は概ね約20日に1回、参議院の審査会は概ね28日に1回となっています（図表12-3）。

欧米先進諸国における類似の機関の会議の開催頻度は、原則として概ね週1～2回（議会会期中）とされています。これらに比較すると、日本の状況はやや頻度が低いものの、大きな支障が生じているとはみられません。

⑥委員の任期

制度概要　委員の任期に関しては、「議員の任期中その任にあるものとする」と定められています（衆参情規3条1項）。委員は原則として任期中に地位を失うことはありません。すなわち委員の身分は保証されています。[*76] 欧米先進諸国における類似の機関の委員の身分保証も概ね同様です。

例外的に解任され得る事由は2つあります。第1は、特定秘密等の漏洩により懲罰を科せられた場合です（衆情規5条3項、参情規5条2項）。ただし、これまでのところ、実際に解任された例はありません。第2は、選挙、会派の組み換え等により各会派の所属議員数の比率に変更が生じた場合です（衆参情規3条3項）。

実際の運用状況　第189回国会（2015年1月～9月）から第203回国会（2020年10～12月）までの間、衆議院では28人の議員が委員を務め、平均任期は19・7カ月です（与党議員（19人）は21・9カ月、野党議員（9人）は15・2カ月）。参議院では31の議員が委員を務め、平均任期は17・8カ月です（与党議員（19人）は18・1カ月、野党議員（12人）は17・4カ月）。最長の在任期間は衆院が58・2カ月、参院が59・9カ月で、いずれも5年近くになっています。ただし、両院とも、現職委員の中に、制度創設以来継続して委員を務めている者は存在しません。

こうした委員の実際の任期が長いか短いかの評価は容易ではありません。ただし、例えば、警察に対する民主的統制を担う公安委員会制度（独立行政機関）においては、国家公安委員は任期5年（再任1回可能）であり、都道府県公安委員は任期3年（再任2回可能）です（警察法8条及び40条）。また、米国の連邦上下両院のインテリジェンス問題の担当委員会においては、5年間以上委員を務める例も少なくありません。ファインスタイン（Dianne Feinstein）上院議員（民主党）は、2001年以降本書執筆時（2021年4月）まで約20年間継続して委員を務めており、委員長を約6年間（2009～2015年）、副委員長を約2年間（2015～2017年）務めています。

こうした例と比較すると、日本の衆参両院の情報監視審査会の委員の在任期間の現状はやや短いと評価し得ます。一般に、長期の在任期間は、監督業務に必要な専門性を蓄積する上では好ましいとみられます。[*77]

⑦**内部告発（公益通報）制度**　情報監視審査会が独自にIC関係者からの内部告発等を受理する制度は特段定められていません。欧米先進諸国の類似の機関では、米国始め一部の国でこの種の制度が整備されています。

⑧**活動報告**　衆参両院の情報監視審査会はそれぞれ、活動報告書を最低年1回作成し、公表することとされています（衆参情規22条1項及び3項）。[*78]必要に応じて、これ以外にも適宜報告書を作成、提出することが可能です（同条2項）。

こうした報告書の作成、公表の義務化は、日本の国会においては異例です（例えば、憲法審査会には類似の制度は存在しません）。背景に、同審査会の審議及び会議録は原則として非公開であることから、これとバランスをとり公開性や透明性を確保するための措置と考えられます。欧米先進諸国の類似の機関においても、イギリスやオーストラリアにおいて同種の制度がみられます。

衆参両院の情報監視審査会の創設以降２０２０年10月末までの各報告書の発行日及びその分量をみると、概ね順調に発行されていると評価し得ます（図表12-2）。

⑨**非公開情報へのアクセス権限**　情報監視審査会は、非公開情報に対する一定のアクセス権限を有します。すなわち、国会法１０２条の15は、同法１０２条の13の定める調査のために、審査会が行政機関の長に対して必要な特定秘密の提出を求めることができる旨を定めています。行政機関側は、原則としてこれに応じる必要がありますが、「我が国の安全保障に著しい支障を及ぼすおそれがある」場合には当該特定秘密を提出する必要がないとされています（同条4項）。こうした安全保障上の理由等によるアクセス権の制限は、欧米先進諸国の類似の制度においても存在します。したがって、日本の制度は、欧米先進諸国に比較して特段劣っているものではな

いと評価し得ます。

実際に特定秘密の提出・提示がなされた回数は図表12-2のとおりです。これらの中には、内閣衛星情報センターが収集・分析した情報、内閣情報調査室等が外国政府から提供を受けた安全保障関連の情報、警察庁が収集・分析した国際テロやスパイ活動に関する情報等ＩＣ構成機関のインテリジェンス業務に直接関係するものも含まれています。[*79]

なお、法令に基づき情報監視審査会のアクセス権限が認められている対象は、同法１０２条の13が定める目的（行政における特定秘密保護制度の運用の常時監視）の調査のために必要とする特定秘密に限定されます。当該調査と直接の関係のない特定秘密やその他の非公開情報へのアクセス権限までは認められていません。[*80] こうした点は、より広範なＩＣに対する統制を任務とする米英等の類似の機関の権限に比較して限定的です。

⑩秘密保全の措置　以上の①〜⑨は、リチャードソン等による、ＩＣに対する議会統制制度の国際比較のための指標です。これらに加えてもう一つ重要な点は、秘密保全の措置です。ＩＣは、その業務の性質上、秘密保全を極めて重視しています。他方、民主主義国家における議会制度は、公開性や透明性を重視しています。したがって、両者の適切なバランスを図ることは、「議会によるＩＣに対する民主的統制の制度」の成否に影響を与える重要な要件と考えられます。こうした観点から、情報監視審査会制度には、様々な秘密保全の措置が法令により定められています。これは、戦後の日本の国会においては珍しいことです。[*81]

第1に、情報監視審査会の審議は**原則として秘密会**であり（衆参情規26条1項）、会議録も原則として非公開です（衆参情規30条1項）。日本の国会において、同様の措置は衆参の政治倫理審査会においてもみられますが、[*82] 他にはみられません。

第2に、審査会の審議は原則として**保秘設備が整った施設**で開催されます（衆参情規11条前段）。こうした措置は、日本の国会においてはこれまで例のないことです。報道によると、当該規程に基づき、両院には外部との通信等が遮断されるいわゆるシールドルームが設置されており、当該設備の場所や内部の詳細は非公開です[*83]。

第3に、審査会の委員は、選任後速やかに特定秘密等を漏洩しない旨の宣誓をしなければなりません（衆参情規4条1項）。特定秘密等を漏洩した場合には懲罰を科せられ（衆院規則234条の2、参院規則236条）、委員を解任されます（衆情規5条3項、参情規5条2項）[*84]。また、国会法102条の18等は、衆参両院の情報監視審査会の事務を行う職員に対しても機密保持のための適性評価を実施する旨を定めています。

なお、米国においては、秘密工作活動（Covert Action）に関する極めて機微な秘密事項（例えば、ドローンを利用したテロリスト等に対する準軍事的活動等）に関し、ＩＣ側は、上下両院の情報委員会の委員長及び副委員長を含む限られた少数の議会指導者のみに報告をすれば足りるとする制度（ギャング・オブ・エイト等）が定められています（第3章7、第11章4、本章2）。日本ではこうした制度は導入されていません。

(4) 情報監視審査会の評価

図表12-4は、日本の情報監視審査会の制度及び活動実態を、リチャードソン等の基準に基づきまとめたものです。

現行制度の問題点——限定的な権限

一見すると、日本の現在の情報監視審査会は、同枠組みの示す項目の多くにおいて、欧米先進諸国の類似の機関に比肩する内容をほぼ揃えているようにみえます。しかし、日本の制度では、同審査会の権限の及ぶ範囲は、特定秘密保持制度の運用に関連するものに限定されています。すなわち、同制度とは関係のない、予算、人事等を含む組織運営一般に関連する事柄等には権限は及びません。こうした点において、日本の情報監視審査会は、

図表 12-4　衆参の情報監視審議会の制度概要のまとめ

①法的根拠	○	・国会法（第 11 章の 4：第 102 条の 13-21） ・衆参両院の情報監視審査会規程（議院の議決で制定）
②監視対象組織	○	・IC 機関全てを含む、特定秘密を取り扱う機関全て
③構成員・組織 独立した事務局	○	・委員数：各院議員 8 人　・任命権者：各議院 ・委員数配分：党派の議席比率　・自前の事務局あり
④権限範囲	▲ ○	・特定秘密保護制度関連の事項のみに権限は及ぶ ・行政機関に対する勧告権あり（強制力はなし）
⑤会議の開催	○	・会期中平均 2 ～ 3 週に 1 回（慣例） ・原則として秘密会、議事録非公開、議場に保秘設備
⑥構成員の任期 身分保証	○	・任期制限なし（※実際には平均約 1 年半で交代） ・身分保証あり（非行等の理由ない罷免なし）
⑦告発制度・ 内部通報制度	△	・制度なし
⑧報告書等作成	○	・年次報告書作成（報告先：議院議長）
⑨機密への アクセス権限	○ ▲	・アクセス権限あり（例外として安全保障上の制限あり） （※ ただし、上記⑤の権限範囲上の限界あり）

凡例：○ 日本は概ね他国と同等、▲ 日本は他国より劣る、△ 何とも言えない。

出典：筆者作成。

欧米先進諸国の類似の機関に比較して劣るものと評価されます。審議の実態をみても、欧米先進諸国の類似の機関とは異なり、例えば、ICの組織運営等に関する議論はなされていません。

こうした状況の背景には、そもそも当該制度の発足の経緯が、特定秘密保護制度の創設のいわば副産物であったことが影響していると考えられます。すなわち、当該制度創設の目的はあくまで特定秘密保護制度の運用の監視であり、制度の創設に当たり、欧米先進諸国にみられる「議会によるICに対する民主的統制の機関」としての機能を付与することは明確には意識されていなかったと考えられます。[*85]

現行制度のメリット

こうした限界はあるものの、実際の情報監視審査会の審議状況に鑑みると、当該制度は、国会側におけるインテリジェンス・リテラシー（知識、理解等）の向上に資するとともに、ひいては国会とICの相互信頼の醸成に一定の積極的な効果をもたらしていると考えられます。[*86] こうした動向は、将来的に日本の国会においてより包括的なＩＣに対する民主的統制の制度を導入することがあるとすれば、そうした制度の導入・定着を容易にする効果があるとみられます。理由は次のとおりです。

第1に、現在の情報監視審査会制度は、監督権限の範囲が特定秘密保護制度の監視に限定されている点を除けば、欧米先進諸国における「議会によるＩＣに対する民主的統制の機関」に相当近い組織・権限を既に備えていると評価し得ます（図表12-4）。米国の制度には及ばないものの、イギリス、オーストラリア及びドイツの制度と比べても著しく劣るものではありません。

第2に、これまでの情報監視審査会の活動実態をみると、ＩＣ構成機関のインテリジェンス業務に直接関係する事項の取扱いも少なくありません。例えば、審査会の審議においては、サード・パーティー・ルール、ニード・トゥ・ノウを含めインテリジェンス業務に特有の業務慣行、文化等に関する議論が行われており、審査会からは政府（ＩＣ）に対してこれらの事項に関する意見や指摘も出されています。また、審査会に提出・提示された特定秘密には、衛星画像情報、国際テロ・スパイ活動関連情報等ＩＣ構成機関のインテリジェンス業務に直接関係するものも含まれています。

第3に、インテリジェンス業務の特性に鑑みると、秘密会の原則を始めとする秘密保全のための各種制度は、議会によるＩＣに対する民主的統制制度に不可欠の施策です。日本においては従来こうした制度は例外的にしか存在しませんでしたが、情報監視審査会制度の創設を機に初めて本格的に導入されました。これらの諸制度は、包括的なＩＣに対する民主的統制の機関が将来的に導入されるとすれば、ほぼそのまま活用が可能とみられます。さらに、こうした制度の運用経験は、国会におけるインテリジェンス・リテラシーの向上にも資すると考えられます。

ただし、こうした積極的な評価には問題点もあります。例えば、衆参両院の情報監視審査会の各委員の実際の在任期間は、効果的な監督の実施に必要なインテリジェンス・リテラシーの蓄積、IC側との信頼の醸成等のためにはやや短いものに止まっている可能性があります。[*87] また、議会側においては、インテリジェンスの問題に政治的な党派性を持ち込まないようにするリテラシーが求められます。

6 インテリジェンス理論と民主的統制

民主的統制の分野は、インテリジェンス理論上の諸問題が最も顕在化しやすい分野の一つです。すなわち、民主的統制の確保は、インテリジェンスの理論体系の中でも重要な理念の一つです（第3章4）。しかし、本章の中でも再三指摘しているとおり、民主的統制の理念は、秘匿性の確保、客観性の維持（特に、インテリジェンスの政治化の抑止）等の理念や考え方と衝突する場合があります。したがって、実際の制度構築に当たっては、こうした諸要素のバランスの実現を具体的に検討する必要があります。

加えて、制度の具体的な在り方を検討するに当たっては、それぞれの国の政治的、社会的、歴史的背景事情等を踏まえる必要があると考えられます（本章コラム）。

□ 本章のエッセンス

基本的な考え方——

- 民主主義国家においては、効果的なインテリジェンス活動を確保するためにも、インテリジェンス部門に対する適切な民主的統制の制度を確立することが重要と考えられます。
- ただし、民主的統制の在り方を検討するに当たっては、インテリジェンスの理論体系の中における別の理念や基本的な考え方、すなわち、秘匿性の確保、客観性の維持（特に、インテリジェンスの政治化の抑止）等にも配慮することが必要となります。また、制度の具体的な在り方は、それぞれの国の政治的、社会的、歴史的背景事情等により異なると考えられます。

・統制制度の主体としては主に立法府と行政府があり、それぞれに長所と短所があります。したがって、各国の個別の事情に応じて様々な手法を効果的に組み合わせつつ、各国にとって最適な制度を構築する必要があります。

各国の制度――

・米国の制度は、連邦議会による統制が他国に比較して非常に強力なことが特徴です。背景として、米国社会におけるＩＣに対する不信感の文化、米国政治における連邦議会と大統領・行政府の間の緊張・競争関係の文化等があると考えられます。

・イギリスの制度は、米国に比較するとやや緩やかな制度です。背景として、伝統的に社会におけるＩＣに対する不信感が比較的薄いこと、同国における立法府と行政府の関係は一般に「コリジアリティと合意形成の文化」を背景とした信頼関係であること等があると考えられます。

日本の情報監視審査会――

・日本においてはこれまで、ＩＣに対する民主的統制を専門に担当する機関は設置されていません。

・２０１４年に設置された衆参両院の情報監視審査会は、特定秘密保護制度の運用状況の監視を目的としており、ＩＣに対する広範な監督を専門的に担うことは同審査会の直接の目的ではありません。

・同審査会の権限の及ぶ範囲も、特定秘密保持制度の運用に関連するものに限定されています。したがって、同審査会は、欧米先進諸国における議会によるＩＣに対する民主的統制の機関に比較すると限界があります。

・他方、実際の同審査会の活動状況に鑑みると、当該制度は、国会側におけるインテリジェンス・リテラシーの向上、国会とＩＣの相互信頼の醸成に資するものと言えます。こうした動向は、将来的に日本の国会においてより包括的なＩＣに対する民主的統制の制度を導入することがあるとすれば、そうした制度の導入・定着を容易にする効果があるとみられます。

インテリジェンス理論と民主的統制――

・民主的統制の分野は、インテリジェンス理論上の様々な理念や考え方の衝突が最も顕在化しやすい分野の一つです。

・具体的には、秘匿性の保持、客観性の維持（特に、インテリジェンスの政治化の抑止）等の理念や考え方と衝突する場合もあります。したがって、実際の制度構築に当たっては、こうした諸要素のバランスの実現を具体的に検討する必要があります。

COLUMN

インテリジェンスと文化――米英の比較[1]

各国におけるインテリジェンスの機能や制度は、それぞれの国の政治的、歴史的、社会的文化の影響の下に構築されていると考えられます。例えば、イギリスと米国では、インテリジェンスの文化は相当異なるとみられます。

イギリス[2]

イギリスの研究者であるデイビス（Philip Davies）は、同国のインテリジェンス・コミュニティ（ＩＣ）の文化的特徴として次の2点を指摘しています。

第1は**「コリジアリティと合意形成」**の文化です。すなわち、イギリスにおいては、長い歴史の中で、行政府内の各組織の間及び立法府と行政府の間に「コリジアリティ（collegiality: 同輩的協力関係）」と呼ばれるインフォーマルかつ主体的な協力関係の文化が構築されているとみられます。この結果、イギリスのＩＣには各組織の間で主体的な合意形成が得られやすいとみられます。[3]

第2は**「組織間の相互依存」の文化**です。すなわち、コリジアリティと合意形成の文化に加え、イギリスのＩＣの仕組みは米国等に比較して簡素であることから、ＩＣ内において無用な組織間の権限争いや官僚主義的競争が比較的発生しにくいとみられます。[4]

こうした文化が形成された歴史的要因として、奥田（２００７）は次の諸点を指摘しています。[5] 第1に、歴史上の様々な難局に対処するに当たり「政策とインテリジェンスの良好な協力関係」が重要な役割を果たしたという「歴史上の記憶」がイギリス社会及び政府内において共有されていることです。第2は、（米国等に比較すると）政策部門に対するＩＣの安定した地位が構築されていることです。第3は、（米国の行政機構における猟官制度に対して）中立的な官僚機構の歴史が確立されていることです。

このように、イギリスのインテリジェンス文化は、同国のインテリジェンス活動の持つ長い歴史とそれを取り巻く諸事情の中で醸成されたと考えられます。

米国の特徴

デイビス等は、米国のＩＣの文化的特徴として次の2点を指摘しています。

第1は、**「分離主義的（divisive）」あるいは「官僚主義的・縄張り主義的」な組織文化**です。これは、イギリスの「コリジアリティと合意形成」とは逆の傾向です。[6]

第2に、こうした「分離主義的な組織文化」に加え、米国のＩＣは関係機関が多く仕組みも複雑であることから、関係組織間の権限争いや官僚主義的競争が比較的起きやすく、その結果として**「効果的・協力的な統合が実現し難い」**文化があると考えられます。[◇7]

こうした文化が形成された背景には、米国社会全般にける個人主義な気質や独立主義的な気質があると考えられます。[◇8]このように、米国のインテリジェンス文化の形成の背景には、より幅広い米国社会全般に跨る文化が影響していると考えられます。

米英の文化的相違の影響の例

こうした英米のインテリジェンス文化の違いは、それぞれのICの組織の在り方等にも一定の影響を与えています。

ICの統括機関の在り方――

イギリスでは、ICを統括する機関として内閣府に合同インテリジェンス委員会（JIC：Joint Intelligence Committee）が設置されています。同委員会の権限は、米国のICの統括機関である国家情報長官（DNI）に比較すると、少なくとも制度上は限定的なものに止まっています。この背景には、IC内に育まれている「コリジアリティと合意形成」の文化や「組織間の相互依存」の文化が貢献している部分が大きいと考えられます。

これに対し、米国の国家情報長官の有する取りまとめ権限は、イギリスの合同インテリジェンス委員会に比較すると相当強力なものです。この背景には、IC内の「分離主義的」ないしは「官僚主義的・縄張り主義的」な文化を克服してICの統合を確保するためには、強力なリーダーシップが不可欠との認識があると考えられます。[◇9]

ICに対する民主的統制制度の在り方――

イギリスの場合、ICに対する民主的統制の機関として議会インテリジェンス保安委員会（ISC）があります。同委員会の機能及び権限は、2013年の機構改革によって強化される以前は、米国及びその他の諸国における統制機関に比較して非常に抑制的かつ限定的でした。機構改革以前の同委員会の活動に関しては、批判的な見解も一部にはあるものの「限定的な権限しか持たないにもかかわらず、一定の活動成果はあがっていた」等の肯定的な評価もあります。[◇10]この背景には次のような要因が考えられます。第1に、イギリスでは、ICに対する国民感情が比較的寛容であることです。すなわち、イギリスにおいてはその歴史上、インテリジェンス機関の暴走が深刻な国民の人権侵害を引き起こした事例やインテリジェンス機関が圧政の道具として利用された事例等はほとんど認識されていません。したがって、社会の中において**「ICに対する不信感の文化」**が比較的薄いものと考えられます。[◇11]第2に、「コリジアリティと合意形成の文化」を背景として、**立法府と行政府の間においても両者の信頼関係は伝統的に比較的良好**であると考えられます。[◇12]

これに対し、米国においては、立法府（連邦議会）によるICに対する統制の権限は、イギリスを始めとする他国に比較して非常に強力です。こうした制度が構築された背景には、第1に、1970年代中盤にCIAやFBIを始めとするインテリジェンス機関による各種の不正活動の疑惑が発覚したことなどから、社会の中に**「ＩＣに対する不信感の文化」**が醸成されていることがあります。第２に、合衆国憲法の定める統治の仕組みに基づく**「立法府（議会）と行政府の間の緊張・競争関係の文化」**があると考えられます。こうした傾向は、米国の行政府内における「分離主義的あるいは縄張り主義的な組織文化」とも密接に関連していると考えられます。

その他：「インテリジェンスの失敗」の原因――

イギリスの場合、「コリジアリティと合意形成の文化」は、一面において無用の組織間の衝突や競争を防ぎ、ＩＣの組織的な統合を円滑に維持するのに効果的です。しかし同時に、関係者全員が共通の前提に基づく思考を行い、無難な通説に合意が落ち着きがちである可能性が危惧されます（いわゆるグループ・シンク）（第９章２(2)）。例えば、フォークランド紛争（１９８２年）の事前察知の失敗の背景にはそうした要因があると指摘されています。◇[13]

米国の場合、「分離主義的」・「官僚主義的・縄張り主義的」な組織文化は、ＩＣ内における関係機関間の協力不足、調整不足、インテリジェンス共有不足を招く要因となり得ます。こうした点は、９１１事件（２００１年）の予測の失敗と、その後の大規模な組織改編につながります◇[14]（第７章１(3)）。

1　本稿の初出は小林（２０１２）（本書掲載に当たり大幅に修正を行っています）。

2　英米のインテリジェンス機能に対する文化の影響の問題を論じた先行研究としてはDavies (2004) があります。イギリスに関しては奥田（２０１１）も参照。

3　Davies (2004), pp. 503-509; pp. 517-518. 奥田は「コリジアリティ」に関して、「国益に向かって各省庁が一丸となって取り組む文化」と説明しています（奥田（２００７）、78・79頁；97・99頁）。

4　Davies (2004), pp. 503-509; pp. 517-518. 米国に比較するとイギリスのＩＣが比較的簡素で機関間の権限重複も少ない背景には、インテリジェンスの定義が米国よりも狭く（第２章４(3)）、その結果としてインテリジェンス機関が少数であることも関係していると考えられます（Davies (2004), pp. 503-509; pp. 517-518）。

5　奥田（２００７）、97・99頁。

6　Davies (2004), pp. 497-509. 米国のＩＣ内の機関が多い背景には、前記のとおり、「インテリジェンス」の定義が米国においてはイギリスよりも広いことがあると指摘されています（Davies (2004), op. cit., pp. 503-509, 517-518）。

7　Davies (2004), pp. 497-509.

8　Davies (2004), p. 498.

9　小林（２００９）、１８２-１９５頁。

10　Leigh (2007), pp. 192-194; 奥田（２０１１）、２３７頁。

11　Davies (2010), pp. 134-136; Krieger (2009), p. 227.

12　奥田（２００７）、97頁。

13　Davies (2004), p. 504.

14　Davies (2004), p. 507.

□第13章□

インテリジェンスの課題——伝統的な課題から新たな課題へ

インテリジェンスとは「国家安全保障に関する政策決定を支援するもの」というのが本書の立場です（第2章1及び2）。他方で、国家安全保障という言葉には必ずしも普遍的かつ明確な学術上の定義が存在しません。[*1] むしろ、国家安全保障の概念は諸情勢の変化に応じて時代とともに変容しています（第2章2）。したがって、これに応じて各国のインテリジェンスの課題や優先順位も変遷しています。

インテリジェンスの課題は具体的にどのように変遷しているのでしょうか。また、そうした状況はインテリジェンス理論とどのように関連しているのでしょうか。本章では、こうした諸問題を検討します。なお、本章で扱う内容は米国及びその同盟国等（いわゆる西側先進諸国）のインテリジェンス機関にとっての一般共通的な課題等が中心です。別の国々にとっては異なった課題があり得ます。また、西側先進諸国等においても、日本を含めそれぞれの国にごとに別途個別の課題があり得ます。

1　東西冷戦時代のインテリジェンスの課題

(1)　主要課題——ソ連の軍事的脅威

第二次世界大戦後から東西冷戦終了（1991年のソ連崩壊）までの間、米国を始め西側先進諸国の国家安全保障上の最優先課題は、当時のソ連及びその同盟国等への対応、特にソ連の軍事的脅威への対応でした。

例えば、国際政治学の伝統的なリアリズムの立場からの国家安全保障の定義の一つに「国家が、自国の領土、独立、および国民の生命、財産を、外敵による軍事的侵略から、軍事力によって、守る」というものがあります。[*2] このような見解の背景には、前記のような東西冷戦時代の情勢認識が影響していると考えられます。このような国家の動向に関わる問題（Nation State issue）、特に国家の軍事・外交に関わる問題は、国家安全保障の伝統的課題ともい言えます。

こうした情勢の下、当時の米国を始め西側先進諸国のインテリジェンスの主要課題も、ソ連及びその同盟国等の動向の分析評価、特に、ソ連の軍事的脅威の分析評価であったと言えます。

(2) インテリジェンス機能への影響

東西冷戦時代のソ連は、その「規模の広大性」と「アクセスの閉鎖性」が故に、情報収集・分析を実施することが困難な対象でした。すなわち、国土が巨大であることから軍事施設等の秘匿が容易であったことに加え、閉鎖的な国家体制の下、多くの場所へのアクセスが制限されていました。また、政治プロセスを始めとする各種情報の公開も制限されていました。

こうしたことから、当時の米国のインテリジェンス・コミュニティ（IC）は、ソ連国外の遠隔地から情報収集を図る技術的手法の開発に力を入れ、その結果、シギント及びイミントを始めテキントへの依存が高まりました。当時構築されたインテリジェンスの仕組み（諸制度、手法等）は、冷戦終了後約30年が経過した現在も依然として米国を始め西側先進諸国のインテリジェンス機能に影響を及ぼしています（第7章4）。

2 東西冷戦後のインテリジェンスの課題

(1) 国家の動向に関わる課題（Nation State Issue）の変容

1991年の東西冷戦終了後、米国を始め西側先進諸国にとっての国家安全保障上の課題は、ソ連のような国家の動向のみならず、国家の動向の枠に収まらない課題にまで拡大しています（次項）。

ただし、これは、国家の動向が全く安全保障やインテリジェンスの課題ではなくなったという意味ではありません。米国を始め西側先進諸国にとって、様々な国家の動向は、相対的な重要性は変化したとはいえ、引き続き国家安全保障上の重要課題の一部を占めています。したがって、これらの事項が、引き続きインテリジェンスの課題であることには変わりはありません。ただし、ソ連の軍事的脅威が圧倒的な優先課題であった東西冷戦時代に比較すると、課題となる国家の動向の具体的内容は多様化しています。

第1は、対象国の拡大です。例えば、米国を中心とする現在の国際秩序や民主主義に対する挑戦者として、従来からのロシアに加えて近年は中国の動向も課題となっています。[*3] また、各地域を不安定化させ米国やその同盟国の利益に影響を与え得る存在として、北朝鮮及びイランの動向も課題とされています。[*4] これらの国等は、サイバー空間、大量破壊兵器の拡散等の問題においても脅威であると考えられます。[*5] なお、北朝鮮、イラン、キューバ及びシリアは米国国務省によってテロ支援国家に指定されています。[*6]

第2は、対象となる活動の拡大です。従来からの軍事・外交的動向に加えて、対象国の経済情勢、内政（政権の安定性）等もインテリジェンスの課題となっています。[*7] なぜならば、こうした動向も当該対象国の軍事・外交の動向に影響を与える場合があり得るからです。例えば、近年の中国の外交姿勢の背景には、同国の内政や経済の事情も関係していると考えられます。

なお、1991年の東西冷戦終了後、特に2001年の911事件（第7章5）の後は、こうした国家の動向に関わる課題は、テロリズム等の非国家主体に関わる課題よりも優先度が低いとされていました。しかし、概ね2010年代中盤以降、西側先進諸国に対するイスラム過激派のテロの脅威が低落傾向をみせる一方、中国の台頭が顕著になってきました。こうしたことから、国家の動向に関わる課題の優先度は再び上昇しているとみられます（第4章3）。2021年4月に米国の国家情報長官（DNI）が連邦議会に報告した年次脅威評価報告

(Annual Threat Assessment of the U.S. Intelligence Community)（第5章2）においても、中国を始めとする国家の動向に関わる課題が優先的に記載されています。[*8]

(2) 非国家主体（Non-State Actor）の動向に関わる課題の顕在化

総　論――東西冷戦終了後の「空白の10年間」、そして911テロ事件

前記のとおり、第二次世界大戦後から東西冷戦の間、米国を始め西側先進諸国のインテリジェンスの中心的課題は、ソ連及びその同盟国等の動向、すなわち、国家の動向の枠組みで捉えられる課題（Nation State Issue）でした。しかし、１９９１年のソ連の崩壊から２００１年の９１１事件までの約10年間、西側先進諸国の国家安全保障の優先課題は、東西冷戦時代に比較してやや不明確なものとなりました。その結果、各国のＩＣの優先課題も迷走し、特に米国においてはＩＣの予算や人員の多くが削減されることとなりました。[*9] こうしたことから、この時期は西側先進諸国（特に米国）のＩＣにとっては「空白の10年間」とも言えます。

その後、２００１年の９１１事件後に米国による「テロとの闘い（War on terror）」が開始され、米国を始め西側先進諸国のＩＣの課題及び優先順位は再び明確化しました。ただし、新しい課題の多くは、従来のような国家の動向の枠組みには収まらない**非国家主体（Non-State Actor）の動向に関わる課題**あるいは**国境をまたぐ課題**（Transnational Issue）にまで拡大しました。こうした課題は、国家安全保障における**非伝統的課題**と言われるものです。例えば、テロリズム、大量破壊兵器の拡散、国際組織犯罪（特に違法薬物取引）、国際経済、健康・環境、サイバー等が該当します（サイバーの問題を除き、これらの課題はいずれも東西冷戦時あるいはそれ以前から存在していたものです。ただし、従来は国家安全保障及びインテリジェンスの課題としての優先度は高くはありませんでした）。

こうした新しい課題に対応するためには、ＩＣとしても、ソ連の軍事動向の把握を主要目的としていた従来

の手法、制度等にとらわれない変革を実行する必要に迫られています。例えば、人材確保の面においても、多様化した今日的課題に対応可能な多彩な専門知識、語学能力等を備えた人材を揃えることが必要となります。

ただし、前記のとおり、概ね2010年代中盤以降、主に中国の台頭を背景として、伝統的課題（国家の動向に関わる課題）の優先度が再び上昇しています。これに伴い、テロリズム等非伝統的課題の優先度は相対的に低下傾向にあります。*10

各論

テロリズム*11――

2001年の911事件以降、主にイスラム過激派関連のテロ対策は、米国を始め西側先進諸国の国家安全保障上の最優先課題の一つとなり、各国のICもテロ対策を最重要課題の一つと位置付けることとなりました。テロリズムそのものは911事件以前から存在していましたが、同事件によって国家安全保障及びインテリジェンスの課題としてのテロリズムの優先度が相対的に上昇したと言えます。

概ね2010年代中盤以降、西側先進諸国に対するイスラム過激派関連のテロの脅威が低落傾向を見せる中で、テロ対策の優先度は低下しつつあるとみられます。それでも、少なくとも21世紀の冒頭の約10～20年間、テロリズムは米国を始め西側先進諸国のインテリジェンス機能の在り方に大きな影響を与えました。

インテリジェンスの観点からの主な課題としては、次の諸点があります。

第1は、テロリストやテロ組織の活動が比較的小規模であることです。テロ組織等は、軍事組織等とは異なり、大規模かつ発見が容易な基地を拠点として活動するわけではなく、定期的な演習等も行いません。したがって、東西冷戦時代にソ連等の軍事組織の動向の把握を主目的として構築されたインテリジェンスの仕組み、特に、イミント等の情報収集の手法は、テロ関連の情報収集には必ずしも有効ではないとみられます（第8章5）。

第2は、テロ組織の柔軟性・不明確性です。911事件（2001年）以降、各地のテロ組織の組織形態は、国家や軍事組織のような明確なものではなく、より融通無碍なものに変容しつつあります。グループや組織の離合集散も頻繁であるほか、アルカイダ系やISIS系の組織を標榜していても実際にはそうした主要組織の中枢とはほとんど無関係な場合も少なくありません。また、近年、特に欧米先進諸国においては、いわゆるローン・ウルフ（実質的に組織やグループに所属していない単独犯）による犯行も増加しています。[*12] こうしたことからも、従来のインテリジェンスの仕組みは、テロ関連の情報収集等には必ずしも有効ではないとみられます。

第3は、倫理性の問題です。テロ組織等に対するインテリジェンス活動、特にヒューミントによる情報収集活動は、国家主体に対するインテリジェンス活動よりも倫理的に繊細な問題を含んでいるとみられます。例えば、テロ組織に対するヒューミントにおいては、情報提供の対価として人的情報源に対して支払われる金銭等はテロ活動の資金となる可能性があります。また、人的情報源のリクルートの過程においては相手方に接近し信頼を得るため、インテリジェンス機関の担当者自身もテロ活動に加担しなければならない可能性があります（第8章3）。[*13]

第4は、人種問題等を背景とするいわゆる国内テロの問題です。米国を始め西側先進諸国においては、概ね2010年台以降、イスラム過激派関連の国際テロの脅威が低落傾向を見せる一方で、白人至上主義等に基づく国内テロの問題が深刻化しています。こうした国内テロ対策においては、表現の自由、思想信条の自由等とのバランスの取り方が、国際テロ対策以上に微妙かつ困難な問題となっています。[*14]

大量破壊兵器の拡散[*15]――

核、生物、化学兵器等を始めとする大量破壊兵器の拡散は、そのこと自体が常に国家安全保障上の課題の一つと言えます。他方、東西冷戦の終了（ソ連崩壊）と911事件後のテロ情勢の深刻化に伴って、大量破壊兵器の拡散問題の優先度は以前よりも上昇しました。

背景として、東西冷戦時代においては、米ソ両国によって核兵器を始めとする大量破壊兵器の拡散には一定の抑止力が働いていました。しかし、1991年のソ連の崩壊以降、特に旧ソ連邦内においてはそうした抑止力が低下したとみられます。加えて、911事件（2001年）を契機として、テロ組織がこうした大量破壊兵器を入手・利用する可能性が改めて危惧されることとなりました。1995年3月に東京で発生した地下鉄サリン事件は、そうした認識を広める契機の一つであったと言えます。

本件に関しては、米国の視点からは、ロシア、中国、イラン、北朝鮮等が引き続き主要な警戒対象と考えられています。

インテリジェンス機関としては、大量破壊兵器の開発・入手計画の有無、計画の進捗状況、必要な技術・原料等の供給源等の把握、分析評価等が課題となります。しかし、こうした計画は秘密裡で行われるのが一般的であり、実際にはこれを正確に把握することは容易ではありません。イラクにおける大量破壊兵器問題（2003年〜）（第7章5）やインドの核実験（1998年）の予測の失敗は、核兵器開発の評価をめぐる米国ICの「インテリジェンスの失敗」の事例とも指摘されています（第2章コラム）。

国際組織犯罪（違法薬物取引）[16] ——

従来、国際組織犯罪は法執行機関の担当する課題とされ、必ずしも国家安全保障及びインテリジェンスの重要課題とは認識されていませんでした。しかし、911事件（2001年）を契機として、主にテロ対策の観点から、国際組織犯罪の優先度は以前よりも上昇しました。

背景として、国際的な組織犯罪、特に違法な薬物取引はテロ組織の資金源となっている場合が少なくありません。例えば、アフガニスタンにおけるあへん生産の利益の多くはタリバンの資金源とみられています。[17] また、テロリストやテロ組織が利用する各種犯罪インフラ（偽造旅券、いわゆる地下銀行サービス等を提供するネットワーク等）

には国際犯罪組織が関与している場合が少なくないとみられます。加えて、国家安全保障上問題のある国家が国際的な組織犯罪に深く関与している場合もあり得ます。例えば、北朝鮮は組織的に覚醒剤や偽札の生産・密輸に関与していたとみられます。

こうしたことから、米国では、2006年2月、司法省傘下の捜査機関である薬物取締局（DEA）がICの構成組織に加えられました（第7章1）。組織文化等が異なる法執行機関と伝統的なインテリジェンス機関の協力の推進、すなわち、ICの統合の促進が課題となっています。

国際経済[*18]——

一般的な経済情勢の分析等は基本的には経済官庁等の担当する課題です。しかし、近年、経済問題は国家安全保障及びインテリジェンスの重要課題としても認識されるようになっています。

第1に、経済問題が国際社会の秩序や国の外交政策に影響を与え、あるいは国際紛争の原因となる場合があります。例えば、アジア通貨危機（1997年）、リーマンショック（2008年）等は、単なる経済問題にとどまらず、関係国の国力はもとより、地域の安定や世界の政治・経済秩序にも影響を与える出来事でした。特に、これらの出来事は、国際社会における中国の相対的な地位の向上の一因になったともみられます。また、原油価格を始めエネルギー市場の動向は、ロシア、中東・中南米の産油国等の財政力、ひいては国際社会における発言力にも影響を与えているとみられます[*19]。さらに、エネルギーや水資源の確保が各国の外交政策の動機となる場合もあり、特には国際紛争等に発展する場合もあります（例えば、ナイル川をめぐるエジプトとエチオピアの対立）。

第2に、カウンターインテリジェンス（CI）の観点からは、私企業の保有する高度技術、軍事関連技術等の保護がICの重要な関心事項となります。例えば、米国の国家カウンターインテリジェンス・保安センター（NCSC）が公表している米国国家カウンターインテリジェンス戦略（2020〜2022年）は、当面のCIの目的である5項目の1つに「米国経済からの不当な搾取への対処」を掲げ[*20]、とりわけ中国による活動が懸念である旨を指摘しています[*21]。米国の場合、いわゆるスパイ法（The Espionage Act）（第10章4）とは別に経済スパイ法（The Economic Espionage Act of 1996）があり、企業秘密の漏洩等に関する罰則が定められています（合衆国法典90編1831条～1839条（18 U.S. Code §1831-1839））。

このように国家安全保障と経済をリンクさせる考え方は必ずしも新しいものではありません。米国では1970年代、日本でも1980年代頃からそうした議論はなされています[*22]。例えば、最近の「私企業の保有する高度技術等の保護」をめぐる議論は、東西冷戦時代のいわゆるココム規制の問題と類似する部分もあります。

近年、このように国家安全保障と経済問題をリンクさせる考え方が改めて注目されるようになっている背景には、①国際社会における中国の政治的・軍事的な台頭と同国の経済力の上昇がリンクしていること、②中国は西側先進諸国の持つ高度技術の獲得に熱心であり、CI上の懸念となっていること、③米国を始め西側先進諸国は中国との間で一定の経済的な相互依存関係にあることから、東西冷戦時の対ソ連関係とは異なる新たな対応策を検討する必要があること、などの事情があると考えられます。

なお、こうした状況は、いわゆる**経済安全保障**の概念とともに議論される場合もあります。ただし、経済安全保障という概念そのものが必ずしも定義が明らかではなく、様々な理解が可能です[*23]。したがって、経済安全保障との関連でインテリジェンスを議論する際には、議論の混乱を避けるため、その都度概念の確認が必要です[*24]。

健康・環境[*25]――

近年、健康問題や環境問題が国家安全保障及びインテリジェンスの課題と認識されるようになっています。健康問題とは例えば、新型コロナウイルス、AIDS、SARS、エボラ熱等の感染症の問題を含みます。環境問題とは例えば、気候変動、地球温暖化、干ばつ、砂漠化等の問題を含みます。

従来これらの事項は、必ずしも国家安全保障上の重要課題とは認識されていませんでした。しかし、感染症の感染拡大、干ばつ・飢饉等が深刻な場合には、当該国の国力に直接影響を与え、地域情勢の不安定化に繋がる場合もあります。また、こうした事態への関係国の対応振りが国家安全保障情勢に影響を与える場合もあります。

例えば、２０２０年初頭以降の新型コロナウイルス感染症の拡大は世界の政治、経済等に多大な影響を与えました。同感染症の拡大が各国の国力に直接影響を与えるのみならず、他国へのワクチンの供給が外交的影響力拡大の道具として利用されたとの指摘もあります。[*26] なお、報道によると、ＣＩＡは、同感染症の感染拡大の本格化以前から、本件に関係する脅威評価をトランプ（Donald Trump）大統領（当時）に報告をしていたとみられます。[*27]

こうした分野をインテリジェンスの対象と捉える考え方は比較的新しい状況です。したがって、ＩＣとしての専門知識の蓄積や人材の確保が課題となります。[*28]

また、こうした課題を国家安全保障及びインテリジェンスの課題と位置付けることに関しては、依然として様々な見解があります。例えば、２０２１年に誕生した米国のバイデン（Joe Biden）政権は気候変動問題を国家安全保障上の重要課題と位置付けています。[*29] しかし、トランプ政権はそうした考え方に消極的でした。

サイバーセキュリティ[*30]――

近年の情報通信技術の急速な発展に伴い、ネットワークシステム（サイバー空間）を利用した様々な活動が国家安全保障上の脅威となる場合が多くなっています。したがって、こうした脅威への対応、すなわちサイバーセキュリティが国家安全保障及びインテリジェンスの課題となっています。こうした活動は、各国のインテリジェンス機関を始め国家機関によって実行される場合もあります。加えて、テロ組織、犯罪組織、いわゆるハッカー集団等の非国家主体、さらには個人によっても実行され得ます。主に次の２類型があります。

第1は、政府機関や私企業の有する情報等がネットワークシステムを通じて窃取される場合です。特に、他国のインテリジェンス機関によるネットワークシステムへの侵入（いわゆるハッキング）によって実行される場合には、サイバー空間を利用したシギント活動に該当すると考えられます（第8章1）。米国の国家カウンターインテリジェンス・保安センター（NCSC）が2018年に公表した報告書「サイバー空間における外国の経済スパイ（Foreign Economic Espionage in Cyberspace）2018年版」においては、主な脅威として中国、ロシア、イランの活動が指摘されています。[*31] 例えば、米国では、2014年5月に中国人民解放軍関係者等がサイバー空間を活用したスパイ活動で訴追されています（第10章3）。

第2は、重要施設等に対するサイバー空間を通じた破壊活動等です。特に、他国のインテリジェンス機関によって実行される場合には、サイバー空間を利用した秘密工作活動（サボタージュ）に該当すると考えられます（第11章2）。例えば、2010年にイランの核燃料施設がコンピューターウイルスに感染された事案（スタックスネット（Stuxnet）事案）は、米国とイスラエルのインテリジェンス機関による秘密工作活動とみられます。[*32]

こうした状況に対処するため、CIの分野においても、サイバー攻撃への対処能力の向上が重要な課題となっています（第10章5）。例えば、米国の国家カウンターインテリジェンス戦略（2020〜2022年）は、当面のCIの目的である5項目の1つに「外国のインテリジェンス活動に対抗するためのサイバー能力の向上」を掲げています。[*33]

他方で、各国においては伝統的に、サイバーセキュリティ担当部門とICは別個である場合も少なくありません。こうした場合、両者間の円滑な連携の構築が課題となります。米国の場合、ICの中でシギント業務を担う国家安全保障局が、外国からのサイバー攻撃等に対するCIに中心的な役割を果たすこととされています。あわせて、同局長官は2009年に新設されたサイバー軍（Cyber Command）の司令官を兼務するのが慣例となっています（第7章1、第8章1及び4、第10章5）。

日本では、総務省、防衛省・自衛隊、警察庁等がそれぞれの所掌事務の範囲内でサイバーセキュリティに携わっています。また、内閣サイバーセキュリティセンター（NISC）が、政府の「サイバーセキュリティ戦略」（2015年（平成27年）9月4日閣議決定）に基づき、関係施策の総合調整を担っています。[*34] ただし、同センターはICの構成機関ではないなど、米国に比較してICとサイバーセキュリティ担当部門の連携が薄いとの指摘もあります（第10章5）[*35]。

3　インテリジェンス理論との関係

本章で概観した諸問題は主に現実の課題に直結したものであり、他の章の問題に比較すると理論との関連はやや薄いようにも見えます。しかしながら、インテリジェンスの優先課題の変容に応じた情報収集の手法のバランスの見直し（例えば、テキントとヒューミントのバランス）、インテリジェンス組織の在り方の見直し（例えば、薬物捜査機関やサイバーセキュリティ担当機関と伝統的なインテリジェンス機関の関係）等の理論的な問題に関係している面もあります。

これらの課題に明確な回答を得るのは容易ではありません。ただし、検討に当たっては、インテリジェンス理論の体系の全体像を踏まえることが重要と考えられます。

□ 本章のエッセンス

東西冷戦時代のインテリジェンスの課題――

・東西冷戦時代、、米国を始め西側先進諸国の国家安全保障上の最優先課題は、ソ連の軍事的脅威への対応でした。このような国家の動向に関わる問題（Nation State issue）、特に国家の軍事・外交に関わる問題は、安全保障の伝統的課題とも言えます。

・当時の米国を始め西側先進諸国のインテリジェンスの主要課題もソ連の軍事的脅威の評価でした。現在の米国のＩＣの特徴点の一つである科学技術への高い依存度は、こうした課題に対応するべく、東西冷戦時代に形作られました。

東西冷戦後のインテリジェンスの課題――

・東西冷戦終了後、米国を始め西側先進諸国にとっての国家安全保障上の課題は、国家の動向に関わる課題に加え、**非国家主体（Non-State Actor）の動向に関わる問題**すなわち**非伝統的な課題**にまで拡大しています。こうした新たな課題としては、テロリズム、大量破壊兵器の拡散、国際組織犯罪（違法薬物取引）、国際経済、健康・環境、サイバーセキュリティ等があります。

・国家の動向に関わる課題も引き続き重要ですが、以前に比較して対象国及び対象となる活動が拡大しています。

・こうした新しい状況に対応するためには、ＩＣとしても、従来の手法、制度等にとらわれない変革を実行する必要に迫られています。

インテリジェンス理論との関係――

・インテリジェンス理論の観点からは、インテリジェンスの優先課題の変容に応じた情報収集の手法のバランスの見直し、インテリジェンス組織の在り方の見直し等が課題となります。

【さらに学びたい方のために】

・土屋大洋（2020）『サイバーグレートゲーム―政治・経済・技術とデータをめぐる地政学』千倉書房。
　サイバーセキュリティの問題が国際政治に与える影響等に関して俯瞰的に説明されています。特に第5章は、インテリジェンスの問題との関係が論じられています。

本書注——

※ 本書において、インターネット上のサイトの最終閲覧日は、特段の注記がない限り、2021年4月1日。

【第1章注】

1 厳密には、契約等に基づきインテリジェンス機関の業務に関係している一般企業等の従業者等も広義の実務家に含まれ得ると考えられます。例えば、情報収集衛星の開発、保守等を担う一般企業の従業者員等が考えられます。こうした人々は、特定秘密保護法第5条第4項～第6項、第12条等に基づき、同法の定める「適合事業者の従業者」として適性評価の対象となります（第10章6）。

2 Rudner (2009), p. 110.

3 厳密には、政府機関のみならず、地方自治体のインテリジェンス部門（例えば、日本の場合は都道府県警察のテロ対策部門、米国の場合は地方自治体警察のテロ対策部門等）の職員等も含まれます。

4 一般企業等において「現場の情報が経営陣に十分に届いていなかったために経営判断を誤った」というような場合においても、「なぜ経営陣は、現場の情報が適切に届くように制度等を整備しておかなかったのか」等の非難がなされる場合があり得ます。例えば、「かんぽ経営責任触れず　「情報上がらない」繰り返す　中間報告」『読売新聞』2019年10月1日東京朝刊8頁。

5 "Economy and COVID-19 Top the Public's Policy Agenda for 2021," *The Pew Research Center*, January 28, 2021. https://www.pewresearch.org/politics/2021/01/28/economy-and-covid-19-top-the-publics-policy-agenda-for-2021/

6 例えば、911事件（2001年）の原因究明を行った米国のいわゆる「911テロ独立調査委員会」の調査報告書（The 9/11 Commission Report: Final Report of the National Commission on Terrorist Attacks Upon the United States）は、2004年の発刊後に一般書籍としてベストセラーとなり、米国の一般国民の間でも広く読まれたとみられます（"Success of 9/11 Commission Report Surprises," *American Books Association*, July 28, 2004. https://www.bookweb.org/news/success-911-commission-report-surprises）。

【第2章注】

1 ローエンタールによる定義は次のとおりです（Lowenthal (2019), p. 9（番号は筆者が付したもの））。

"The intelligence is

(1) the process by which specific types of information important to national security are requested, collected, analyzed, and provided to policy makers;

(2) the products of these process;

(3) the safeguarding of these processes and this information by counterintelligence activities; and

(4) carrying out of operations as requested by lawful authorities."

本書の定義はこの中の⑴及び⑵に該当します。すなわち、正確には、ローエンタールの定義は本章の定義よりも広いものになっています（詳細は本章4及び第10章1）。

2 Lowenthal (2019), p. 9.

3 Lowenthal (2019), pp. 4-5.

4 例えば Lowenthal (2019), p. 253.

5 本書の分析は、2012年5月2日に米NBCの報道番組"Rock

"Center with Brian Williams" で放映された、オバマ大統領を始め当時の政府関係者に対するインタビューの内容に基づくものです。

6 神谷（2018）、3-10頁。なお、日本の特定秘密保護法第1条は、安全保障を「国の存立に関わる外部からの侵略等に対して国家及び国民の安全を保障することをいう」と定義しています。

7 神谷（2018）、4頁。

8 神谷（2018）、10-13頁。

9 北岡（2009）、211頁。

10 Lowenthal (2019), p. 7.

11 一般に、「政策決定は然るべき根拠に基づくものであるべし」とされます（いわゆる「エビデンスに基づく政策決定」等とも言われます）。しかし、これは必ずしも「政策決定の前提となる情勢評価の見通し等が100%明確に保証されていなければならない」旨を厳格に要求する趣旨ではないと考えられます。本文中にも示したとおり、実際の国家安全保障の現場においては、その時点における情勢評価の確度が50〜60%程度でしかない状況で政策判断が行われなければならない場合は少なくありません（兼原（2021）、134頁）。

12 大野（2012）、261-269頁。

13 前記の天気予報番組の例においても、同じ降水確率を聞いたとしても、実際に外出時に傘を持参するか否かの判断は各視聴者の価値観（荷物が多くても構わないか、なるべく身軽でいたいか、絶対濡れたくないか、多少濡れても構わないか等）によって様々であると考えられます。

14 イギリスの研究者のデイビス（Philip Davies）は、こうした観点から、米英両国のインテリジェンス概念の相違の背景を論じています（Davies (2002), pp. 62-66）。

15 国家安全保障法第3条（合衆国法典第50編第3003条（50 U.S. Code §3003））は、第1項において、「インテリジェンスには対外インテリジェンス（foreign intelligence）とカウンターインテリジェンス（counterintelligence）が含まれる」とした上で、第2項及び第3項でそれぞれ対外インテリジェンスとカウンターインテリジェンスの定義を示しています。また、同条第5項は国家インテリジェンス（national intelligence）の機能を説明しています。同法第3条の条文は次のとおりです。

As used in this Act:

(1) The term "intelligence" includes foreign intelligence and counterintelligence.

(2) The term "foreign intelligence" means information relating to the capabilities, intentions, or activities of foreign governments or elements thereof, foreign organizations, or foreign persons, or international terrorist activities.

(3) The term "counterintelligence" means information gathered, and activities conducted, to protect against espionage, other intelligence activities, sabotage, or assassinations conducted by or on behalf of foreign governments or elements thereof, foreign organizations, or foreign persons, or international terrorist activities.

(4) 略

(5) The terms "national intelligence" and "intelligence related to national security" refer to all intelligence, regardless of the source from which derived and including information gathered within or outside the United States, that—

(A) pertains, as determined consistent with any guidance issued by the President, to more than one United States Government agency; and

(B) that involves—

(i) threats to the United States, its people, property, or interests;

(ii) the development, proliferation, or use of weapons of mass destruction; or

(iii) any other matter bearing on United States national or homeland security.

(6), (7) 略

16 国家情報長官室（ODNI）HPは、「インテリジェンスとは何か（What is intelligence?）」という頁において、国家安全保障法第3条第5項に示されている国家インテリジェンスの機能を引用しています（"Intelligence is information gathered within or outside the U.S. that involves threats to our nation, its people, property, or interests; development, proliferation, or use of weapons of mass destruction; and any other matter bearing on the U.S. national or homeland security." https://www.dni.gov/index.php/what-we-do/what-is-intelligence）。しかし、インテリジェンスの定義そのものは明示されていません。

17 同法は、イギリスの対外インテリジェンス機関である秘密情報部（SIS）及びシギント機関である政府通信本部（GCHQ）の設置、活動等の根拠法令。同法第1条及び第3条は次のとおり定めています。

1 The Secret Intelligence Service.

(1) There shall continue to be a Secret Intelligence Service (in this Act referred to as "the Intelligence Service") under the authority of the Secretary of State; and, subject to subsection (2) below, its functions shall be—

(a) to obtain and provide information relating to the actions or intentions of persons outside the British Islands; and

(b) to perform other tasks relating to the actions or intentions of such persons.

(2) The functions of the Intelligence Service shall be exercisable only—

(a) in the interests of national security, with particular reference to the defence and foreign policies of Her Majesty's Government in the United Kingdom; or

(b) in the interests of the economic well-being of the United Kingdom; or

(c) in support of the prevention or detection of serious crime.

2 略

3 The Government Communications Headquarters.

(1) There shall continue to be a Government Communications Headquarters under the authority of the Secretary of State; and, subject to subsection (2) below, its functions shall be—

(a) to monitor, make use of or interfere with electromagnetic, acoustic and other emissions and any equipment producing such emissions and to obtain and provide information derived from or related to such emissions or equipment and from encrypted material; and

(b) to provide advice and assistance about—

(i) languages, including terminology used for technical matters, and

(ii) cryptography and other matters relating to the protection of information and other material,to the armed forces of the Crown, to Her Majesty's Government in the United Kingdom or to a Northern Ireland Department or, in such cases as it considers appropriate, to other organisations or persons, or to the general public, in the United Kingdom or elsewhere.

(2) The functions referred to in subsection (1)(a) above shall be exercisable only—

(a) in the interests of national security, with particular

reference to the defence and foreign policies of Her Majesty's Government in the United Kingdom; or

(b) in the interests of the economic well-being of the United Kingdom in relation to the actions or intentions of persons outside the British Islands; or

(c) in support of the prevention or detection of serious crime.

(3) 略

18 同法は、イギリスの国内インテリジェンス機関である保安部（ＳＳ）の設置、活動等の根拠法令です。同法第１条は次のとおり定めています。

1 The Security Service.

(1) There shall continue to be a Security Service (in this Act referred to as “the Service”) under the authority of the Secretary of State.

(2) The function of the Service shall be the protection of national security and, in particular, its protection against threats from espionage, terrorism and sabotage, from the activities of agents of foreign powers and from actions intended to overthrow or undermine parliamentary democracy by political, industrial or violent means.

(3) It shall also be the function of the Service to safeguard the economic well-being of the United Kingdom against threats posed by the actions or intentions of persons outside the British Islands.

(4),(5) 略

19 ２０１９年５月24日、第１９８回国会の衆議院経済産業委員会において、森美樹夫内閣情報調査室次長（当時）は「（略）法令にインテリジェンスという言葉が、用語がないものでございますから（略）」と答弁しています。なお、衆議院議員からの質問主意書（２００６年（平成18年）３月３日提出の質問第１２２号「インテリジェンスの定義に関する質問主意書」（提出者　鈴木宗男議員））に対する同年３月14日付の内閣総理大臣名の答弁書（答弁第１２３号）において、「インテリジェンスとは、一般に、知能、理知、英知、知性、理解力、情報、知的に加工・集約された情報等を意味するものと承知している」と述べられています。しかし、こうした見解は、やや広範に過ぎて学術研究上の用途としては不十分なものと言えます。

20 Lowenthal (2019), p. 9.

21 Lowenthal (2019), pp. 4-5.

22 Davies (2004), pp. 503-509; pp. 517-518；小谷（２０１２）、16頁。

23 ローエンタールのインテリジェンスの定義は、政策決定支援機能（「国家安全保障上の重要な問題に関する情報が、要求に基づいて収集・分析されて政策決定者に提供される仕組み及びそうした仕組みによって生産された成果物」を中心に据えています。しかし、これに加えて、秘密工作活動（「合法的な権限者からの指示に基づき工作を実施すること（carrying out of operations as requested by lawful authorities）」）もインテリジェンスに含むこととされています（本章注１）。ローエンタールがこうした複雑な定義を唱えている背景には、政策決定支援機能と秘密工作活動は本質的に異なる機能であること、しかし現実に米国ではＣＩＡが秘密工作活動を担っていること、などを踏まえ、双方の折り合いを付ける定義を唱える必要があったと考えられます。

24 北岡（２００９）、６頁。

25 大森（２００４）、２頁。

26 山本（２０１６）、山本（２０１７）等。

【第３章注】

1 本章の初出は小林（２０１３ａ）（本書掲載に当たり大幅に修

正を行いました)。

2　Rovner (2011), p. 29.「インテリジェンスの政治化」に関する法令上の定義は日米英ともに存在しません。

3　Lowenthal (2019), pp. 186-189.

4　"Former top CIA analyst on al Qaeda, Iraq and 9/11," *CBS NEWS*, October 21, 2020. https://www.cbsnews.com/news/former-top-cia-analyst-on-al-qaeda-iraq-and-911/

5　同委員会の報告書の一部は、2005年5月31日に公開されています。https://fas.org/irp/offdocs/wmd_report.pdf

6　原文は次のとおり。"To be effective, the DNI must never shy away from speaking truth to power — even, especially, when doing so may be inconvenient or difficult. To safeguard the integrity of our Intelligence Community, the DNI must insist that, when it comes to intelligence, there is simply no place for politics — ever"（U.S. Senate Select Committee on Intelligence HP. https://www.intelligence.senate.gov/sites/default/files/documents/os-ahaines-011921.pdf）.

7　2021年、米国のバイデン次期大統領（当時）は、新政権におけるCIA長官にバーンズ（William J. Burns）元国務副長官を指名した際、声明の中で「私と彼（バーンズ氏）は『インテリジェンスは非政治的でなければならない』との信条を共有している」と述べています。"He shares my profound belief that **intelligence must be apolitical**"（President-elect Biden Announces Ambassador William J. Burns as his Nominee for CIA Director," Office of the President-Elect, January 11, 2021. https://buildbackbetter.gov/press-releases/president-elect-biden-announces-ambassador-william-j-burns-as-his-nominee-for-cia-director/（太字は筆者が付したもの））.

8　例えば、1993年から1997年の間に内閣情報調査室長（現在の内閣情報官に相当）を務めた大森義夫は自著の中で、1996年1月、パキスタンのブット（Benazir Bhutto）首相（当時）の訪日前の準備として、当時パキスタンがアフガニスタン国境に近いカイバル峠にトンネルを通すことを計画していることに関してパキスタン側の意図の分析・評価を行い、首脳会談前に橋本龍太郎総理大臣（当時）に報告を行った旨を記しています。その上で、大森は次のようにも記しています。

「ついでに申せば、私は橋本・ブット会談でカイバル峠の問題がどう処理されたか、知らない。それは政策決定者あるいは外務省の問題であって、**情報（原文ママ）と政策は別々に分担される機能である**、と考える。実際にブット首相が来日した時、私は次の課題に取りかかっていた」（大森（2004）、5-6頁）（ゴチックは筆者が付したもの）。

9　実際には、会議等の場において、その場の雰囲気等により、IC幹部も政策的な見解を求められてしまう場合はあり得ると考えられます（Lowenthal (2019), p. 187）。米国のICのトップである国家情報長官（DNI）を務めたクラッパー（James Clapper）は、回顧録の中で、アルカイダの最高指導者であるオサマ・ビン・ラディン（Usama bin Laden）に対する掃討作戦（2011年5月）に関する大統領府での事前会議の際、オバマ（Barack Obama）大統領（当時）が出席者一人一人に作戦オプションに関する意見を求める一幕があった旨を記しています。クラッパーは、「自分にも発言の順番が回ってきてしまったので、私は大統領に対し『これは政策判断に関する事項なので、国家情報長官としてではなく、あくまでクラッパー個人としてお答えします』と前置きをした」上で私見を述べた旨を記しています（Clapper (2018), p. 2018）。

10　同報告書の「II 内閣機能の強化、4 内閣及び内閣総理大臣の補佐・支援体制の強化、（1）全体的な枠組みと考え方、④情報機能」の部分（総理大臣官邸HP https://www.kantei.go.jp/jp/gyokaku/report-final/）。

11 実務においても、収集部門から分析部門に提供される素材情報には当該素材情報の情報源の詳細は記されてない場合が少なくありません。特に、当該素材情報が、秘匿性の高い人的情報源から入手されたもの（ヒューミント情報）である場合にはそうした傾向が顕著と考えられます。代わりに、収集部門による当該情報源に関する信頼性の評価等が示されている場合もあります。

12 Lowenthal (2019), pp. 16-17.

13 例えばLowenthal (2019), p. 253.

14 Jensen et al. (2017), pp. 192-193.

15 Jensen et al. (2017), pp. 193-195.

16 Christensen (2016), p. 1.

17 「情報は知る必要がある者にのみ伝え、知る必要のない者には伝えない」との説明もあります（衆議院情報監視審査会（２０２０）、70頁）。

18 「提供された情報を情報提供元の承諾なくして別の第三者に提供してはならないという、主に情報機関の間に存在する実務上生まれた慣習」との説明もあります（衆議院情報監視審査会（２０１９）、74頁）。

19 “Israel Said to Be Source of Secret Intelligence Trump Gave to Russians,” *The New York Times*, May 16, 2017.

20 Samuels (2019), pp. 27-29.

21 Best (2011), pp. 2-5; Lowenthal (2019), p. 185.

22 Lowenthal (2019), pp. 16-17.

23 Lowenthal (2019), p. 17; p. 164; p. 189; pp. 436-437.

24 Lowenthal (2019), pp. 17.

25 Lowenthal (2019), pp. 296-296; DeVine (2019b), pp. 1-4; Erwin (2013), pp. 1-9. 合衆国法典第50編第３０９３条（50 U.S. Code §3093）の第ⓒ項第②号において、大統領が報告先の限定を必要と認めた場合には、４人（上下両院のインテリジェンス問題特別委員会の委員長及び少数会派筆頭委員）あるいは8人（前記の4人に加えて下院の議長と少数会派院内総務、上院の両党院内総務）のみに限定した報告が認められています。

26 Lowenthal (2019), pp. 185; Best (2011), pp. 8-13.

27 “WikiLeaks exposes tensions between need-to-know and need-to-share,” *Homeland Security News Wire*, December 13, 2010. http://www.homelandsecuritynewswire.com/wikileaks-exposes-tensions-between-need-know-and-need-share

【第4章注】

1 新村他（２０１８）、１４５５頁。

2 “facts or details about somebody/something” (OXFORD Advanced Learner's Dictionary. https://www.oxfordlearnersdictionaries.com/definition/english/information?q=information).

3 インテリジェンスとインフォメーションの違いを念頭に置いた上で、インテリジェンスの訳語として「情報」ではなく「諜報」を使用する例もみられます。しかし、「諜報」とは「相手の情勢などをひそかにさぐって知らせること。また、その知らせ」とされ（新村他（２０１８）、１９１２頁）、一般的には秘密情報の収集活動のみを指すものと考えられます。これは、本書の依拠するインテリジェンスの定義（第2章1）よりも狭いものとなります。

4 Lowenthal (2019), p. 6.

5 “N.S.A. Spied on Allies, Aid Groups and Businesses.” *The New York Times*, December 20, 2013.

6 イスラエルが米国に対するインテリジェンス活動を行っていたとみられる事案としては、ポランド（Jonathan Pollard）元米国海軍分析官の事案（１９８５年摘発）（“Jonathan Pollard, Convicted Spy, Completes Parole and May Move to Israel,” *The New York Times*, November 20, 2020; “Parole ended for Jonathan Pollard,

who spied for Israel, freeing him to leave the United States," *The Washington Post*, November 20, 2020)、フランクリン（Lawrence A. Franklin）元米国国防省分析官の事案（２００５年摘発）（U.S. Justice Department, "Defense Department Analyst Larry Franklin Arrested, Charged with Disclosing Classified Information," (May 4, 2005); "Pentagon Analyst Given 121/2 Years In Secrets Case," *The Washington Post*, January 21, 2006）等があります。

フィリピンが米国に対するインテリジェンス活動を行っていたとみられる事案としては、アルゴンチノ（Leandro Aragoncillo）元ＦＢＩ分析官等の事案（２００５年摘発）（"Two Men Are Charged With Passing Secrets to Philippines," *The New York Times*, September 13, 2005; "Ex-FBI Analyst Gets 10 Years in Spy Plot," *The Washington Post*, July 18, 2007）等があります。

台湾が米国に対するインテリジェンス活動を行っていたとみられる事案としては、カイザー（Donald W. Keyser）元米国国務次官補代理の事案（２００４年摘発）（"Powell Aide Gave Papers To Taiwan, FBI Says," *The Washington Post*, September 16, 2004; U.S. Department of Justice, "Ex-Department of State Official Donald Keyser Sentenced in Classified Info Case," (January 22, 2007)）があります。

7　モレル（Michael Morell）元ＣＩＡ副長官は、１９９０年代を通じてＣＩＡ職員数は約25％削減された旨指摘しています（Morell (2015), p. 74)。

8　例えば、『孫子』の「謀攻篇」には、「彼を知り己を知れば、百戦して殆うからず」と記されています。これは、「敵の実情を知り、また自軍の実態を知れば、何度戦っても危ういことはない」との趣旨と解されます。さらに、同書「計篇」にもインテリジェンスの考え方に通じる記載があります（湯浅（２０１０）、16-23頁)。

9　Morell (2015), pp. 72-73.

10　例えば、国家安全保障法（The National Security Act of 1947）第３条第２項（合衆国法典第50編第３００３条第２項（50 U.S. Code §3003 (2)））は、「海外インテリジェンスとは、外国政府及び海外の勢力（海外の組織、外国人、海外のテロリストの活動）の能力、意図及び、活動に関する情報を意味する（"The term "foreign intelligence" means information relating to the capabilities, intentions, or activities of foreign governments or elements thereof, foreign organizations, or foreign persons, or international terrorist activities")」と定めています。

11　Treverton et al. (2008), p. 15. ただし、国内インテリジェンスの定義に関する明確な合意は、法令上も学術上も存在しません。

12　Lowenthal (2019), p. 5; p. 37.

13　国家安全保障法第３条第５項（The National Security Act of 1947, §3 (5))（合衆国法典第50編第３００３条第２項（50 U.S. Code §3003 (2)))。同条項は、２００４年インテリジェンス・コミュニティ改編法第１０１２条（Intelligence Reform and terrorism Prevention Act of 2004, §1012）によって改正されたものです。

14　"The terms "national intelligence" and "intelligence related to national security" refer to all intelligence, regardless of the source from which derived and including information gathered within or outside the United States, that—(A) pertains, as determined consistent with any guidance issued by the President, to more than one United States Government agency; and (B) that involves—(i) threats to the United States, its people, property, or interests; (ii) the development, proliferation, or use of weapons of mass destruction; or (iii) any other matter bearing on United States national or homeland security."

15　小林（２０２０）、１９０-１９３頁。

16　大森（２００５）、32頁；黒井他編（２００８）、２４２-２４３頁（茂田宏（元外務省情報調査局長）へのインタビュー)。

17　田村（２０１９）、３１４-３３４頁。

18　奥田（２００９）、63-64頁。"CSIS: A short history of Canada's spy agency," *Ottawa Citizen*, January 31, 2015. https://ottawacitizen.com/news/politics/anti-terror-bill-a-history-of-canadas-spy-agency; "The Canadian Security Intelligence Service (CSIS): past and present," *Canadian Civil Liberties Association*, March 15, 2019. https://ccla.org/the-canadian-security-intelligence-service-csis-past-and-present/

19　Jensen III et al. (2017), pp. 299-302.

20　小林（２０１４ａ）、５５５頁。

【第５章注】

1　原文は次のとおり。"The term "intelligence process" refers to the steps or stages in intelligence, from policy makers perceiving a need for information to the community's delivery of an analytical intelligence product to them" (Lowenthal (2019), p. 67).

2　原文は次のとおり。"The intelligence cycle is a process of collecting information and developing it into intelligence for use by IC customers."（国家情報長官室の公式ＨＰ https://www.odni.gov/index.php/what-we-do/what-is-intelligence）

3　Jensen (2017), p. 173.

4　U.S. Office of the Director of National Intelligence (ODNI) (2013), pp. 4-6.

5　Lowenthal (2019), pp. 67-78.

6　原文は次のとおり。"Identifying requirements means defining those policy issues or areas to which intelligence is expected to make a contribution, as well as decisions about which of these issues has priority over the others" (Lowenthal (2019), p. 67).

7　Lowenthal (2019), p. 68.

8　Lowenthal (2019), p. 69. リクワイアメント・ギャップは、ＩＣが政策に踏み込む「口実」を与える危険性を孕みます。その意味で、両部門の分離の考え方に反する可能性があります。

9　U.S. Office of the Director of National Intelligence (ODNI) (2013), p. 42; Intelligence Community Directive 204 (January 2, 2015)（国家情報長官室ＨＰ https://www.dni.gov/files/documents/ICD/ICD_204_National_Intelligence_Priorities_Framework_U_FINAL-SIGNED.pdf）.

10　兼原（２０２１）、１３２頁。政策シンクタンクＰＨＰ総研「国家安全保障会議検証」プロジェクト（２０１５）は「国家安全保障局から情報部門に対して、局長級及び課長級で開催される定期会議の場で、日々の情勢推移を踏まえた関心事項を直接伝達しているほか、より中長期的観点からの情報関心を情報部門に投げかける、ということも行われている」と指摘しています（40頁）。

11　内閣官房（２０１０）、５頁；内閣官房（２０１３）、５頁。

12　Lowenthal (2019), p. 73.

13　Lowenthal (2019), pp. 73-74.

14　Lowenthal (2019), p. 76.

15　"A Rotating Group of Intelligence Analysts Will Brief President Biden," *The New York Times*, February 6, 2021.

16　Priess (2015); "For Spy Agencies, Briefing Trump Is a Test of Holding His Attention," *The New York Times*, May 21, 2020; "Trump Is Said to Set Aside Career Intelligence Briefer to Hear From Advisers Instead," *The New York Times*, October 30, 2020.

17　国家情報長官室ＨＰ https://www.dni.gov/index.php/what-we-do/what-is-intelligence

18　ＣＩＡの作成する"Worldwide Intelligence Review (WIRe)"やＤＩＡの作成する"DIA/J2 Executive Highlights"等があります。いずれも原則として毎朝政府高官等に配布される、短期的インテリジェンスに関するプロダクトです（Lowenthal (2019), p.76）。

19　内閣官房内閣情報調査室（２０２０）、７頁；内閣官房

（２０１３）、５頁。
20　大森（２００５）、41頁。大森義夫は１９９３年から１９９７年の間に内閣情報調査室長（現在の内閣情報官の前身）を務め、同書の中で、歴代総理大臣に対する総理大臣定例報告の様子を記しています（大森（２００５）、81-84頁）。
21　兼原（２０２１）、１３２頁。内閣官房内閣情報調査室（２０２０）、７頁。
22　Lowenthal (2019), p. 77.
23　Lowenthal (2019), p. 76.
24　Lowenthal (2019), p. 68; pp. 77-78.
25　Jensen (2017), pp. 179-180.
26　Lowenthal (2019), pp. 78-80.
27　Lowenthal (2019), p. 80.
28　Lowenthal (2019), p. 80; Jensen (2017), pp. 179-180.
29　類似の例として、企業の業績悪化の原因を検討する際にも、財務諸表に基づき、異なった様々な要素（売上、材料費、人件費、在庫管理費等）に関して客観的かつ具体的な検討がなされます。

【第６章注】

1　"The U.S. Intelligence Community is a federation of executive branch agencies and organizations that work separately and together to conduct intelligence activities necessary for the conduct of foreign relations and the protection of the national security of the United States."（国家情報長官室ＨＰ https://www.dni.gov/index.php/what-we-do/what-is-intelligence）.
2　Lowenthal (2019), p. 11.
3　情報機能強化検討会議（２００８）、２頁。
4　Lowenthal (2019), p. 38; p. 48; pp. 258-261; p. 423. 例えば、クリントン（Bill Clinton）政権時のウルージー（James Woolsey）ＣＩＡ長官（在１９９３-95年）は大統領へのアクセスがほとんどなかったと言われています。他方、Ｇ・Ｗ・ブッシュ（George W. Bush）政権時代のテネット（George Tenet）ＣＩＡ長官は、歴代ＣＩＡ長官の中でも大統領へのアクセスが特に優れていたとみられます（Lowenthal (2019), p. 48; p. 260）。ただし、大統領等政治指導者へのアクセスの良さは同時に、インテリジェンスの客観性の維持（インテリジェンスの政治化の防止）の観点からは、ネガティブな影響を及ぼす可能性を孕みます（第３章２）。
5　内閣官房（２０１３ｂ）、２頁。
6　情報機能強化検討会議（２００８）、６頁。なお、２０１８年６月４日、第１９６回国会（参議院、北朝鮮による拉致問題等に関する特別委員会）において、森美樹夫内閣情報調査室次長（当時）は「国内の情報機関の連携について申し上げますと、内閣直属の情報機関でございます内閣情報調査室を始め、警察庁、公安調査庁、外務省、防衛省等のいわゆる情報コミュニティーの各省庁が、内閣の下に相互に緊密な連携を保ちつつ、情報収集・分析活動に当たっているところでございます」と答弁しています。
7　法務省設置法第34条、公安調査庁設置法第３条。
8　外務省組織令第14条。
9　防衛省情報本部ＨＰ https://www.mod.go.jp/dih/company.html 設置根拠は防衛省設置法第28条。
10　画像・地理部は「衛星から収集した衛星写真の解析、デジタル地図の作製、地理空間情報の分析に関する業務」を担当しています。電波部は「通信所が収集した各種電波の処理・解析」を担当しています（防衛省情報本部ＨＰ https://www.mod.go.jp/dih/organization.html、情報本部組織規則第９条及び第10条）。
11　金子（２０１１）、３１１頁。同報告書の「Ⅱ 内閣機能の強化、⑴全体的な枠組みと考え方、④情報機能」の部分において「関係省庁間の情報の共有と内閣への集約、分析・評価の相互検証を進めるため、**「情報コミュニティ」の考え方を確立する**」と記されています（ゴチックは筆者が付したもの。総理大臣官邸ＨＰ https://www.kantei.go.jp/jp/gyokaku/report-final/）。

12　国家公安委員会・警察庁（２０２０）、１９０－１９２頁。

13　２０１８年６月４日、第１９６回国会（参議院、北朝鮮による拉致問題等に関する特別委員会）における森美樹夫内閣情報調査室次長（当時）の答弁「内閣直属の情報機関でございます内閣情報調査室を始め（略）」。

14　内閣官房ＨＰ https://www.cas.go.jp/jp/gaiyou/jimu/jyouhoutyousa/taisei.html

15　内閣情報調査室の責任者は、以前は**内閣官房内閣情報調査室長**（政令に基づく一般職の国家公務員）でした。２００１年（平成13年）１月の中央省庁改編に伴い、現在の内閣情報官（法律（内閣法）に基づく特別職の国家公務員（国家公務員法第２条第３項第５の４号））に「格上げ」されました。

16　内閣情報調査室ＨＰ https://www.cas.go.jp/jp/gaiyou/jimu/jyouhoutyousa/yakuwari.html

17　内閣情報調査室ＨＰは「当室では、メディア（新聞、雑誌、専門誌、通信社ニュース、テレビ、インターネット等）からの膨大な公開情報のほか、学識経験者や民間の専門家等の様々な情報源との意見交換によってもたらされる情報、情報収集衛星による画像情報を収集・整理し、国内外の諸情勢に関する分析業務を行っています」と述べています（https://www.cas.go.jp/jp/gaiyou/jimu/jyouhoutyousa/yakuwari.html）。

18　１９９８年（平成10年）10月27日付の閣議決定「内閣情報会議の設置について」第８条は「内閣情報会議の庶務は、内閣官房内閣情報調査室において処理する」と定めています。また、２００８年（平成20年）３月28日付の内閣官房長官決定「内閣情報会議の運営等について」第２条第３項は「合同情報会議の庶務は、内閣官房内閣情報調査室において処理する」と定めています。

19　政策シンクタンクＰＨＰ総研「国家安全保障会議検証」プロジェクト（２０１５）は「国家安全保障局から情報部門に対して、局長級及び課長級で開催される定期会議の場で、日々の情勢推移を踏まえた関心事項を直接伝達しているほか、より中長期的観点からの情報関心を情報部門に投げかける、ということも行われている」と指摘しています（40頁）。

20　２００８年（平成20年）３月28日付の内閣官房長官決定「内閣情報会議の運営等について」第３条第２項は、前者に関し、「推進委員会の庶務は、関係省庁等の協力を得て、内閣官房内閣情報調査室において処理する」と定めています。また、同第４条第５項は、後者に関し、「運営委員会及び幹事会の事務局は、内閣官房内閣情報調査室に置く」と定めています。

21　設置根拠は２００８年（平成20年）３月４日付内閣総理大臣決定。内閣官房ＨＰ https://www.cas.go.jp/jp/seisaku/counterintelligence/pdf/settinikansuru2.pdf

22　情報機能強化検討会議（２００８）、８頁。政策シンクタンクＰＨＰ総研「国家安全保障会議検証」プロジェクト（２０１５）は「２００８年に内調に置かれた内閣情報分析官が、情報コミュニティ省庁の情報を集約して情報評価書を作成し、合同情報会議での決定を経て、情報ユーザーに配布されるようになっている」と指摘しています（42頁）。

23　設置根拠は内閣情報調査室に内閣情報分析官等を置く規則（平成20年３月31日内閣総理大臣決定）。

24　内閣情報調査室ＨＰ https://www.cas.go.jp/jp/gaiyou/jimu/jyouhoutyousa/history.html

25　１９９６年（平成８年）５月に設置。設置根拠は内閣情報調査室組織規則第３条。「安全保障上の事案や大規模災害等の緊急事態における一次情報の収集・連絡等に関する」事務を担当します（内閣官房（2020）、9頁；同規則第8条）。

26　2001年（平成13年）4月に設置。設置根拠は内閣官房組織令第4条の3。「我が国の安全の確保、大規模災害への対応に関する画像情報の収集・分析、情報収集衛星システムの開発・運用に関する」事務を担当します（内閣官房（2020）、9頁）。

27　2008年（平成20年）4月に設置。カウンターインテリジェンス機能の強化に関する基本方針の施行に関する連絡調整等に関する事務を担当します（「カウンターインテリジェンス・センターの設置に関する規則」（平成20年3月4日内閣総理大臣決定））。

28　内閣情報調査室組織規則第3条〜第8条、内閣情報調査室HP https://www.cas.go.jp/jp/gaiyou/jimu/jyouhoutyousa/soshiki.html

29　情報機能強化検討会議（2008）、2頁。内閣官房（2013b）にも「内閣情報会議等を通じた官邸政策部門からの情報関心の伝達」との記載があります（5頁）。

30　情報機能強化検討会議（2008）、3頁。内閣官房（2013b）にも「日常的な結節点として内閣情報官が機能」と記載されています（5頁）。

31　Kobayashi (2015), pp. 727-729. 従来は、各機関が単独で報告等を行うことが一般的でした。現在のような形態が慣行として概ね確立したのは第2次安倍政権の頃からです（政策シンクタンクPHP総研「国家安全保障会議検証」プロジェクト（2015）、42頁）。

32　1998年（平成10年）10月27日付の閣議決定「内閣情報会議の設置について」第2条。

33　2008年（平成20年）3月28日付の内閣官房長官決定「内閣情報会議の運営等について」第1条。

34　1998年（平成10年）10月27日付の閣議決定「内閣情報会議の設置について」第8条。

35　情報機能強化検討会議（2008）、2頁。内閣官房（2010）にも、同会議の役割に関して、「官邸の政策部門の情報関心を踏まえて情報部門全体で中長期の情報重点を策定するとともに、オール・ソース・アナリシスの結果を報告」との記載があります（5頁）。

36　現在の合同情報会議の前身となる以前の「合同情報会議」は、1986年（昭和61年）7月に内閣調査室の内閣情報調査室への改編を含む内閣官房の組織再編が実施された際、内閣官房長官決裁を根拠として創設されています（金子（2011）、307頁）。

37　2008年（平成20年）3月28日付の内閣官房長官決定「内閣情報会議の運営等について」第2条第1項。

38　2008年（平成20年）3月28日付の内閣官房長官決定「内閣情報会議の運営等について」第2条第2項。

39　2008年（平成20年）3月28日付の内閣官房長官決定「内閣情報会議の運営等について」第2条第3項。

40　政策シンクタンクPHP総研「国家安全保障会議検証」プロジェクト（2015）、41頁；Samuels (2019), pp. 221-222.

41　政策シンクタンクPHP総研「国家安全保障会議検証」プロジェクト（2015）、40頁；内閣官房（2013a）、1-2頁。

42　「国家安全保障戦略」（平成25年12月17日：国家安全保障会議決定・閣議決定）、16頁（内閣官房HP https://www.cas.go.jp/jp/siryou/131217anzenhoshou/nss-j.pdf）。

43　内閣官房HP https://www.kantei.go.jp/jp/singi/anzenhosyoukaigi/

44　内閣官房（2013a）、1頁。

45　政策シンクタンクPHP総研「国家安全保障会議検証」プロジェクト（2015）、27-28頁；内閣官房（2020）、7頁。
国家安全保障会議設置法第8条第2項は、会議の出席者に関し、「議長は、必要があると認めるときは、統合幕僚長その他の関係者を会議に出席させ、意見を述べさせることができる」と定めています。内閣情報官は同条項の定める「その他の関係者」として出席を認められていると解されます。2013年11月18日の参議院（国家安全保障に関する特別委員会）の審議において、菅義偉内閣官房長官（当時）は、同条項の「その他の関係者」の解釈に関し、「国家安全保障局長、また同次長、内閣危機管理監、内閣官房副長官補、**内閣情報官**等、国家安全保障に関する行政機関の職員を想定をしております」と答弁しています（ゴチックは筆者が付したもの）。

46 内閣官房（2013a）、2頁。

47 政策シンクタンクPHP総研「国家安全保障会議検証」プロジェクト（2015）は「国家安全保障局から情報部門に対して、局長級及び課長級で開催される定期会議の場で、日々の情勢推移を踏まえた関心事項を直接伝達しているほか、より中長期的観点からの情報関心を情報部門に投げかける、ということも行われている」と指摘しています（40頁）。

48 政策シンクタンクPHP総研「国家安全保障会議検証」プロジェクト（2015）、41頁：Samuels (2019), pp. 221-222. 以前から、政策部門内の総理大臣、閣僚等と内閣情報官始めIC構成機関の最高幹部（次官級、局長級）との間には一定の意思疎通はあったとみられます。しかし、国家安全保障局の創設以前は、事務レベル（課長級等）における両部門の結節点の制度は確立されてはいませんでした。

49 小林（2019）、147-148頁。この他、対外ヒューミント活動を本格的に行うのであれば、国外において違法とされる可能性のある一定の行為を免責するような法制度の整備が必要です（第8章3）。

50 Samuels (2019), p. 246. 金子（2011）は次のとおり論じています。「結局のところ、新冷戦時代にあっても、対外インテリジェンスへの要求は切迫したものにならなかった。アメリカとの同盟関係が良好であるかぎり、日本に対する直接攻撃の蓋然性は高くなかった。日本の経済的利害はグローバルに広がっていたが、冷戦期の日本は軍事的手段を用いて国外権益を守るというオプションを排除していた。中東などの重要地域やシーレーンの安定についても、もっぱらアメリカに依存してきた。対外インテリジェンスは、軍事活動を含む国外介入に不可欠の要素だが、専守防衛に徹する日本では、その面からの要請も強くなかったのである」（金子（2011）、308頁）。

51 Samuels (2019), p. 80. 金子（2011）は次のとおり論じています。「戦前、国家が特高警察や憲兵などを乱用して、思想弾圧や行きすぎた監視を行うなど、国民の権利や自由を大幅に侵害した経験から、戦後の日本では、国家が国民を監視抑圧することにつながりかねない組織や制度をつくることへの警戒感が根強かった。80年代のスパイ防止法制定をめぐる野党やメディアの強い反対は、それが顕著に現れた例である。海外で相手国の法に触れうる情報収集活動を行う機関を持ち、他国と軋轢を生じることも論外とされてきた。結果として日本のインテリジェンス体制は、外交官などが行う通常の対面情報収集の域を超えた活動を行うヒューミント機関を欠いたまま現在に至っている」（金子（2011）、330頁）。

52 金子（2008）、3頁：金子（2011）、331-332頁：Samuels (2019), p. 241.

53 金子（2011）は次のとおり論じています。「省庁レベルを超えて、外交・安全保障政策を統合していく体制が十分確立していないことと、それを支えるナショナル・インテリジェンスを作り出す体制が未発達であることは、表裏一体の現象といえる。省庁レベルでの政策決定と実行が中心であるかぎり、情報収集・分析が基本的に各省庁単位で行われてきたことはある意味で合理的であった」（金子（2011）、332頁）。

54　金子（２０１１）は次のとおり論じています。「日本政府のインテリジェンス活動に特化した監視の枠組みは今のところ存在しておらず、一般的な行政監察や国会の行政監視の枠組みを通じた監視が行われている。これは（中略）日本政府が行うインテリジェンス活動には通常の法体系と異質な機微な領域のものが少なく、それだけを特別に監視する必要性が低いことに由来していよう」（金子（２０１１）、３３６頁）：「日本では、政治が情報を歪曲・無視することが問題になることはあまりない。しかし、それはそうした問題が存在していないからというよりも、リスクの高い対外政策をとらないためかもしれない。また、そもそもそうした観点での検証が行われておらず、実態は明らかではない」（金子（２０１１）、３３８頁）。

55　Samuels (2019), pp. 151-152; p. 249.

56　米国の研究者のサミュエルズ（Richard Samuels）は、こうした情勢を受けて、日本社会において安全保障上の脅威とインテリジェンス機能の重要性への理解が次第に広がり始めたとともに、米国政府が日本のインテリジェンス機能の強化を求め始めた旨を指摘しています（Samuels (2019), pp. 160-161）。

57　金子（２０１１）、３１１-３１３頁。

58　田村・丹羽（２００６）、１３８-１４４頁。

59　内閣総理大臣官邸ＨＰ　http://www.kantei.go.jp/jp/singi/ampobouei/index.html

60　内閣総理大臣官邸ＨＰ　http://www.kantei.go.jp/jp/singi/ampobouei/dai13/13siryou.pdf

61　外務省ＨＰ　https://www.mofa.go.jp/mofaj/press/release/17/rls_0913a.html

62　外務省ＨＰ　https://www.mofa.go.jp/mofaj/press/release/17/pdfs/rls_0913a.pdf

63　政策シンクタンクＰＨＰ総研ＨＰ　https://thinktank.php.co.jp/policy/3118/

64　政策シンクタンクＰＨＰ総研ＨＰ　https://thinktank.php.co.jp/wp-content/uploads/2016/07/seisaku01_teigen33_00.pdf

65　金子（２００８）、３頁。

66　サムエルズも同様の問題点を指摘しています（Samuels (2019, p. 193)）。

67　（名称）情報機能強化検討会議、（設立根拠）平成18年（２００６年）12月1日付内閣総理大臣決定、（構成員）議長：内閣官房長官、議員：内閣官房副長官（事務）、内閣危機管理監、内閣官房副長官補（内政）、内閣官房副長官補（外政）、内閣官房副長官補（安全保障・危機管理）、内閣情報官、内閣総務官、（調整委員会（検討会議の下に設置））委員長：内閣官房副長官（事務）、副委員長：内閣情報官、委員：警察庁警備局長、公安調査庁次長、外務省国際情報統括官、防衛省防衛政策局長、その他委員長の指名する者、（検討会議及び委員会の庶務）内閣官房内閣情報調査室において処理する（総理大臣官邸ＨＰ　http://www.kantei.go.jp/jp/singi/zyouhou/）。

68　本章の参考文献を参照。

69　小谷（２０１８）、６頁。

70　設置根拠は平成18年12月25日内閣総理大臣決定（内閣官房ＨＰ　https://www.cas.go.jp/jp/seisaku/counterintelligence/index.html）。

71　内閣官房ＨＰ　https://www.cas.go.jp/jp/seisaku/counterintelligence/pdf/basic_decision_summary.pdf

72　設置根拠は平成20年４月２日内閣官房長官決裁（内閣官房ＨＰ　http://www.cas.go.jp/jp/seisaku/hozen/index.html）。

73　設置根拠は平成22年12月７日内閣総理大臣決裁。なお、「検討委員会」の設置にともない「検討チーム」は廃止されました（総理大臣官邸ＨＰ　http://www.kantei.go.jp/jp/singi/jouhouhozen/）。

74　内閣総理大臣官邸ＨＰ　http://www.kantei.go.jp/jp/singi/

jouhouhozen/dai4/siryou1.pdf

75　設置根拠は平成26年1月14日内閣総理大臣決裁。内閣官房HP https://www.cas.go.jp/jp/seisaku/jyouhouhozen/index.html

76　兼原（2021）は次のとおり指摘しています。「最近の日本でインテリジェンスサイクルが機能しはじめた理由は、政治主導の確立に加えて、内閣官房機能の充実、時に、国家安全保障会議、国家安全保障局ができたことが大きい。国家安全保障会議では内閣情報官によるブリーフも行われるし、また、国家安全保障会局からは、定期的にインテリジェンス部局（内閣情報調査室）への情報提供依頼がなされるようになった」（兼原（2021）、132頁）。

77　金子（2008）、6-9頁。

【第7章注】

1　国家情報長官室HP https://www.dni.gov/index.php/what-we-do/members-of-the-ic

2　国家安全保障法（1947年制定）に加え、大統領命令12333号（Executive Order 12333）（1981年12月4日にレーガン（Ronald Regan）大統領（当時）によって署名）が、現在の米国のICの仕組み及び活動の基礎を定めています。

3　合衆国法典第50編第3003条第4項（50 U.S. Code §3003 (4)）。

4　ここで言う「軍事系、非軍事系」の区別の基準は「国防省傘下か否か」です。非軍事系に分類されている機関でも、軍の活動を支援する場合はあります。

5　ただし、大統領の意向等により、CIA長官が閣議に参加する場合もあります。

6　Section 601, The Implementing Recommendations of the 9/11 Commission Act (Public Law 110-53).

7　Lowenthal (2019), p. 41; p. 58.

8　DeVine (2019e), p. 9. 連邦政府の総予算の中に占めるインテリジェンス関連予算の比率の推計を2001年度と2020年度で比較するとそれぞれ1・6%と1・8%であり、やはり大きくは変化していないとの指摘もあります（Lowenthal (2019), p. 13）。

9　"Blair Discloses Budget for Intelligence Community: $75 Billion," *The Washington Post*, September 17, 2009.

10　DeVine (2019e), p. 1.; Lowenthal (2019), p. 37.

11　国家情報長官室HP https://www.dni.gov/index.php/what-we-do/members-of-the-ic#cia；CIAのHP https://www.cia.gov/about/organization/

12　Intelligence Community Directive Number 304 (July 9, 2009)（国家情報長官室HP https://www.dni.gov/files/documents/ICD/ICD%20304.pdf）.

国家安全保障法第104条A(d)(3)（合衆国法典第50編第3036条(d)(3)（50 U.S. Code §3036 (d)(3)））は、CIA長官の責務の1つを次のように定めています "(The CIA Director) provide overall direction for and coordination of the collection of national intelligence outside the United States through human sources by elements of the intelligence community authorized to undertake such collection and, in coordination with other departments, agencies, or elements of the United States Government（以下略）." Lowenthal (2019), p. 126.

13　小林（2009）、183頁。

14　"U.S. spy network's successes, failures and objectives detailed in 'black budget' summary," *The Washington Post*, August 30, 2013.

15　国家情報長官室HP https://www.dni.gov/index.php/what-we-do/members-of-the-ic#fbi

16　FBIのHP https://www.fbi.gov/about/faqs/how-many-people-work-for-the-fbi

17　大統領命令　第１２３３３号（Executive Order 12333）1.3(b)(20)(A) "The Director of the Federal Bureau of Investigation shall coordinate the clandestine collection of foreign intelligence collected through human sources or through human-enabled means and counterintelligence activities inside the United States."

18　ＦＢＩのＨＰ https://www.fbi.gov/investigate/counterintelligence

19　国家情報長官室ＨＰ https://www.dni.gov/index.php/what-we-do/members-of-the-ic#doj; 薬物取締局ＨＰ https://www.dea.gov/intelligence

20　ＦＢＩ同様、近年は薬物取締局もインテリジェンス機関としての機能が強化されています（"Cables Portray Expanded Reach of Drug Agency," *The New York Times*, December 25, 2010）。

21　国家情報長官室ＨＰ https://www.dni.gov/index.php/what-we-do/members-of-the-ic#dhs; 国土安全保障省ＨＰ https://www.dhs.gov/office-intelligence-and-analysis

22　"The agency founded because of 9/11 shifts to face the threat of domestic terrorism," *The Washington Post*, February 15, 2021; Lowenthal (2019), p. 54.

23　国家情報長官室ＨＰ https://www.dni.gov/index.php/what-we-do/members-of-the-ic#dos; 国務省ＨＰ https://www.state.gov/bureaus-offices/secretary-of-state/bureau-of-intelligence-and-research/

24　国家情報長官室ＨＰ https://www.dni.gov/index.php/what-we-do/members-of-the-ic#doe; エネルギー省ＨＰ https://www.energy.gov/intelligence/office-intelligence-and-counterintelligence

25　国家情報長官室ＨＰ https://www.dni.gov/index.php/what-we-do/members-of-the-ic#dot; 財務省ＨＰ https://home.treasury.gov/about/offices/terrorism-and-financial-intelligence/oia

26　国家情報長官室ＨＰ https://www.dni.gov/index.php/what-we-do/members-of-the-ic#dia; 国防情報局のＨＰ https://www.dia.mil/

27　国家情報長官室ＨＰ https://www.dni.gov/index.php/what-we-do/members-of-the-ic#nsa; 国家安全保障局のＨＰ https://www.nsa.gov/

28　国家情報長官室ＨＰ https://www.dni.gov/index.php/what-we-do/members-of-the-ic#nga; 国家地球空間情報局のＨＰ https://www.nga.mil/

29　国家情報長官室ＨＰ https://www.dni.gov/index.php/what-we-do/members-of-the-ic#nro; 国家偵察局のＨＰ https://www.nro.gov/

30　Lowenthal (2019), pp. 12-13.

31　ＣＩＡのＨＰ https://www.cia.gov/legacy/cia-history/

32　Lowenthal (2019), p. 13; p. 20.

33　Lowenthal (2019), p. 21.

34　小林（２００９）、１８３頁；小林（２００５）、１４９－１８１頁；国家情報長官室ＨＰ https://www.dni.gov/index.php/who-we-are/history

　こうした考え方は、９１１事件の検証を行ったいわゆる９１１テロ事件調査委員会（National Commission on Terrorist Attacks upon the United States）の最終報告書（２００４年７月発表）の中に示されているものです。

　同報告書は、ＣＩＡ長官がＩＣ全体の取りまとめ役たる中央情報長官（ＤＣＩ）を兼務するという従前の制度の下ではＩＣ全体の管理・運営が十分効果的に機能していなかったこと（特に、ＣＩＡ、ＦＢＩ等の各機関同士の協力やインテリジェンス共有が十分になされていなかったこと）が９１１事件の惨事を招いた原因の一つである旨を指摘しました。具体的には次のような点が指摘されました。①構造的な「縦割り主義」の結果として、ＩＣ内の各機関が協力してインテリジェンス活動を行うことが困難となっている。②対外インテリジェンス活動と国内インテリジェンス活動を統括するような共通の業務上の指針や基準が欠落している。③インテリジェンス活動の為の政府全体のリソースを大所高所から効果的に運営するマネジメントが欠落している。④ＩＣ全体の取りまとめ役であるべき中央情報長官はＣＩＡ長官を兼務していることから業務過多に陥っており、実質的にコミュニティの取りまとめが十分に機能していない。

こうした分析・評価に基づき、同報告書は、ＣＩＡ長官が中央情報長官を兼務してＩＣ全体を取りまとめるという従来の制度に代わり、従来の中央情報長官よりも強い予算・人事権限を有する国家情報長官を創設し、ＣＩＡ長官とは別に独立したＩＣの取りまとめ役とすることを勧告しました（National Commission on Terrorist Attacks upon the United States (2004), pp. 407-416）。

同様の見解は、いわゆるイラクにおける大量破壊兵器問題調査委員会（Commission on Intelligence Capabilities of the United States Regarding Weapons of Mass Destruction）が２００５年３月31日に発表した報告書 においても共有されています（Commission on the Intelligence Capabilities of the United States Regarding Weapons of Mass Destruction. (2005), pp. 309-310）。

35 小林（２００９）、１８３頁。国家情報長官室ＨＰ https://www.dni.gov/index.php/who-we-are/mission-vision

36 小林（２００９）、１８７-１８９頁；Lowenthal (2019), p. 38; p. 49; p. 421.

37 制度発足当初は、国家情報長官は実質的な権限をほとんど有しない官僚機構の中の無駄な「屋上架」と化すとの懐疑的な見方もありました（"Important Job, Impossible Position," *The New York Times*, February 9, 2005; "Negroponte's First Job is Showing Who's Boss," *The Washington Post*, March 1, 2005; "Intelligence Chief is Urged to Assert Powers Quickly," *The New York Times*, April 11, 2005）。

38 昨今の諸情勢に鑑みると、制度の改善に向けた政治的機運は高いとは言えません（Lowenthal (2019), p. 437）。

39 Lowenthal (2019), p.38; p.39; p. 418; pp. 423-424.

40 合衆国法典第50編第３０２３条ⓑ（50 U.S. Code §3023 (b)）。

41 §102 (b) "the Director of National Intelligence shall — (1) serve as **head of the intelligence community**; (2) act as **the principal adviser to the President**, to the National Security Council, and the Homeland Security Council for intelligence matters related to the national security; and (3) consistent with section 1018 of the National Security Intelligence Reform Act of 2004, **oversee and direct the implementation of the National Intelligence Program**"（ゴチックは筆者が付したもの）。

42 国家安全保障法第１０２条ⓐ㈠（合衆国法典第50編第３０２３条ⓐ㈠（50 U.S. Code §3024 (a)(1)））。

43 Lowenthal (2019), p. 41; p. 58; pp. 60-61.

44 Lowenthal (2019), p. 38; p. 48; pp. 258-261; p. 423. 本来は政治と一線を画すべき立場にある国家情報長官が自己の地位の維持のために大統領の後ろ盾（政治力）に依存しなければならないという状況こそが、当該制度に内在する自己矛盾であるとも言えます。

45 合衆国法典第50編第３０２５条（50 U.S. Code §3025）。

46 §103 "The function of the Office of the Director of National Intelligence is to assist the Director of National Intelligence in carrying out the duties and responsibilities of the Director under this Act and other applicable provisions of law, and to carry out such other duties as may be prescribed by the President or by law."

47 国家情報長官室ＨＰ https://www.dni.gov/index.php/who-we-are/organizations/mission-integration/mission-integration-who-we-are

48 Office of the Director of National Intelligence (ODNI) (2013), pp. 59-60; Lowenthal (2019), p. 45.

49 国家拡散対策センター（ＮＣＰＣ）ＨＰ https://www.dni.gov/

index.php/ncpc-home 設置根拠は国家安全保障法第１１９Ａ条（合衆国法典第50編第３０５７条（50 U.S. Code §3057））。

50 国家カウンターインテリジェンス・保安センター（ＮＣＳＣ）ＨＰ https://www.dni.gov/index.php/ncsc-home 設置根拠は２００２年カウンターインテリジェンス強化法（Counterintelligence Enhancement Act of 2002）第９０２条及び第９０４条（合衆国法典第50編第３３８２条及び第３３８３条（50 U.S. Code §3382, §3383））。

51 国家テロ対策センター（ＮＣＴＣ）ＨＰ https://www.dni.gov/index.php/nctc-home 設置根拠は国家安全保障法第１１９条（合衆国法典第50編第３０５６条（50 U.S. Code §3056））。

52 国家情報長官室ＨＰ https://www.dni.gov/index.php/who-we-are/organizations/mission-integration/nic/nic-who-we-are

53 国家インテリジェンス評議会（ＮＩＣ）の設置根拠は国家安全保障法第１０３条Ｂ（合衆国法典第50編第３０２７条（50 U.S. Code §3027））。国家インテリジェンス評価（ＮＩＥ）については同条(c)(1)(A)及び(i)に規定されています。

54 Whittaker et al. (2011), p. 59.

55 合衆国法典第50編第３０２１条（50 U.S. Code §3021）。

56 国家安全保障法第１０１条(b)（合衆国法典第50編第３０２１条(b)（50 U.S. Code §3021 (b)））；大統領府ＨＰ https://www.whitehouse.gov/administration/eop/nsc

57 国家安全保障法第１０１条(c)(1)及び(2)（合衆国法典第50編第３０２１条(c)(1)及び(2)（50 U.S. Code §3021(c)(1)及び(2)））。なお、国家情報長官創設後も、同長官に加えてＣＩＡ長官がアドバイザーとして常時出席を求められる場合があります。例えばバイデン（Joe Biden）政権ではそのような運用がなされています（２０２１年２月４日付 National Security Memorandum 2 (NSM-2)、大統領府ＨＰ https://www.whitehouse.gov/briefing-room/statements-releases/2021/02/04/memorandum-renewing-the-national-security-council-system/）。

58 米国の国家安全保障会議の構造及び歴史に関しては、吉崎（２００９）及びWhittaker et al.（2011）を参照。

59 U.S. Office of the Director of National Intelligence (ODNI) (2013), p. 42; Intelligence Community Directive 204 (January 2, 2015)（国家情報長官室ＨＰ https://www.dni.gov/files/documents/ICD/ICD_204_National_Intelligence_Priorities_Framework_U_FINAL-SIGNED.pdf）。

60 Lowenthal (2019), p. 51; pp. 255-256; Whittaker et al. (2011), pp. 58-60.

61 バイデン政権においては、長官級委員会の常時出席メンバーに国家情報長官とＣＩＡ長官が、副長官級委員会の常時出席メンバーに国家情報副長官とＣＩＡ副長官が、それぞれ加えられています（大統領府ＨＰ https://www.whitehouse.gov/briefing-room/statements-releases/2021/02/04/memorandum-renewing-the-national-security-council-system/）。

62 Lowenthal (2019), p. 256.

63 Lowenthal (2019), p.14.

64 Lowenthal (2019), pp. 12-13.

65 Lowenthal (2019), p. 14.

66 Lowenthal (2019), pp. 18-19; Weiner (2008), pp. 125-131.

67 Lowenthal (2019), pp. 18-19.

68 Morell (2015), p. 125; 小林（２００９）、１８５－１８６頁。２０１０年５月にブレア（Dennis Blair）国家情報長官（当時）が辞任した背景には、ＣＩＡ海外支局長の人事権等をめぐりパネッタ（Leon Panetta）ＣＩＡ長官（当時）との間に確執があり、大統領府がＣＩＡを支援したことがあったとみられます（“Blair's resignation may reflect inherent conflicts in job of intelligence chief,” *The Washington Post*, May 22, 2010; Lowenthal (2019), p. 38; p. 50; p.

52; p. 421)。

69 Lowenthal (2019), p. 52.

70 Lowenthal (2019), p. 38; pp. 51-52; pp. 422-423. なお、２０２０年12月18日、パネッタ元ＣＩＡ長官・国防長官は、ジョージメイソン大学主催の講演の中で、「国家情報長官の任務は、現場のオペレーションに関与してこれを仕切ることではなく、ＩＣの各機関及び大統領府との間に立って全体の調整を行うことである」、「同長官に必要な重要な資質の一つは、この点をよく理解しているか否かだ。過去の長官の中にはこの点を誤解し、調整よりも現場への関与を志向して失敗した者もいた」旨を発言しています（George Mason University, “2020 Vision: National Security in the Biden Administration.” https://www.youtube.com/watch?v=Chv2VhffwOs&t=3178s）。

71 Lowenthal (2019), p. 53; p. 58; p. 420; p. 424.

72 Lowenthal (2019), pp. 20-31.

73 Weiner (2008), p. xviii.

74 Lowenthal (2019), p. 22.

75 Weiner (2008), p. 59.

76 Lowenthal (2019), p. 22.

77 Johnson (2020), pp. 676-677.

78 Weiner (2008), pp. 92-119.

79 Lowenthal (2019), p. 22.

80 Johnson (2020), pp. 677-678; Weiner (2008), pp.197-217.

81 Weiner (2008), pp. 224-228.

82 Lowenthal (2019), pp. 23-24.

83 Lowenthal (2019), p. 24.

84 Weiner (2008), pp. 426-433.

85 Lowenthal (2019), pp. 25.

86 Johnson (2020), pp. 679-680; Weiner (2008), pp. 456-477.

87 Weiner (2008), pp. 496-503.

88 Lowenthal (2019), pp. 26.

89 Weiner (2008), pp. 517-523.

90 ジェフリーズ＝ジョーンズ（２００９）、３５０-３５２頁。

91 The PATRIOT Act（Uniting and Strengthening America by Providing Appropriate Tools to Restrict, Intercept and Obstruct Terrorism Act of 2001）.

92 ９１１事件以降の米国ＩＣの活動の拡大の状況については次を参照。Priest et al. (2011).

93 “Bush Lets U.S. Spy on Callers Without Courts,” *The New York Times*, December 16, 2005.

94 連邦上院インテリジェンス問題特別委員会が調査を実施、２０１４年12月９日に報告書（S. Rpt. 113-288: Committee Study of the Central Intelligence Agency’s Detention and Interrogation Program together with Foreword by Chairman Feinstein and Additional and Minority Views）を公表。

95 ２００１年の９１１事件以降、ＣＩＡは、拷問等に関する法規制が緩やかな第三国にテロ容疑者を移送し、当該国の協力を得て容疑者に対する厳しい取調べを実施していました（rendition）。米国政府はこうした活動を合法としていますが、米国における拷問の禁止を迂回するための脱法行為ではないかとの指摘もあります（Raphael et al. (2016)）。

96 ＣＩＡは９１１事件以降、パキスタン等において無人偵察機（ドローン又はＵＡＶ）を利用したテロリスト等に対する攻撃活動を多数実行しています。こうした攻撃には一般市民が巻き込まれる場合も多く、その合法性や妥当性を問題視する見方もあります（Johnson (2020), pp. 674-675）（第11章４）。

97 Lowenthal (2019), p. 17; p. 164; p. 189; pp. 436-437.

98 同委員会の報告書の一部は、２００５年５月31日に公開されて

います。https://fas.org/irp/offdocs/wmd_report.pdf
99 "NSA collecting phone records of millions of Verizon customers daily," *The Guardian*, June 6, 2013; "NSA Prism program taps in to user data of Apple, Google and others," *The Guardian*, June 7, 2013; "U.S., British intelligence mining data from nine U.S. Internet companies in broad secret program," *The Washington Post*, June 7, 2013.
100 Lowenthal (2019), pp. 119-124.
101 大統領府ＨＰ https://www.whitehouse.gov/the-press-office/2013/08/12/presidential-memorandum-reviewing-our-global-signals-intelligence-collec
102 大統領府ＨＰ https://www.whitehouse.gov/the-press-office/2013/12/18/president-obama-s-meeting-review-group-intelligence-and-communications-t
103 大統領府ＨＰ https://www.whitehouse.gov/blog/2014/01/17/presidentence-programs-department-justice
104 国家情報長官室ＨＰ https://www.dni.gov/index.php/newsroom/press-releases/press-releases-2017/item/1606-odni-statement-on-declassified-intelligence-community-assessment-of-russian-activities-and-intentions-in-recent-u-s-elections

なお、連邦上院インテリジェンス問題特別委員会も別途の調査を実施し、報告書を公表しました（S. Rpt. 116-290: Report of the Select Committee on Intelligence United States Senate on Russian Active Measures Campaigns and Interference in the 2016 U.S. Election）。

【第８章注】

1 国家情報長官室ＨＰ https://www.dni.gov/index.php/what-we-do/what-is-intelligence
2 新村他（２０１８）、１５７７頁。
3 Lowenthal (2019), p. 136.
4 Lowenthal (2019), p. 139.
5 Lowenthal (2019), p. 139.
6 Lowenthal (2019), p. 135.
7 国家情報長官室（ＯＤＮＩ）ＨＰは次のように定義しています。"Measurement and Signature Intelligence is technically derived intelligence data other than imagery and SIGINT. The data results in intelligence that locates, identifies, or describes distinctive characteristics of targets." https://www.dni.gov/index.php/what-we-do/what-is-intelligence
8 Jensen et al. (2017), pp. 116-117.
9 国家情報長官室（ＯＤＮＩ）ＨＰは次のように定義しています。"Open-Source Intelligence is publicly available information appearing in print or electronic form including radio, television, newspapers, journals, the Internet, commercial databases, and videos, graphics, and drawings." https://www.dni.gov/index.php/what-we-do/what-is-intelligence
10 Lowenthal (2019), p. 96; p. 136.
11 Lowenthal (2019), p. 138.
12 Lowenthal (2019), p. 97; p. 138.
13 「見えぬ北朝鮮　特報せよ」『朝日新聞』２０１１年12月27日。
14 Lowenthal (2019), p. 136.
15 Lowenthal (2019), p. 73; pp. 87-88; p. 137; p. 158.
16 Lowenthal (2019), p. 137.
17 国家情報長官室（ＯＤＮＩ）ＨＰは次のように定義しています。"Human intelligence is derived from human sources." https://www.dni.gov/index.php/what-we-do/what-is-intelligence
18 国家情報長官室ＨＰ https://www.dni.gov/index.php/what-we-do/

members-of-the-ic#cia; ＣＩＡのＨＰ https://www.cia.gov/about/organization/#directorate-of-operations

19 湯浅（２０１０）、39-45頁。

20 U.S. Office of the Director of National Intelligence (ODNI) (2013), pp. 45-46; Lowenthal (2019), p. 127; pp. 129-131.

21 Lowenthal (2019), p. 126.

22 こうしたリクルートの過程は「Agent Acquisition Cycle」といわれる場合もあります（Lowenthal (2019), p. 126）。

23 Charney et al. (2016); Taylor et al. (2010).

24 平均的な育成期間は7年との指摘もあります (Lowenthal (2019), p. 127)。

25 Lowenthal (2019), pp. 127-129.

26 こうした業務の担当者には強い精神的負担がかかることから、メンタル面の支援の整備は重要な課題とみられます。類似の課題は、犯罪捜査における仮装身分捜査（いわゆる潜入捜査等）にもみられます（本章コラム）。

27 Weiner (2008), pp. 517-519.

28 Lowenthal (2019), p. 131.

29 Lowenthal (2019), p. 96; p.131.

30 "Getting Bin Laden-What happened that night in Abbottabad," *The New Yorker*, August 8, 2011; Lowenthal (2019), p. 87.

31 Lowenthal (2019), pp. 131-132.

32 "Man who bombed CIA post provided useful intelligence about al-Qaeda," *The Washington Post*, January 6, 2010; "CIA bomber struck just before search, Wary agency dealt a grievous blow for trusting source," *The Washington Post*, January 10, 2010; "Miscalculations led to attack on CIA; Intelligence officials say mole's access to al-Qaeda overrode concerns about deception," *The Washington Post*, January 16, 2010.

33 米国では、東西冷戦終了後の１９９０年代にインテリジェンス関連予算が大幅に削減され、ＣＩＡの熟練したヒューミント担当者の多くが離職しました（Lowenthal (2019), pp. 134-135）。

34 ＣＩＡでは、ドイチェ（John Deutch）長官時代（在１９９５～１９９７年）に、こうした倫理上問題のある人物を情報源として運用することを自重する動きがありました。しかし、９１１事件（２００１年）以降はこうした制限は撤廃されました（Lowenthal (2019), p. 133）。

35 連邦上院インテリジェンス問題特別委員会が調査を実施、２０１４年12月９日に報告書（S. Rpt. 113-288: Committee Study of the Central Intelligence Agency's Detention and Interrogation Program together with Foreword by Chairman Feinstein and Additional and Minority Views）を公表。

36 ２００１年の９１１事件以降、ＣＩＡは、拷問等に関する法規制が緩やかな第三国にテロ容疑者を移送し、当該国の協力を得て容疑者に対する厳しい取調べを実施していました（rendition）。米国政府はこうした活動を合法としていますが、米国における拷問の禁止を迂回するための脱法行為ではないかとの指摘もあります（Raphael et al. (2016)）。

37 国家情報長官室（ＯＤＮＩ）ＨＰは次のように定義しています。"Signals intelligence is derived from signal intercepts comprising -- however transmitted." https://www.dni.gov/index.php/what-we-do/what-is-intelligence

38 Jensen et al. (2017), pp. 107-108.

39 U.S. Office of the Director of National Intelligence (ODNI) (2013), p. 47; Lowenthal (2019), p. 116. 例えば、Ａ国に駐在するＢ国大使館とＢ国の首都との間の通信量が通常に比較して大幅に増加している場合、両国間で重要な交渉が行われている可能性があります。

40 "ELINT is information derived primarily from electronic signals that

do not contain speech or text (which are considered to be COMINT). The most common sources of ELINT are radar signals" (U.S. Office of the Director of National Intelligence (ODNI) (2013), p. 47).

41　国家情報長官室ＨＰ https://www.dni.gov/index.php/what-we-do/members-of-the-ic#nsa; 国家安全保障局ＨＰ https://www.nsa.gov/

42　Lowenthal (2019), p. 115.

43　電波部は「通信所が収集した各種電波の処理・解析」を担当しています（防衛省情報本部のＨＰ https://www.mod.go.jp/dih/organization.html、情報本部組織規則第10条）。

44　「大韓機事件、撃墜キャッチは自衛隊、電波傍受し米へ連絡　防衛庁認める」『日本経済新聞』１９８３年９月４日；「不審船　北朝鮮と交信か　防衛庁、無線を事前傍受」『日本経済新聞』２００１年12月27日（夕刊）；「不審船３日前に確認　防衛庁　高い傍受技術」『日本経済新聞』２００１年12月27日。

45　２００６年７月に北朝鮮がミサイルを発射した際にも事前に防衛省・自衛隊が北朝鮮軍部の交信を傍受し、ミサイルの発射が近いことを示すインテリジェンスを得ていたとの報道もあります（「政府、問われる情報収集力」『日本経済新聞』２００９年４月22日（夕刊））。同記事は、防衛省情報本部は全国６か所に電波・通信傍受基地を有し、情報本部の職員約２０００名のうち約７割が電波傍受に従事している旨を報じています。

46　Lowenthal (2019), p. 116.

47　Clapper (2018), p. 277.

48　Lowenthal (2019), p. 117.

49　Lowenthal (2019), p. 118.

50　Lowenthal (2019), pp. 119-124.

51　"Bush Lets U.S. Spy on Callers Without Courts," *The New York Times*, December 16, 2005.

52　大統領府ＨＰ https://georgewbush-whitehouse.archives.gov/news/releases/2008/07/20080710-2.html; "Senate Approves Bill to Broaden Wiretap Powers," *The New York Times*, July 10, 2008; "House Passes Bill on Federal Wiretapping Powers," *The New York Times*, June 21, 2008; "Congress Strikes Deal to Overhaul Wiretap Law," *The New York Times*, June 20, 2008.

53　"NSA collecting phone records of millions of Verizon customers daily," *The Guardian*, June 6, 2013; "NSA Prism program taps in to user data of Apple, Google and others," *The Guardian*, June 7, 2013; "U.S., British intelligence mining data from nine U.S. Internet companies in broad secret program," *The Washington Post*, June 7, 2013.

54　Review Group on Intelligence and Communications Technologies（大統領府ＨＰ https://www.whitehouse.gov/the-press-office/2013/08/12/presidential-memorandum-reviewing-our-global-signals-intelligence-collec）.

55　大統領府ＨＰ https://www.whitehouse.gov/the-press-office/2013/12/18/president-obama-s-meeting-review-group-intelligence-and-communications-t

56　大統領府ＨＰ https://www.whitehouse.gov/blog/2014/01/17/president-obama-discusses-us-intelligence-programs-department-justice

57　地球空間情報に関し、米国合衆国法典第10編第４６７条第４項（10 U.S. Code §467 (4)）は次のように定義しています。"The term "geospatial information" means information that identifies the geographic location and characteristics of natural or constructed features and boundaries on the earth and includes — (A) statistical data and information derived from, among other things, remote sensing, mapping, and surveying technologies; and (B) mapping, charting, geodetic data, and related products."

58　国家情報長官室ＨＰは次のように定義しています。"Geospatial Intelligence is the analysis and visual representation of security related activities on the earth." https://www.dni.gov/index.php/what-we-do/what-is-intelligence また米国合衆国法典第10編第４６７条第５項（10 U.S. Code §467 (5)）は次のように定義しています。"The term "geospatial intelligence" means the exploitation and analysis of imagery and geospatial information to describe, assess, and visually depict physical features and geographically referenced activities on the earth. Geospatial intelligence consists of imagery, imagery intelligence, and geospatial information."

59　太田（２００７）、53頁。

60　国家情報長官室ＨＰ https://www.dni.gov/index.php/what-we-do/members-of-the-ic#nga; 国家地球空間情報局ＨＰ https://www.nga.mil/

61　２００１年（平成13年）４月に設置。設置根拠は内閣官房組織令第４条の３。「我が国の安全の確保、大規模災害への対応に関する画像情報の収集・分析、情報収集衛星システムの開発・運用に関する」事務を担当します（内閣官房（２０２０）、９頁）。

62　２００８年（平成20年）３月28日付の内閣官房長官決定「内閣情報会議の運営等について」第３条第２項は、前者に関し、「推進委員会の庶務は、関係省庁等の協力を得て、内閣官房内閣情報調査室において処理する」と定めています。また、同第４条第５項は、後者に関し、「運営委員会及び幹事会の事務局は、内閣官房内閣情報調査室に置く」と定めています。

63　画像・地理部は「衛星から収集した衛星写真の解析、デジタル地図の作製、地理空間情報の分析に関する業務」を担当しています（防衛省情報本部ＨＰ https://www.mod.go.jp/dih/organization.html、情報本部組織規則第９条）。

64　Lowenthal (2019), p. 105.

65　Jensen et al. (2017), p. 115.

66　Lowenthal (2019), pp. 84-85.

67　Lowenthal (2019), pp. 85-86.

68　Lowenthal (2019), pp. 105-106.

69　Lowenthal (2019), p. 96.

70　Jensen et al. (2017), p. 115; Lowenthal (2019), p. 93; pp. 95-96; pp. 105-106.

71　Jensen et al. (2017), p. 115; Lowenthal (2019), pp. 105-106.

72　Jensen et al. (2017), p. 115.

73　Coats (2019), p.17; Lowenthal (2019), pp. 97-100; 防衛省（２０２０）、１６９頁。

74　Lowenthal (2019), pp. 96-97; pp. 106-108.

75　Lowenthal (2019), p. 97; p. 107.

76　Lowenthal (2019), p. 88.

77　Lowenthal (2019), pp. 108-109.

78　"CIA flew stealth drones into Pakistan to monitor bin Laden house," *The Washington Post*, May 18, 2011; "Spy Planes Play an Indispensable Role in Mission," *The Wall Street Journal*, May 4, 2011.

79　Johnson (2020), pp. 674-675; Jensen et al. (2017), p. 115; Lowenthal (2019), pp. 110-111.

80　Lowenthal (2019), p.89.

81　Lowenthal (2019), pp. 1422-145.

82　Lowenthal (2019), p. 92.

83　Lowenthal (2019), p. 94.

84　Lowenthal (2019), p. 17; p. 47; p. 75; p. 95; p. 132; p. 135; p. 428.

【第９章注】

１　Mudd (2015), p. 3.

２　Lowenthal (2019), pp. 194-197.

3 Lowenthal (2019), p. 195.
4 Lowenthal (2019), p. 194.
5 Lowenthal (2019), pp. 194-195.
6 Mudd (2015), pp. 38-45.
7 Lowenthal (2019), p. 195.
8 ローエンタールは、同じ事柄に関して5頁の報告書を書くよりも、簡潔に要点をまとめて2頁に書く方がより困難な技術であると指摘しています（Lowenthal (2019), p. 195)。
9 Priess (2015); "For Spy Agencies, Briefing Trump Is a Test of Holding His Attention," *The New York Times*, May 21, 2020; "Trump Is Said to Set Aside Career Intelligence Briefer to Hear From Advisers Instead," *The New York Times*, October 30, 2020.
10 Lowenthal (2019), p. 195.
11 "levels of confidence in the sources and analytic reasoning supporting the judgements" (U.S. National Intelligence Council (NIC) (2021), p. 10).
12 U.S. Office of the Director of National Intelligence(ODNI) (2017), p. 1.
13 U.S. National Intelligence Council (NIC) (2021), p. 10.
14 "High confidence generally indicates that judgements are based on sound analytic argumentation and high-quality consistent reporting from multiple sources, including clandestinely obtained documents, clandestine and open source reporting, and in-depth expertise; it also indicates that we have few intelligence gaps, have few assumptions underlying the analytic line, have found potential for deception to be low, and have examined long-standing analytic judgements held by the IC and considered alternatives.（中略）High confidence in a judgement does not imply that the assessment is a fact, or a certainty" (U.S. National Intelligence Council (NIC) (2021), p. 10).
15 "Moderate confidence generally means that the information is credibly sourced and plausible but not of sufficient quality or corroborated sufficiently to warrant a higher level of confidence. There may, for example, be information that cuts in a different direction. We have in-depth expertise on the topic, but we may acknowledge assumptions that underlie our analysis and some information gaps; there may be a minor analytical difference within the IC, as well as moderate potential for deception" (U.S. National Intelligence Council (NIC) (2021), p. 10).
16 "Low confidence generally means that the information's credibility and/or plausibility is uncertain; that the information is fragmented, dated, or poorly corroborated; or that reliability of the source is questionable. There may be analytic differences within the IC, several significant information gaps, high potential for deception or numerous assumptions that must be made to draw analytic conclusions" (U.S. National Intelligence Council (NIC) (2021), p. 10).
17 "judgement about the likelihood of developments or events occurring" (U.S. National Intelligence Council (NIC) (2021), p. 10).
18 U.S. National Intelligence Council (NIC) (2007), p. 7.
19 U.S. National Intelligence Council (NIC) (2021), p. 10.
20 Jensen et al (2017), p. 129; Lowenthal (2019), p. 163.
21 Jensen et al (2017), p. 130.
22 Lowenthal (2019), pp. 164-165.
23 久郷（2019）、589-591頁。
24 久郷（2019）、588頁。
25 Lowenthal (2019), p. 164.
26 Morell (2015), pp. 178-180.
27 Lowenthal (2019), pp. 163-164.
28 Lowenthal (2019), p. 164.

□本書注

29 Morell (2015), p. 101.
30 Lowenthal (2019), p. 17; p. 164; p. 189; pp. 436-437.
31 Lowenthal, (2019), p. 15; p. 29; p. 75; p. 168.
32 Jensen et al (2017), p. 138.
33 Morell (2015), p. 89.
34 Davies (2004), p. 504.
35 Jensen et al (2017), p. 139.
36 U.S. National Intelligence Council (NIC) (2021), p. 8.
37 Lowenthal, (2019), p. 15; pp. 169-172; pp. 184-185.
38 モレルは、分析担当者の想像力の喚起のためにハリウッドの映画脚本家をＣＩＡに招いたこともある旨を述べています（Morell (2015), p. 66)。
39 Lowenthal (2019), pp. 17.

【第10章注】

1 Ehrman (2009), p. 7. 当該定義は、かつて米国の国家カウンターインテリジェンス室（NCIX: National Counterintelligence Executive）（現在のＮＣＳＣの前身組織）の公式ＨＰに掲載されていた説明です（“Counterintelligence is the business of identifying and dealing with foreign intelligence threats to the United States”)。内閣情報調査室の資料には「外国の情報機関による情報収集活動から我が国の重要な情報や職員等を保護すること」との説明があります（内閣官房（２０１４）、５頁)。

2 米国の国家安全保障法第３条第３項（合衆国法典第50篇第３００３条第３項（50 U.S. Code §3003(3))）は次のとおり定義しています。“The term “counterintelligence” means information gathered, and activities conducted, to protect against espionage, other intelligence activities, sabotage, or assassinations conducted by or on behalf of foreign governments or elements thereof, foreign organizations, or foreign persons, or international terrorist activities.”

3 Lowenthal (2019), p. 202; p. 212.

4 米国の研究者であるローエンタール（Mark Lowenthal）のインテリジェンスの定義は次のとおりです（Lowenthal (2019), p. 9（番号は筆者が付したもの))。⑶の部分においてＣＩをインテリジェンスの定義に明確に取り込んでいます。

“The intelligence is

(1) the process by which specific types of information important to national security are requested, collected, analyzed, and provided to policy makers;

(2) the products of these process;

(3) the safeguarding of these processes and this information by counterintelligence activities; and

(4) carrying out of operations as requested by lawful authorities.”

本書の定義は上記の中の⑴及び⑵に該当し、ローエンタールの定義よりも狭いものになっています。

5 Jensen et al. (2017), p. 184.

6 ＦＢＩのＨＰ https://www.fbi.gov/investigate/counterintelligence

7 合衆国法典第50篇第３３８１条ⓔ⑴（50 U.S. Code §3381 (e)(1)) “the head of each department or agency within the executive branch shall ensure that the Federal Bureau of Investigation is advised immediately of any information, regardless of its origin, which indicates that classified information is being, or may have been, disclosed in an unauthorized manner to a foreign power or an agent of a foreign power”

8 大統領命令第１２３３３号（Executive Order）1.3(b)(20)(A) “The Director of the Federal Bureau of Investigation shall coordinate the clandestine collection of foreign intelligence collected through human sources or through human-enabled means and counterintelligence

activities inside the United States."

9　設置根拠は２００２年カウンターインテリジェンス強化法（Counterintelligence Enhancement Act of 2002）第９０２条及び９０４条（合衆国法典第50編第３３８２条及び第３３８３条（50 U.S. Code §3382, §3383））。

10　国家カウンターインテリジェンス・保安センター長官は、ＣＩに関する国家インテリジェンス・マネージャー（National Intelligence Manager（ＮＩＭ）を兼ねています（DeVine (2018); 国家カウンターインテリジェンス・保安センター ＨＰ https://www.dni.gov/index.php/ncsc-home

11　国家カウンターインテリジェンス・保安センター ＨＰ https://www.dni.gov/index.php/ncsc-features/2741

12　内閣官房ＨＰ https://www.cas.go.jp/jp/seisaku/counterintelligence/pdf/settinikansuru2.pdf

13　U.S. National Counterintelligence and Security Center (NCSC) (2020), p. 2.

14　米国国家カウンターインテリジェンス戦略（２０２０〜２０２２年）は、当面のＣＩ活動の目的として次を掲げています。①国家の重要インフラの防衛、②米国の重要サプライチェーンに対する脅威の軽減、③米国経済からの不当な搾取への対処、④外国の影響からの米国の民主主義の防衛、⑤外国のインテリジェンス活動に対抗するためのサイバー能力の向上（U.S. National Counterintelligence and Security Center. (NCSC) (2020), p. 4.）。

15　U.S. National Intelligence Council (NIC) (2021); U.S. Office of the Director of National Intelligence (ODNI) (2017).

16　ロシアのインテリジェンス機関員とみられる在日ロシア連邦大使館員は、内閣事務官を唆し、同事務官から内閣情報調査室の秘密を入手し、現金10万円の賄賂を支払いました（警察庁（２０１０）、１６０頁）。２００８年３月25日、東京地方検察庁は当該内閣事務官と在日本ロシア大使館の元大使館員を起訴猶予処分としました。

17　Kan (2006); Lowenthal (2019), pp. 213-214.

18　U.S. Department of Justice, Office of the Inspector general (2006).

19　U.S. Department of Justice, "U.S. Charges Five Chinese Military Hackers for Cyber Espionage Against U.S. Corporations and a Labor Organization for Commercial Advantage" (May 19, 2014). https://www.justice.gov/opa/pr/us-charges-five-chinese-military-hackers-cyber-espionage-against-us-corporations-and-labor; FBI, "Five Chinese Military Hackers Charged Indicted in Connection with Cyber Espionage Offenses Against U.S." (May 19, 2014). https://www.fbi.gov/news/stories/five-chinese-military-hackers-charged-with-cyber-espionage-against-us

20　U.S. Department of Justice, "Former CIA Officer Arrested for Retaining Classified Information" (January 16, 2018). https://www.justice.gov/opa/pr/former-cia-officer-arrested-retaining-classified-information; "Former CIA Case Officer Charged With Conspiracy to Commit Espionage and Retention of National Defense Information" (May 8, 2018). https://www.justice.gov/opa/pr/former-cia-case-officer-charged-conspiracy-commit-espionage-and-retention-national-defense; "Former CIA Officer Pleads Guilty to Conspiracy to Commit Espionage" (May 1, 2019). https://www.justice.gov/opa/pr/former-cia-officer-pleads-guilty-conspiracy-commit-espionage; "Former CIA Officer Sentenced for Conspiracy to Commit Espionage" (November 22, 2019). https://www.justice.gov/opa/pr/former-cia-officer-sentenced-conspiracy-commit-espionage; "Ex-C.I.A. Officer Suspected of Compromising Chinese Informants Is Arrested," *The New York Times*, January 16, 2018.

21　U.S. Department of Justice, "China Initiative" https://www.justice.

gov/nsd/information-about-department-justice-s-china-initiative-and-compilation-china-related

22 U.S. Department of Defense, Defense Human Resources Activity. (2009).

23 内閣総理大臣官邸ＨＰ https://www.kantei.go.jp/jp/headline/northkorea_sochi201603.html

24 警察庁警備局（２０２０）、別添資料5-11頁。なお、中国関係及びロシア（旧ソ連）関連のスパイ事件の検挙件数は定かではありません。終戦から２００７年２月までの検挙件数は、中国関連5件、ロシア（旧ソ連）関連26件との集計もあります（外事事件研究会（２００７））。

25 "CI has both a defensive mission - to protect our nation's secrets and assets from theft, manipulation, or destruction by foreign adversaries by knowing their intentions, targets, capabilities and methods - and an offensive mission - to exploit, deceive or disrupt their hostile activities" 国家カウンターインテリジェンス・保安センター ＨＰ https://www.dni.gov/index.php/ncsc-how-we-work

26 Jensen et al. (2017), pp. 192-193.

27 今岡（２０１３）、２-６頁。

28 Jensen et al. (2017), pp. 193-195.

29 Christensen (2016), p. 1.

30 Christensen (2016), p. 9.

31 Executive Order 12968 1.1(h) "Need-to-know means a determination made by an authorized holder of classified information that a prospective recipient requires access to specific classified information in order to perform or assist in a lawful and authorized governmental function."

32 Mulligan et. al (2017), pp. 3-13.

33 ２００９年（平成21年）７月10日参議院議員藤末健三君提出特別職公務員の守秘義務に関する質問主意書に対する政府答弁書（内閣参質１７１第２２４号）。

34 「情報は知る必要がある者にのみ伝え、知る必要のない者には伝えない」との説明もあります（衆議院情報監視審査会（２０２０年）、70頁）。

35 「提供された情報を情報提供元の承諾なくして別の第三者に提供してはならないという、主に情報機関の間に存在する実務上生まれた慣習」との説明もあります（衆議院情報監視審査会（２０１９年）、74頁）。

36 Lowenthal (2019), pp. 212-213.

37 Lowenthal (2019), p. 213.

38 U.S. Information Security Oversight Office (2018), p. 4

39 Lowenthal (2019), p. 209.

40 Lowenthal (2019), p. 208.

41 U.S. National Counterintelligence and Security Center (NCSC) (2020), p. 4.

42 内閣サイバーセキュリティセンター ＨＰ https://www.nisc.go.jp/index.html

43 土屋（２０１２）、２０８-２０９頁。

44 内閣官房ＨＰ www.cas.go.jp/jp/seisaku/counterintelligence/index.html

45 内閣官房ＨＰ http://www.cas.go.jp/jp/seisaku/counterintelligence/pdf/basic_decision_summary.pdf

46 内閣官房ＨＰ http://www.cas.go.jp/jp/seisaku/hozen/index.html

47 内閣総理大臣官邸ＨＰ http://www.kantei.go.jp/jp/singi/jouhouhozen/

同検討委員会の下には「秘密保全のための法制の在り方に関する有識者会議」及び「情報保全システムに関する有識者会議」も設置されました。

48　秘密保全のための法制の在り方に関する有識者会議「秘密保全のための法制の在り方について（報告書）」（平成23年８月８日）http://www.kantei.go.jp/jp/singi/jouhouhozen/housei_kaigi/pdf/10110808_houkoku.pdf

49　内閣総理大臣官邸ＨＰ http://www.kantei.go.jp/jp/singi/jouhouhozen/dai4/siryou1.pdf

【第二章注】

一　50 U.S. Code §3093 (e), "the term "covert action" means an activity or activities of the United States Government to influence political, economic or military conditions abroad, where it is intended that the role of the United States Government will not be appeared or acknowledged publicly, but does not include (1)activities the primary purpose of which is to acquire intelligence, traditional counterintelligence activities, traditional activities to improve or maintain the operational security of United States Government programs, or administrative activities; (2)traditional diplomatic or military activities or routine support to such activities; (3)traditional law enforcement activities conducted by United States Government law enforcement agencies or routine support to such activities; or (4) activities to provide routine support to the overt activities (other than activities described in paragraph (1), (2), or (3)) of other United States Government agencies abroad."

2　Weiner (2008), pp. 182-185.

3　Lowenthal (2019), p. 23.

4　National Security Act of 1947 §104A (d)(4) (50 U.S. Code §3036 (d)(4)), "The Director of the Central Intelligence Agency shall perform such other functions and duties related to intelligence affecting the national security as the President or the Director of National Intelligence may direct."

5　当該条文に秘密工作活動との語句は明示されていませんが、"such other functions and duties related to intelligence affecting the national security" に秘密工作活動も含まれると解釈されています（Johnson (2020), p. 669）。同法制定時のオリジナルの条文では同法第一〇二条ⓓ⑤。

6　Morell (2015), pp. 23-24.

7　Raphael et al. (2016), pp. 181-184; Jensen et al. (2017), pp. 216-217; Lowenthal (2019), pp. 237-238; "Italy Convicts 23 Americans for C.I.A. Renditions," *The New York Times*, November 4, 2009.

8　ローエンタールのインテリジェンスの定義は、政策決定支援機能（「国家安全保障上の重要な問題に関する情報が、要求に基づいて収集・分析されて政策決定者に提供される仕組み及びそうした仕組みによって生産された成果物」を中心に据えています。しかし、これに加えて、秘密工作活動（「合法的な権限者からの指示に基づき工作を実施すること（carrying out of operations as requested by lawful authorities)」）もインテリジェンスに含むこととされています（第一章注一）。ローエンタールがこうした複雑な定義を唱えている背景には、①政策決定支援機能と秘密工作活動は本質的に異なる機能であること、②しかし現実に米国ではＣＩＡが秘密工作活動を担っていること、などを踏まえ、双方の折り合いを付ける定義を唱える必要があったと考えられます。

9　大野（２０１２）、２１６-２１７頁。

10　Lowenthal (2019), pp. 234-237.

11　大野（２０１２）、２３３-２３５頁。

12　Johnson (2020), p. 673.

13　名越（２０１９）、１３２-１４４頁；Weiner (2008), pp. 133-156（日本関連）; Johnson (2020), pp. 673-674; Lowenthal (2019), p. 235.

14　Johnson (2020), p. 674.

15 Johnson (2020), p. 674; Lowenthal (2019), pp. 235-236.
16 Johnson (2020), pp. 676-677.
17 Johnson (2020), p. 680.
18 Johnson (2020), pp. 677-678.
19 Johnson (2020), pp. 674-675.
20 Lowenthal (2019) p. 239; p. 246.
21 Johnson (2020), p. 678; Weiner (2008), pp. 179-194; Lowenthal (2019), p. 245.
22 Executive Order 12333 §2.11 (Prohibition on Assassination), "No person employed by or acting on behalf of the United States Government shall engage in or conspire to engage in assassination."
23 Lowenthal (2019), pp. 246-247.
24 "CIA Director Pompeo met with North Korean leader Kim Jong Un over Easter weekend," *The Washington Post*, April 18, 2018.
25 Jensen et al. (2017), p. 207; Lowenthal (2019), pp. 229-230.
26 Johnson (2020), pp. 673-674.
27 Raphael et al. (2016), pp. 181-184; Jensen et al. (2017), pp. 216-217; Lowenthal (2019), pp. 237-238.
28 Johnson (2020), pp. 674-675; Jensen et al. (2017), p. 115; Lowenthal (2019), pp. 110-111.
29 Lowenthal (2019), pp. 240-241.
30 Johnson (2020), pp. 679-680.
31 Lowenthal (2019), pp. 232-233.
32 Johnson (2020), p. 680; Lowenthal (2019), p. 250.

【第12章注】

1 Samuels (2019), pp. 27-29.
2 Leigh (2009), p. 69.
3 Leigh (2009), p. 71.
4 以前には、「大統領制を採用している国（例えば米国）では立法府による統制に重点を置くべきであり、議院内閣制を採用している国（例えばイギリス）では行政府による統制に重点があるべき」との考え方もありました。この背景には、①大統領制の場合、三権分立制度の下での立法府と行政府の間の緊張関係を前提として、行政府の活動全般に対する立法府による広範なチェック機能が定められている場合が多いこと、②議院内閣制の場合、立法府の多数党が内閣を形成することから、立法府の行政府に対する信頼は（大統領制に比較して）相対的に高いと考えられること、などの点があったと考えられます。
しかし、欧米先進諸国における現在の状況は必ずしもそうはなっていません。例えば、ドイツ及びオーストラリアは政治体制としては議院内閣制に分類されますが、ＩＣに対する統制制度としては、立法府による統制に重点が置かれています。フランスは大統領制度に分類されますが、立法府による統制は必ずしも強くはありません。イギリスにおけるＩＣに対する統制制度は、従来は行政府による統制が中心でしたが、２０１３年以降は立法府による統制を中心に制度が整備されています（本章３）。
5 Lowenthal (2019), p. 277; Davies (2010), p. 134.
6 Lowenthal (2019), pp. 308-311.
7 Samuels (2019), p. 29; Davies (2010), p. 134; Lowenthal (2019), p. 284.
8 Davies (2010), p. 135.
9 小林（２０１２）、63-64頁。
10 オバマ政権大統領府ＨＰ https://obamawhitehouse.archives.gov/administration/eop/piab
11 Lowenthal (2019), p. 279.
12 "Trump's secretive intelligence advisory board takes shape with security pros and GOP donors," *ABC News*, August 28, 2019. https://

abcnews.go.com/Politics/trumps-secretive-intelligence-advisory-board-takes-shape-security/story?id=65222244

13　同委員会の報告書の一部は、２００５年５月31日に公開されています。https://fas.org/irp/offdocs/wmd_report.pdf

14　オバマ政権大統領府ＨＰ https://www.whitehouse.gov/the-press-office/2013/08/12/presidential-memorandum-reviewing-our-global-signals-intelligence-collec

　同委員会は、２０１３年12月12日に検討結果の報告書（"Liberty and Security in a Changing World"）を大統領に提出しました（オバマ政権大統領府ＨＰ https://www.whitehouse.gov/the-press-office/2013/12/18/president-obama-s-meeting-review-group-intelligence-and-communications-t）。同報告書の内容を踏まえ、２０１４年１月17日、オバマ大統領は、国家安全保障局（ＮＳＡ）による通信傍受活動等の見直し案を発表しました（オバマ政権大統領府ＨＰ https://www.whitehouse.gov/blog/2014/01/17/president-obama-discusses-us-intelligence-programs-department-justice）。

15　Lowenthal (2019), p. 282.

16　新田（２００３）、53-55頁。

17　１９７８年首席監察官法（Inspector General Act of 1978 及び１９８８年修正）に加え、それぞれのポストに関する特別法が定められているのが一般的です。

18　Lowenthal (2019), pp. 282-283.

19　例外として、国防省、国土安全保障省、司法省、国家情報長官室、ＣＩＡ等に関しては、各機関の長は、国家安全保障上の利益の保護あるいは現在進行中の犯罪捜査の保護等の理由がある場合には、首席監察官の調査活動等に制限を加えることが可能です。ただし、そうした場合、各機関の長はその理由を連邦上下両院のインテリジェンス問題担当の委員会に報告する必要があります（Lowenthal (2019), pp. 282-283; 新田（２００３）、54頁）。

20　新田（２００３）、54頁。

21　合衆国法典第50編第３０３３条（50 U. S. Code §3033）

22　国家情報長官室ＨＰ https://www.dni.gov/index.php/who-we-are/organizations/icig/icig-who-we-are

23　当該報告書（OIG Report on CIA Accountability With Respect to the 9/11 Attacks）の概要は２００７年８月に公表されました（ＣＩＡのＨＰ https://www.cia.gov/readingroom/document/0001499482）。

24　当該報告書（Counterterrorism Detention and Interrogation Activities）の一部は２００９年８月に公表されました（ＣＩＡのＨＰ https://www.cia.gov/readingroom/docs/0005856717.pdf）。

25　"Trump fires intelligence community watchdog who defied him on whistleblower complaint," *Politico*, April 3, 2020. https://www.politico.com/news/2020/04/03/trump-fires-intelligence-community-inspector-general-164287

26　松橋は、「（上下両院の）行政監視機能については、憲法中に明示の規定はないが、建国当時から立法権に固有の権限として認識され、行使されてきた」と指摘しています（松橋（２００３）、46頁）。

27　米国連邦上院インテリジェンス問題特別委員会ＨＰ intelligence.senate.gov/

28　米国連邦下院インテリジェンス問題常設特別委員会ＨＰ intelligence.house.gov/

29　Samuels (2019), p. 29.

30　Article II, Section 2, Clause 2 of the United States Constitution.

31　Lowenthal (2019), p. 289.

32　各報告書は上院インテリジェンス問題特別委員会のＨＰで閲覧可能。https://www.intelligence.senate.gov/publications/reports

33　上下両院のインテリジェンス問題の担当委員会が合同調査を実施し、２００２年12月に報告書（S. Rpt. 107-351: Joint Inquiry into Intelligence Community Activities before and after the Terrorist

Attacks of September 11, 2001）を公表。

34　上院インテリジェンス問題特別委員が調査を実施し、２００６年９月９日に報告書（S. Rpt. 109-331: Postwar Findings about Iraq's WMD Programs and Links to Terrorism and How they Compare with Prewar Assessment）を公表。

35　上院インテリジェンス問題特別委員が調査を実施し、２０１０年５月24日に報告書（S. Rpt. 111-199: Attempted Terrorist Attack on Northwest Airlines Flight 253）を公表。

36　上院インテリジェンス問題特別委員が調査を実施し、２０１４年１月15日に報告書（S. Rpt. 113-134: Review of the Terrorist Attacks on U.S. facilities in Benghazi, Libya, September 11-12）を公表。

37　上院インテリジェンス問題特別委員会が調査を実施し、２０１４年12月９日に報告書（S. Rpt. 113-288: Committee Study of the Central Intelligence Agency's Detention and Interrogation Program together with Foreword by Chairman Feinstein and Additional and Minority Views）を公表。

38　上院インテリジェンス問題特別委員会が調査を実施し、報告書（S. Rpt. 116-290: Report of the Select Committee on Intelligence United States Senate on Russian Active Measures Campaigns and Interference in the 2016 U.S. Election）を公表。

39　50 U.S. Code §3091（General Congressional Oversight Provision）(a) (Reports to congressional committees of intelligence activities and anticipated activities): "The President shall ensure that the congressional intelligence committees are kept fully and currently informed of the intelligence activities of the United States, including any significant anticipated intelligence activity as required by this subchapter."

40　50 U.S. Code §3091 (d) (Procedures to protect from unauthorized disclosure): "The House of Representatives and the Senate shall each establish, by rule or resolution of such House, procedures to protect from unauthorized disclosure all classified information, and all information relating to intelligence sources and methods, that is furnished to the congressional intelligence committees or to Members of Congress under this subchapter. Such procedures shall be established in consultation with the Director of National Intelligence.（以下略）"

41　Lowenthal (2019), pp. 296-296; DeVine (2019b); Erwin (2013). 合衆国法典第50編第44章第３０９３条 (50 U.S. Code §3093 (Presidential approval and reporting of covert actions)）の第ⓒ項第②号において、大統領が報告先の限定を必要と認めた場合には、４人（上下両院のインテリジェンス問題特別委員会の委員長及び少数会派筆頭委員）あるいは８人（前記の４人に加えて下院の議長と少数会派院内総務、上院の両党院内総務）のみに限定した報告が認められています。

42　連邦議会議員の他、大統領、副大統領、最高裁判事等にも適用されません（Christensen (2016), p. 4.)。

43　Gill (2016), p. 420.

44　Davies (2010), p. 135; Phythian (2009), p. 303.

45　Davies (2010), pp. 134-136; Krieger (2009), p. 227.

46　奥田（２００９）、97頁；Gill (2016), p. 420; p. 423.

47　同委員会の創設以前は、各インテリジェンス機関は、行政機関の一つとして政府内の中における行政的な統制に服するのみでした（ただし、議院内閣制においては、各行政機関を管理する閣僚と内閣は議会に対して責任を持つこととなっています）(Davies (2010), p. 141)。

48　Gill (2016), p. 421.

49　Krieger (2009), p. 226.

50　Leigh (2007), pp. 192-194; 奥田（２０１１）、２３７頁。

51 Intelligence and Security Committee (September 2003), "Iraqi Weapons of Mass Destruction-Intelligence and Assessments (cm. 5972)," London, HMSO; Intelligence and Security Committee (May 2006), "Report into the London Terrorist Attacks on 7 July 2005 (cm. 6785)," London, HMSO.

52 Gill (2016), p. 426; Phythian (2009), pp. 301-314

53 Gill (2016), pp. 421-422; p. 426; p. 428; Defty (2019), p. 31.

54 調査権限委員会事務局ＨＰ https://www.ipco.org.uk/

55 ＩＳＣのＨＰ http://isc.independent.gov.uk/

56 Richardson et al. (2016), pp 43-128.

57 他の先行研究に鑑みても、ＩＣや警察に対する民主的統制制度の比較・評価に際して組織基盤と権限の強さを基準とすることは妥当と考えられます。例えば、Defty (2020) やDe Angelis et al. (2016) があります。

58 Kobayashi (2020), 153-154.

59 「特定秘密保護法：情報統制懸念、与党も　国会にも監視組織」『毎日新聞』２０１３年12月8日：原田（２０１４）。

60 特定秘密保護法附則第10条後段は「国会に対する特定秘密の提供については（中略）日本国憲法及びこれに基づく国会法等の精神にのっとり（中略）、特定秘密の提供を受ける国会におけるその保護に関する方策については、国会において、検討を加え、その結果に基づいて必要な措置を講ずる」旨定めています。

61 衆議院ＨＰ http://www.shugiin.go.jp/internet/itdb_gian.nsf/html/gian/honbun/houan/g18605027.htm

62 各種データは、原則として第２０３回国会終了時（２０２０年12月5日）のものです。

63 報道によると、立法過程において与党は常設組織の設置に消極的でした。しかし、野党は、法令に基づく常設機関の設置を主張しました（「（特定秘密法）監視機関設置、自公が合意　両院に常設・勧告のみ、強制力なし」『朝日新聞』２０１４年5月20日）。

64 http://www.shugiin.go.jp/internet/itdb_annai.nsf/html/statics/shiryo/jyouhoukanshishinsakaikitei.htm

65 https://www.sangiin.go.jp/japanese/aramashi/houki/jouhoukansisinsakaikitei.html

66 ＩＣ構成機関でない政府機関（国家安全保障局、外務省や防衛省の政策担当部署等）も、特定秘密の運用に関係する活動は同審査会の監視対象となります。

67 委員を議員に限定する場合、委員の在任期間が短いと十分な専門性が蓄積されず、効果的な統制の実施が担保できない可能性があります。なお、カナダの制度では、専門知識を有する研究者、元実務家等の委員選任が可能です。

68 どちらの制度が優れているかの判断は容易ではありません。議会における議席配分を反映している方がより民主的であるとの指摘もあります（Richardson et al. (2016), pp. 306-307）。

69 日本の警察に対する民主的統制機関である公安委員会においては、同委員会の庶務は監督対象である警察庁及び都道府県警察が担います（警察法第13条及び第44条）。

70 同条は、①行政における特定秘密保護制度の運用を常時監視するため特定秘密の指定・解除及び適性評価の実施の状況について調査すること、②各議院等からの特定秘密の提出の要求に係る行政機関の長の判断の適否等を審査すること、と定めています。

71 同条項は「（審査会は）必要があると認めるときは、行政機関の長に対し、行政における特定秘密の保護に関する制度の運用について改善すべき旨の勧告をすることができる」（同条第１項）、「行政機関の長に対し（中略）勧告の結果とられた措置について報告を求めることができる」（同条第２項）旨定めています。

72 政府（ＩＣ）側は当該ルールに基づき、外国情報機関等から提供を受けた情報の審査会への開示に慎重です。これに対し、審査会側は、一定の理解を示しつつも、ルール適用の基準の明確化や審査会の趣旨を踏まえた積極的な対応を求めています（衆議院情報監視審査会『平成30年度 年次報告書』、126頁及び132-133頁；参議院情報監視審査会『平成27年度 年次報告書』（2016年）、11頁；同『平成28年度 年次報告書』、28頁；同『平成29年度 年次報告書』、54-55頁）。

73 衆議院情報監視審査会『平成27年度 年次報告書』、8-9頁；同『令和元年 年次報告書』、127頁。

74 衆議院情報監視審査会『令和元年 年次報告書』、127頁。

75 例えば、サード・パーティー・ルールに関しては、担当国務大臣も出席した公開の審議も実施されています。第196回国会中の2018年2月20日及び4月3日、上川陽子国務大臣が参議院情報監視審査会の審議に出席しました。

76 委員自身が、自らの申し出により議院（閉会中は議長）の許可を得て辞任することは可能です（衆情規第5条第1項及び第2項、参情規第5条第1項）。

77 Lowenthal (2019), p. 306. 監視対象との癒着等防止するためには、任期を限定する方が好ましいとの考え方もあり得ます。

78 両院の情報監視審査会規程は「毎年1回、調査及び審査の経過及び結果を記載した報告書を作り、会長からこれを議長に提出する」（衆参情規第22条第1項）及び「議長は、（中略）報告書を公表する」（同条第3項）と定めています。

79 参議院情報監視審査会『平成27年 年次報告書』、11-12頁；同『年次報告書』（2019年）、29-30頁；衆議院情報監視審査会『平成27年 年次報告書』、20頁；同『平成28年 年次報告書』、49-51頁；同『平成29年 年次報告書』、63-67頁；同『平成30年 年次報告書』、102-103頁。

80 特定秘密以外の秘密等の審査会への開示の問題に関し、衆議院の審査会は年次報告書の中で政府側に対して意見を述べ、善処を求めています（衆議院情報監視審査会『平成27年度 年次報告書』、8-9頁；同『令和元年 年次報告書』、127頁）。

81 当該項目はリチャードソン等の基準には含まれていません。かかる措置は欧米先進諸国の議会では一般的であることから敢えては加えられていない可能性があります。

82 衆議院政治倫理審査会規程第23条第1項及び第26条第1項前段、参議院政治倫理審査会規程第22条第1項及び第25条第1項前段。

83 「特定秘密保護法：秘密指定監視、衆参に「審査会」常設 勧告に強制力なし 与党合意」『毎日新聞』2014年5月20日；「情報監視審査会 準備加速へ 衆参両院 職員の適性評価など」『読売新聞』2014年8月14日；「国会の審査会始動――特定秘密監視、どこまで機能、独自の情報収集に限界（永田町インサイド）」『日本経済新聞』2015年6月21日。

84 両院の審査会の年次報告書によると、これまで特定秘密の漏洩やそれに基づく懲罰の例はありません。

85 情報監視審査会の創設根拠である「国会法等の一部を改正する法律案」（第186国会衆第27号）の附則第3条は「この法律の施行後、我が国が国際社会の中で我が国及び国民の安全を確保するために必要な海外の情報を収集することを目的とする行政機関が設置される場合には、国会における当該行政機関の監視の在り方について検討が加えられ、その結果に基づいて必要な措置が講ぜられるものとする」旨定めています。これは、同審査会が「議会によるICに対する民主的統制の機関」としては不完全である旨を一部の議員は立法当初から認識していた証左と考えられます。

86 米国でも、連邦議会の情報委員会は議員側にIC側の事情を「教育」する場になっている旨の指摘があります（Hastedt (2017), pp. 717-721）。

87　ＩＣ構成機関側における人員の早期交代にも同様の問題があるとみられます（額賀福志郎・衆議院情報監視審査会長の発言（「国会の情報監視審査会：特定秘密のチェック、問われる存在意義」『毎日新聞』２０１６年10月24日）；浜田靖一・同会長の発言（「特定秘密保護法：５年目　情報監視審査会、活動手探り状態」『毎日新聞』２０１９年４月22日）；『毎日新聞』２０１７年12月８日）。

【第13章注】

1　神谷（２０１８）、3-10頁。
2　神谷（２０１８）、４頁。なお、特定秘密保護法第１条は、安全保障を「国の存立に関わる外部からの侵略等に対して国家及び国民の安全を保障することをいう」と定義しています。
3　U.S. Office of the Director of National Intelligence (ODNI) (2021) pp.6-8; U.S. White House (2021), p. 6; p. 8.
4　U.S. Office of the Director of National Intelligence (ODNI) (2021), pp. 12-16; U.S. White House (2021), p. 8.
5　Coats (2019), pp. 8-10; U.S. National Counterintelligence and Security Center (NCSC) (2018), pp. 5-10.
6　国務省ＨＰ https://www.state.gov/state-sponsors-of-terrorism/
7　Lowenthal (2019), pp. 330-340.
8　U.S. Office of the Director of National Intelligence (ODNI) (2021), pp. 6-16.
9　元ＣＩＡ副長官のモレル（Mike Morell）は、回顧録の中で、１９９０年代を通じてＣＩＡの人員数は約25％削減された旨を指摘しています（Morell (2015), p. 74）。Lowenthal (2019), p. 15.
10　U.S. Office of the Director of National Intelligence (ODNI) (2021), pp. 6-16.
11　U.S. Office of the Director of National Intelligence (ODNI) (2021), pp. 23-24; Lowenthal (2019), pp. 10-13.
12　小林（２０２０）、74-85頁。
13　ＣＩＡでは、ドイチェ（John Deutch）長官時代（在１９９５～１９９７年）に、こうした倫理上問題のある人物を情報源として運用することを自重する動きがありました。しかし、９・１１事件（２００１年）以降はこうした制限は撤廃されました（Lowenthal (2019), p. 133）。
14　小林（２０２０）、１９０-１９３頁；U.S. Office of the Director of National Intelligence (ODNI) (2021), p. 24.
15　U.S. Office of the Director of National Intelligence (ODNI) (2021), p. 4; p. 7; p. 10: p. 15; Coats (2019), pp. 8-10.
16　U.S. Office of the Director of National Intelligence (ODNI) (2021), p. 21; Coats (2019), p. 21; p. 23; Lowenthal (2019), pp 377-378.
17　小林（２０２０）、64-68頁。
18　Coats (2019), p. 21; p. 23; Lowenthal (2019), pp. 478-382.
19　Lowenthal (2019), pp. 381-382.
20　U.S. National Counterintelligence and Security Center (NCSC) (2020), p. 4; Lowenthal (2019), pp. 379-380.
21　U.S. National Counterintelligence and Security Center (NCSC) (2020), preface p. i.
22　中村（２０２０）、１２２-１２４頁。
23　例えば、公安調査庁のＨＰでは、経済安全保障を次のとおり説明しています。「国際社会の中で国家安全保障を確保するカギとして、経済上の手段を用いる動きが先鋭化しています。各国は、自国の優位性を確保するために機微な技術・データ・製品等の獲得に向けた動きを活発化させており、例えば、適正な活動を装って標的となる企業や大学等に接近し、目的を達成する事案等が発生しています。各国は一方で、こうした活動から国益を守るために規制や取締りを強化しており、これらの動きをまとめて『経済安全保障』と呼ぶことがあります」（http://www.moj.go.jp/

content/001346231.pdf）これは、特にＣＩの観点を強調した見方と言えます。

24　中村（２０２０）、１２４-１３０頁。

25　U.S. Office of the Director of National Intelligence (ODNI) (2021), pp. 17-19; Coats (2019), p. 21; p. 23; Lowenthal (2019), pp. 283-286.

26　"The Newest Diplomatic Currency: Covid-19 Vaccines," *The New York Times*, April 21, 2021.

27　"President's intelligence briefing book repeatedly cited virus threat," *The Washington Post*, April 28, 2020.

28　"Inside the C.I.A., She Became a Spy for Planet Earth," *The New York Times*, January 5, 2021.

29　U.S. White House (2021), pp. 6-7. ２０２１年4月22日、米国が主宰した「気候変動サミット」において、米国のヘインズ（Avril Haines）国家情報長官（当時）は、インテリジェンス機関が気候変動問題に取り組む意義に関してスピーチを行っています（国家情報長官室ＨＰ https://www.dni.gov/index.php/newsroom/speeches-interviews/speeches-interviews-2021/item/2208-dni-haines-remarks-at-the-2021-leaders-summit-on-climate）。

30　Lowenthal (2019), pp. 346-357.

31　U.S. National Counterintelligence and Security Center (NCSC) (2018), pp. 5-10.

32　Johnson (2020), p. 674; Lowenthal (2019), pp. 235-236.

33　U.S. National Counterintelligence and Security Center (NCSC) (2020), p. 4.

34　内閣サイバーセキュリティセンター ＨＰ https://www.nisc.go.jp/index.html

35　土屋（２０１２）、２０８-２０９頁。

【欧文書籍・論文】

Andregg, M. (2010). Ethics and professional Intelligence. In L. K. Johnson (Ed.), *The Oxford Handbook of National Security Intelligence* (pp. 735-753). Oxford University Press.

Baker, J. E. (2010). Covert action: United States law in substance, process, and practice. In L. K. Johnson (Ed.), *The Oxford Handbook of National Security Intelligence* (pp. 587-607). Oxford University Press.

Barrett, D. M. (2017). Why don't you teach a course about intelligence?. *Intelligence and National Security,* 32(7): 882-888.

Bean, H. (2018). Intelligence theory from the margins: questions ignored and debates not had. *Intelligence and National Security,* 33(4): 527-540.

Best Jr., R. A. (2011). *Intelligence Information: Need-to-Know vs. Need-to-Share (CRS Report: R41848).* Congressional Research Service.

Betts, R. K. (2007). *Enemies of Intelligence; Knowledge and Power in American National Security.* Columbia University Press.

Brantly, A. F. (2018). When everything becomes intelligence: machine learning and the connected world. *Intelligence and National Security,* 33(4): 562-573.

Breckenridge, J. G. (2010). Designing Effective Teaching and Learning Environments for a New Generation of Analysts. *International Journal of Intelligence and CounterIntelligence,* 23(2): 307-323.

Caddell Jr., J., & J. Caddell Sr. (2017). Historical case studies in intelligence education: best practices, avoidable pitfalls. *Intelligence and National Security,* 32(7): 889-904.

Campbell, S. H. (2011). A Survey of the U.S. Market for Intelligence Education. *International Journal of Intelligence and CounterIntelligence,* 24(2): 307-337.

Charney, D. L., & J. A. Irvin (2016). The Psychology of Espionage. *Intelligencer: Journal of US Intelligence Studies,* 22(1): 71-77.

Christensen, M. D. (2016). *Security Clearance Process: Answers to Frequently Asked Questions (CRS Report R43216, October 7, 2016).* Congressional Research Service.

Clapper, J. R. (2018). *Facts and Fears: Hard Truths from a Life in Intelligence.* Random House Large Print.

Daugherty, W. J. (2010). Covert action: Strengths and weaknesses. In L. K. Johnson (Ed.), *The Oxford Handbook of National Security Intelligence* (pp. 608-625). Oxford University Press.

Davies, P. H. (2002). Ideas of intelligence: Divergent National Concept and Institutions. *Harvard International Review,* 24(3): 62-66.

Davies, P. H. (2004). Intelligence culture and intelligence failure in Britain and the United States. *Cambridge Review of International Affairs,* 17(3): 495-520.

Davies, P. H. (2010). Britain's machinery of intelligence accountability: Realistic oversight in the absence of moral panic. In D. Baldino (Ed.), *Democratic oversight of intelligence services* (pp. 133-157). Federation Press.

De Angelis, J., R. Rosenthal, & B. Buchner (2016). *Civilian Oversight of Law Enforcement: Accessing the Evidence.* National Association for Civilian Oversight of Law Enforcement. https://d3n8a8pro7vhmx.cloudfront.net/nacole/pages/161/attachments/original/1481727974/NACOLE_AccessingtheEvidence_Final.pdf?1481727974（2021年4月15日閲覧）

Defty, A. (2019). Coming in from the cold: bringing the Intelligence and Security Committee into Parliament. *Intelligence and National Security,* 34(1): 22-37.

Defty, A. (2020). From committees of parliamentarians to parliamentary committees: comparing intelligence oversight reform in Australia, Canada, New Zealand and the UK. *Intelligence and National Security,* 35(3): 367-384.

DeVine, M. E. (2018). *The National Counterintelligence and Security Center*

(NCSC): An Overview (CRS Report IF11006, October 18, 2018). Congressional Research Service.

DeVine, M. E. (2019a). *Covert Action and Clandestine Activities of the Intelligence Community: Framework for Congressional Oversight In Brief (CRS Report R45196, August 9, 2019).* Congressional Research Service.

DeVine, M. E. (2019b). *Covert Action and Clandestine Activities of the Intelligence Community: Selected Congressional Notification Requirements in Brief (CRS Report: R45191, July 2, 2019).* Congressional Research Service.

DeVine, M. E. (2019c). *Covert Action and Clandestine Activities of the Intelligence Community: Selected Definitions in Brief (CRS Report R45175, June 14, 2019).* Congressional Research Service.

DeVine, M. E. (2019d). *The Director of National Intelligence (DNI) (CRS Report IF10470, May 10, 2019).* Congressional Research Service.

DeVine, M. E. (2019e). *Intelligence Community Spending: Trends and Issues (CRS Report R44381, November 6, 2019).* Congressional Research Service.

DeVine, M. E. (2019f). *Intelligence Planning, Programming, Budgeting, and Evaluation (IPPBE) Process (CRS Report IF10428, April 24, 2019).* Congressional Research Service.

DeVine, M. E. (2020). *Defense Primer: National and Defense Intelligence (CRS Report IF10525, December 30, 2020).* Congressional Research Service.

Dexter, H., M. Phythian, & D. Strachan-Morris (2017). The what, why, who, and how of teaching intelligence: the Leicester approach. *Intelligence and National Security,* 32(7): 920-934.

Ehrman, J. (2009). What are We Talking About When We Talk about Counterintelligence? *Studies in Intelligence,* 53(2): 5-20.

Eriksson, G. (2018). A theoretical reframing of the intelligence–policy relation. *Intelligence and National Security,* 33(4): 553-561.

Erwin, M. C. (2013). *"Gang of Four" Congressional Intelligence Notifications (CRS Report R40698, April 16, 2013).* Congressional Research Service.

Fox Jr., J. F. (2018). Intelligence in the Socratic philosophers. *Intelligence and National Security,* 33(4): 491-501.

Gentry, J. A. (2020). An INS special forum: US intelligence officers' involvement in political activities in the Trump era. *Intelligence and National Security,* 35(1), 1-19.

Gill, P. (2010). Theories of intelligence. In L. K. Johnson (Ed.), *The Oxford Handbook of National Security Intelligence* (pp. 43-58). Oxford University Press Oxford.

Gill, P. (2016). The United Kingdom: Organization and Oversight after Snowden. In B. de Graaff, & J. M. Nyce (Eds.), *Handbook of European Intelligence Cultures* (pp. 419-430). Rowman & Littlefield Pub Inc.

Gill, P. (2018). The way ahead in explaining intelligence organization and process. *Intelligence and National Security,* 33(4): 574-586.

Gill, P. (2020). Of intelligence oversight and the challenge of surveillance corporatism. *Intelligence and National Security,* 35(7): 970-989.

Gill, P., & M. Phythian (2016). What Is Intelligence Studies? *The International Journal of Intelligence, Security, and Public Affairs,* 18(1): 5-19.

Gill, P., & M. Phythian (2018). Developing intelligence theory. *Intelligence and National Security,* 33(4): 467-471.

Gomez, G. (2018). Intelligence reform commissions and the producer–consumer relationship. *Intelligence and National Security,* 33(6): 894-903.

de Graaff, B. (2020). *Intelligence Communities and Cultures in Asia and the Middle East: A Comprehensive Reference.* Lynne Rienner Publishers, Incorporated.

de Graaff, B., J. M. Nyce, & C. Locke. (2016). *Handbook of European intelligence cultures.* Rowman & Littlefield.

Hastedt, G. (2017). The CIA and congressional oversight: learning and forgetting lessons. *Intelligence and National Security,* 32(6): 710-724.

Hedley, J. H. (2005). Twenty Years of Officers in Residence - CIA in the Classroom. *Studies in Intelligence,* 49(4): 31-39.

Hulnick, A. S. (2006). What's wrong with the Intelligence Cycle. *Intelligence and National Security,* 21(6): 959-979.

Jensen III, C. J., D. H. McElreath, & M. Graves (2017). *Introduction to intelligence studies (Second Edition)*. Routledge.

Johnson, L. K. (2017). *National Security Intelligence*. Polity.

Johnson, L. K. (2020). Reflections on the ethics and effectiveness of America's 'third option': covert action and U.S. foreign policy. *Intelligence and National Security*, 35(5): 669-685.

Johnson, L. K., & A. M. Shelton (2013). Thoughts on the State of Intelligence Studies: A Survey Report. *Intelligence and National Security*, 28(1): 109-120.

Kan, S. A. (2006). *China: Suspected Acquisition of U.S. Nuclear Weapon Secrets (CRS Report RL30143, February 1, 2006)*. Congressional Research Service.

Kean, T., & L. Hamilton (2004). *The 9/11 Commission Report: Final Report of the National Commission on Terrorist Attacks Upon the United States*. Government Printing Office.

Kent, S. (1966). *Strategic Intelligence for American World Policy*. Princeton University Press.

Kobayashi, Y. (2015). Assessing Reform of the Japanese Intelligence Community. *International Journal of Intelligence and CounterIntelligence*, 28(4): 717-733.

Kobayashi, Y. (2020). The Intelligence Community in Japan: Small Intelligence of Economic Superpower - Reform in Progress. In B. de Graaff (Ed.), *Intelligence Communities and Cultures in Asia and the Middle East: A Comprehensive Reference* (pp. 149-162). Lynne Rienne.

Krieger, W. (2009). Oversight of Intelligence: A Comparative Approach. In G. F. Treverton, & W. Agrell (Eds.), *National Intelligence Systems: Current Research and Future Prospects* (pp. 210-234). Cambridge University Press.

Landon-Murray, M. (2013). Moving U.S. Academic Intelligence Education Forward: A Literature Inventory and Agenda. *International Journal of Intelligence and CounterIntelligence*, 26(4): 744-776.

Landon-Murray, M., & S. Coulthart (2020). Intelligence studies programs as US public policy: a survey of IC CAE grant recipients. *Intelligence and National Security*, 35(2): 269-282.

Leigh, I. (2007). The UK's intelligence and security committee. In H. Born, & M. Caparini (Eds.), *Democratic control of intelligence services: Containing rogue elephants* (pp. 177-194). Routledge.

Leigh, I. (2009). The accountability of security and intelligence agencies. In L. K. Johnson (Ed.), *Handbook of intelligence studies* (pp. 67-81). Routledge.

Lowenthal, M. M. (2017). *The future of intelligence*. Polity Press.

Lowenthal, M. M. (2019). *Intelligence: From secrets to policy* (Eighth ed.). CQ press.

Manjikian, M. (2016). Two types of intelligence community accountability: turf wars and identity narratives. *Intelligence and National Security*, 31(5): 686-698.

Marrin, S. (2007). At Arm's Length or At the Elbow?: Explaining the Distance between Analysts and Decisionmakers. *International Journal of Intelligence and CounterIntelligence*, 20(3): 401-414.

Marrin, S. (2012). Intelligence Studies Centers: Making Scholarship on Intelligence Analysis Useful. *Intelligence and National Security*, 27(3): 398-422.

Marrin, S. (2016). Improving Intelligence Studies as an Academic Discipline. *Intelligence and National Security*, 31(2): 266-279.

Marrin, S. (2018). Evaluating intelligence theories: current state of play. *Intelligence and National Security*, 33(4): 479-490.

Miller, P. D. (2010). Lessons for Intelligence Support to Policy making during Crises. *Studies in Intelligence*, 54(2): 1-8.

Morell, M. (2015). *The Great War of Our Time: the CIA's Fight Against Terrorism - from al Qa'ida to ISIS*. Twelve.

Mudd, P. (2015). *The HEAD Game: High-Efficiency Analytic Decision Making and the Art of Solving Complex Problems Quickly*. WW Norton & Company.

Mulligan, S. P., & J. K. Elsea (2017). *Criminal Prohibitions on Leaks and Other*

Disclosures of Classified Defense Information (CRS Report R41404, March 7, 2017). Congressional Research Service.

Nolte, W. (2019). US intelligence and its future: aligning with a new and complex environment. *Intelligence and National Security,* 34(4): 615-618.

Phythian, M. (2009). Intelligence oversight in the UK - The case of Iraq. In L. K. Johnson (Ed.), *Handbook of Intelligence Studies* (pp. 301-314). Rutledge.

Phythian, M. (2010). "A Very British Institution": The Intelligence and Security Committee and Intelligence Accountability in the United Kingdom. In L. K. Johnson (Ed.), *The Oxford Handbook of National Security Intelligence* (pp. 699-718). Oxford University Press.

Phythian, M. (2018). Intelligence and the liberal conscience. *Intelligence and National Security,* 33(4): 502-516.

Pillar, P. R. (2010). The Perils of Politicization. In L. K. Johnson (Ed.), *The Oxford Handbook of National Security Intelligence* (pp. 472-484). Oxford University Press.

Pillar, P. R. (2011). *Intelligence and U.S. Foreign Policy; Iraq, 9/11, and Misguided Reform.* Columbia University Press.

Priess, D. (2016). *The President's Book of Secrets: The Untold Story of Intelligence Briefings to America's Presidents from Kennedy to Obama.* Public Affairs.

Priest, D., & W. M. Arkin (2011). *Top secret America: The rise of the new American security state.* Little, Brown.

Raphael, S., & R. Blakeley (2016). Rendition in the "war on terror". In R. Jackson (Ed.), *Routledge Handbook of Critical Terrorism Studies* (pp. 181-189). Routledge.

Richardson, S., & N. Gilmour (2016). *Intelligence and Security Oversight: An Annotated Bibliography and Comparative Analysis.* Palgrave Macmillan.

Robarge, D. (2010). Leadership in an Intelligence Organization: The Directors of Central Intelligence and the CIA. In L. K. Johnson (Ed.), *The Oxford Handbook of National Security Intelligence* (pp. 485-501). Oxford University Press.

Rogg, J. P. (2018). 'Quo Vadis?' A comparatist meets a theorist searching for a grand theory of intelligence. *Intelligence and National Security,* 33(4): 541-552.

Rovner, J. (2011). *Fixing the Facts; National Security and the Politics of Intelligence* (1st ed.). Cornell University Press.

Rudner, M. (2009). Intelligence Studies in Higher Education: Capacity-Building to Meet Societal Demand. *International Journal of Intelligence and CounterIntelligence,* 22(1): 110-130.

Samuels, R. J. (2019). *Special Duty: A History of the Japanese Intelligence Community.* Cornell University Press.

Scott, L., & P. Jackson (2004). The Study of Intelligence in Theory and Practice. *Intelligence and National Security,* 19(2): 139-169.

Spracher, W. C. (2017). National Intelligence University: a half century educating the next generation of U.S. Intelligence Community Leaders. *Intelligence and National Security,* 32(2): 231-243.

Stout, M., & M. Warner (2018). Intelligence is as intelligence does. *Intelligence and National Security,* 33(4): 517-526.

Swenson, R. G. (2003). Intelligence Education in the Americas. *International Journal of Intelligence and CounterIntelligence,* 16(1): 108-130.

Taylor, S., & D. Snow (2010). Cold War Spies; Why They Spied and How They Got Caught. In L. Johnson, & J. Wirtz (Eds.), *Intelligence: The Secret World of Spies: An Anthology (3rd Edition)* (pp. 307-318). Oxford University Press.

Thomas, J., & N. Dujmovic (2019). Educators Consider Alternative Approaches to US College Intelligence Programs. *Studies in Intelligence,* 63(4): 1-6.

Treverton, G. F. (2018). Theory and practice. *Intelligence and National Security,* 33(4): 472-478.

Treverton, G. F., S. W. Popper, S. C. Bankes, & G. P. Frost (2008). *Reorganizing US domestic intelligence: Assessing the options.* Rand Corporation.

Walsh, P. F. (2017). Teaching intelligence in the twenty-first century: towards an evidence-based approach for curriculum design. *Intelligence and National*

Security, 32(7): 1005-1021.

Warner, M. (2019). The Use and Abuse of Intelligence in the Public Square. *Studies in Intelligence,* 63(3): 15-24.

Weiner, T. (2008). *Legacy of Ashes: The History of the CIA*. Anchor.

Whittaker, A. G., S. A. Brown, F. C. Smith, & E. McKune (2011). *The National Security Policy Process: The National Security Council and Interagency System. (Research Report, August 15, 2011, Annual Update).* Washington, D.C.: Industrial College of the Armed Forces, National Defense University, U.S. Department of Defense. https://issat.dcaf.ch/Learn/Resource-Library2/Policy-and-Research-Papers/The-National-Security-Policy-Process-The-National-Security-Council-and-Interagency-System（２０２１年４月15日閲覧）

Wilder, D. C. (2011). An Educated Consumer Is Our Best Customer. *Studies in Intelligence,* 55(2): 23-31.

Willmetts, S. (2019). The cultural turn in intelligence studies. *Intelligence and National Security,* 34(6): 800-817.

Wirtz, J. J. (2010). The sources and Methods of Intelligence studies. In L. K. Johnson (Ed.), *The Oxford Handbook of National Security Intelligence* (pp. 59-69). Oxford University Press.

Wirtz, J. J. (2016). *Understanding Intelligence Failure: Warning, Response and Deterrence (Studies in Intelligence)*. Routledge.

【公的機関による欧文の報告書等】

（Ｗｅｂ上での最終閲覧日はいずれも２０２１年４月15日）

Coats, Daniel (Director of National Intelligence). (2019). Statement for the Record, Worldwide Threat Assessment of the US Intelligence Community, Senate Selected Committee on Intelligence (January 29, 2019). https://www.dni.gov/files/ODNI/documents/2019-ATA-SFR---SSCI.pdf

Commission on the Intelligence Capabilities of the United States Regarding Weapons of Mass Destruction. (2005). The Report of the Commission on the Intelligence Capabilities of the United States Regarding Weapons of Mass Destruction. https://govinfo.library.unt.edu/wmd/about.html

The National Commission on Terrorist Attacks upon the United States. (2004). *The 9/11 Commission Report*. https://govinfo.library.unt.edu/911/report/index.htm

U.S. Department of Defense, Defense Human Resources Activity. (2009). *Espionage and Other Compromises to National Security 1975-2008*. https://www.dhra.mil/Portals/52/Documents/perserec/espionage_cases_august2009.pdf

U.S. Department of Justice, Office of the Inspector General. (2006). *A Review of the FBI's Handling and Oversight of FBI Asset Katrina Leung, (Unclassified Executive Summary)*. https://oig.justice.gov/reports/review-fbis-handling-and-oversight-fbi-asset-katrina-leung-unclassified-executive-summary

U.S. Information Security Oversight Office. (2018). *2017 Report to the President*. https://www.archives.gov/files/isoo/reports/2017-annual-report.pdf

U.S. National Counterintelligence and Security Center (NCSC). (2018). *Foreign Economic Espionage in Cyberspace 2018*. https://www.dni.gov/files/NCSC/documents/news/20180724-economic-espionage-pub.pdf

U.S. National Counterintelligence and Security Center (NSCS). (2020). *The National Counterintelligence Strategy of the United States of America 2020-2022*. https://www.dni.gov/index.php/ncsc-features/2741

U.S. National Intelligence Council (NIC). (2007). *Iran: Nuclear Intentions and Capabilities*. https://www.dni.gov/files/documents/Newsroom/Reports%20and%20Pubs/20071203_release.pdf

U.S. National Intelligence Council (NIC). (2021). *Foreign Threats to the 2020 US Federal Elections*. https://www.dni.gov/files/ODNI/documents/assessments/ICA-declass-16MAR21.pdf

U.S. Office of the Director of National Intelligence (ODNI). (2013). *U.S. National Intelligence - An Overview 2013*. https://www.dni.gov/files/documents/USNI%202013%20Overview_web.pdf

U.S. Office of the Director of National Intelligence (ODNI). (2017). *Assessing Russian Activities and Intentions in Recent US Elections*. https://www.dni.gov/files/documents/ICA_2017_01.pdf

U.S. Office of the Director of National Intelligence (ODNI). (2019). *National Intelligence Strategy of the United States of America 2019*. https://www.dni.gov/index.php/newsroom/reports-publications/reports-publications-2019/item/1943-2019-national-intelligence-strategy

U.S. Office of the Director of National Intelligence (ODNI). (2021). *2021 Annual Threat Assessment of the U.S. Intelligence Community*. https://www.dni.gov/files/ODNI/documents/assessments/ATA-2021-Unclassified-Report.pdf

U.S. White House. (2021). *Interim National Strategic Guidance*. https://www.whitehouse.gov/wp-content/uploads/2021/03/NSC-1v2.pdf

【邦文書籍・論文】

今井和昌（2013）「「国家安全保障会議」設置法案：安全保障会議設置法等一部改正案をめぐる国会論議を中心に（特集 第185回国会の焦点）」『立法と調査』 347：3–14頁

今岡直子（2013）「諸外国における国家秘密の指定と解除：特定秘密保護法案をめぐって」『調査と情報』 806：1–13頁

太田文雄（2007）「情報と防災（第2回）」『消防科学と情報』 90：50–54頁

大野直樹（2012）『冷戦下CIAのインテリジェンス』ミネルヴァ書房

大森義夫（2004）『「インテリジェンス」を一匙』選択エージェンシー

大森義夫（2005）『日本のインテリジェンス機関』文藝春秋

奥田泰広（2007）「イギリス　同輩関係に基づくコミュニティー」小谷賢（編著）『世界のインテリジェンス』PHP研究所：66–107頁

奥田泰広（2009）「インテリジェンス・オーバーサイトの国際比較：アメリカ、ヨーロッパ、カナダにおける立法府による監査（特集 インテリジェンス）」『戦略研究』 7：51–71頁

奥田泰広（2011）『国家戦略とインテリジェンス：いま日本がイギリスから学ぶべきこと』PHP研究所

外事事件研究会編著（2007）『戦後の外事事件—スパイ・拉致・不正輸出』東京法令出版

金子将史（2008）「官邸のインテリジェンス機能は強化されるか」PHP総合研究所

金子将史（2011）「相応の〝実力〟を持てるのか—日本」中西輝政・落合浩太郎（編著）『インテリジェンスなき国家は滅ぶ』亜紀書房：299–344頁

兼原信克（2021）『安全保障戦略』日経BP日本経済新聞出版本部

神谷万丈（2018）「安全保障の概念」防衛大学校安全保障学研究会・武田康裕・神谷万丈（編著）『安全保障学入門（新訂第5版）』亜紀書房：3–27頁

北岡元（2009）『インテリジェンス入門—利益を実現する知識の創造』慶應義塾大学出版会

久郷明秀（2019）「不確実なリスクに備える組織文化：福島第一原子力発電所事故の教訓を踏まえて」『日本原子力学会誌』 61(8)：587–591頁

黒井文太郎・ワールド・インテリジェンス編集部（編集）（2008）『インテリジェンスの極意！』宝島社

警察庁（2010）『警察白書　平成22年版』ぎょうせい

河野太郎・馬淵澄夫・山内康一（2013）「Intelligence Agency 超党派議員による提言 日本型「スパイ機関」のつくり方」『中央公論』 128(5)：94–101頁

小谷賢（2004）『イギリスの情報外交』PHP研究所

小谷賢（2012）『インテリジェンス：国家・組織は情報をいかに扱うべきか』筑摩書房

小谷賢（２０１５）『インテリジェンスの世界史：第二次世界大戦からスノーデン事件まで』岩波書店
小谷賢（２０１８）「日本のインテリジェンスの在り方：将来への展望（特集インテリジェンスの在り方：何が求められるか）」『インテリジェンス・レポート＝Intelligence report』１１５：４–16頁
国家公安委員会・警察庁（２０２０）『警察白書　令和２年版』日経印刷
小林良樹（２００５）「米国の情報機構（Intelligence Community）の改編をめぐる動向について」『警察学論集』58(3)：１４９–１８１頁
小林良樹（２００９）「米国インテリジェンス・コミュニティの改編―国家情報長官（ＤＮＩ）制度の創設とその効果」『国際政治』１５８：１８２–１９５頁
小林良樹（２０１２）「インテリジェンス・コミュニティに対する民主的統制の制度：政治的、歴史的、社会的文化の影響」『国際政治』１６７：57–71頁
小林良樹（２０１３ａ）「政治とインテリジェンスの関係：我が国の制度の在り方に関する考察」『国際安全保障』41(2)：81–98頁
小林良樹（２０１３ｂ）「日本のインテリジェンス文化：インテリジェンスの概念定義及び民主的統制制度に関する考察（特集 インテリジェンス文化）」『情報史研究』５：85–96頁
小林良樹（２０１４ａ）「インテリジェンスと警察」関根謙一他編（編著）『講座 警察法 第三巻』立花書房、５２９–５５５頁
小林良樹（２０１４ｂ）『インテリジェンスの基礎理論（第２版）』立花書房
小林良樹（２０２０）『テロリズムとは何か：〈恐怖〉を読み解くリテラシー』慶應義塾大学出版会
サミュエルズ、リチャード・Ｊ（小谷賢訳）（２０２０）『特務（スペシャル・デューティー）：日本のインテリジェンス・コミュニティの歴史』日本経済新聞出版
ジェフリーズ＝ジョーンズ、ロードリ（越智道雄訳）（２００９）『ＦＢＩの歴史』東洋書林
新村出・新村出記念財団（２０１８）『広辞苑　第七版』岩波書店
政策シンクタンクＰＨＰ総研「国家安全保障会議検証」プロジェクト（２０１５）「国家安全保障会議：評価と提言」https://thinktank.php.co.jp/wp-content/uploads/2016/04/seisaku_teigen20151126.pdf（２０２１年４月15日閲覧）
田村重信・丹羽文生（２００６）『政治と危機管理』内外出版
田村正博（２０１９）『全訂 警察行政法解説　第二版補訂版』東京法令出版
土屋大洋（２０１２）『サイバー・テロ日米vs.中国』文藝春秋
土屋大洋（２０２０）『サイバーグレートゲーム：政治・経済・技術とデータをめぐる地政学』千倉書房
中西輝政（２０１０）「インテリジェンス機関はなぜ必要か」仮野忠男（編著）『亡国のインテリジェンス』日本文芸社：30–61頁
中村直貴（２０２０）「経済安全保障：概念の再定義と一貫した政策体系の構築に向けて」『立法と調査』４２８：１１８–１３１頁
名越健郎（２０１９）『秘密資金の戦後政党史：米露公文書に刻まれた「依存」の系譜』新潮社
新田紀子（２００３）「インテリジェンス活動に対する監査（oversight）制度」日本国際問題研究所編『平成14年度 外務省委託研究「米国の情報体制と市民社会に関する調査」』50–75頁 http://www2.jiia.or.jp/pdf/america_centre/h14_info-system/04_nitta.pdf（２０２１年４月15日閲覧）
原田昌幸（２０１４）「法令解説 情報監視審査会の設置：国会法等の一部を改正する法律（平成26年法律第86号）平26・６・27公布（特定秘密保護法の施行の日から施行）」『時の法令』１９６４：36–41頁
春名幹男（２００３）『秘密のファイル ＣＩＡの対日工作』（上）（下）新潮社
防衛省（２０２０）『日本の防衛―防衛白書〈令和２年版〉』日経印刷
牧野邦（２０１８）『経済学者たちの日米開戦』新潮社
松橋和夫（２００３ａ）「アメリカ連邦議会上院の権限および議事運営・立法補佐機構」『レファレンス』53(4)：44–71頁
モレル、マイケル（月沢李歌子訳）（２０１６）『秘録 ＣＩＡの対テロ戦争―アルカイダからイスラム国まで』朝日新聞出版
柳瀬翔央（２０１３）「我が国の情報機能・秘密保全：特定秘密の保護に関する法律案をめぐって（特集 第１８５回国会の焦点）」『立法と調査』

３４７：15–33頁
山本武利（２０１６）『日本のインテリジェンス工作：陸軍中野学校 ７３１部隊 小野寺信』新曜社
山本武利（２０１７）『陸軍中野学校：「秘密工作員」養成機関の実像』筑摩書房
湯浅邦弘（２０１０）『孫子の兵法入門』角川学芸出版
吉崎知典（２００９）「米国—国家安全保障会議（ＮＳＣ）」松田康博（編著）『ＮＳＣ 国家安全保障会議：危機管理・安保政策統合メカニズムの比較研究』彩流社：21–61頁
ワイナー、ティム（藤田博司・山田侑平・佐藤信行訳）（２００８）『ＣＩＡ秘録：その誕生から今日まで』（上）（下）文藝春秋

【公的機関による邦文の報告書等】

（Ｗｅｂ上での最終閲覧日はいずれも２０２１年４月15日）

警察庁警備局（２０２０）「治安の回顧と展望（令和２年版）」https://www.npa.go.jp/bureau/security/publications/index.html#thian
参議院情報監視審査会（２０１６）『平成27年 年次報告書』https://www.sangiin.go.jp/japanese/jyouhoukanshi/pdf/jyouhoukanshi201603h.pdf
参議院情報監視審査会（２０１７）『平成28年 年次報告書』https://www.sangiin.go.jp/japanese/jyouhoukanshi/pdf/jyouhoukanshi201706h.pdf
参議院情報監視審査会（２０１８）『平成29年 年次報告書』https://www.sangiin.go.jp/japanese/jyouhoukanshi/pdf/jyouhoukanshi201812h.pdf
参議院情報監視審査会（２０１９）『年次報告書』https://www.sangiin.go.jp/japanese/jyouhoukanshi/pdf/jyouhoukanshi2019-12all.pdf
参議院情報監視審査会（２０２０）『年次報告書』https://www.sangiin.go.jp/japanese/jyouhoukanshi/pdf/jyouhoukanshi2020-11all.pdf
衆議院情報監視審査会（２０１６）『平成27年 年次報告書』https://www.shugiin.go.jp/internet/itdb_annai.nsf/html/statics/shiryo/2015annualreport.pdf/$File/2015annualreport.pdf
衆議院情報監視審査会（２０１７）『平成28年 年次報告書』https://www.shugiin.go.jp/internet/itdb_annai.nsf/html/statics/shiryo/2016annualreport.pdf/$File/2016annualreport.pdf
衆議院情報監視審査会（２０１８）『平成29年 年次報告書』https://www.shugiin.go.jp/internet/itdb_annai.nsf/html/statics/shiryo/2017annualreport.pdf/$File/2017annualreport.pdf
衆議院情報監視審査会（２０１９）『平成30年 年次報告書』https://www.shugiin.go.jp/internet/itdb_annai.nsf/html/statics/shiryo/2018annualreport.pdf/$File/2018annualreport.pdf
衆議院情報監視審査会（２０２０）『令和元年 年次報告書』https://www.shugiin.go.jp/internet/itdb_annai.nsf/html/statics/shiryo/2019annualreport.pdf/$File/2019annualreport.pdf
情報機能強化検討会議（２００８）「官邸における情報機能の強化の方針」https://www.kantei.go.jp/jp/singi/zyouhou/080214kettei.pdf
内閣官房（２０１０）「情報と情報保全（新たな時代の安全保障と防衛力に関する懇談会（第７回：平成22年５月12日）配布資料）」https://www.kantei.go.jp/jp/singi/shin-ampobouei2010/dai7/siryou1.pdf
内閣官房（２０１３ａ）「「国家安全保障会議」について（国家安全保障会議の創設に関する有識者会議（第６回会合：平成25年５月28日）配布資料）」https://www.kantei.go.jp/jp/singi/ka_yusiki/dai6/siryou1.pdf
内閣官房（２０１３ｂ）「我が国の情報機能について（国家安全保障会議の創設に関する有識者会議（第３回会合：平成25年３月29日）配布資料）」http://www.kantei.go.jp/jp/singi/ka_yusiki/dai3/siryou.pdf
内閣官房特定秘密保護法施行準備室（２０１４）「特定秘密の保護に関する法律説明資料（情報保全諮問会議（第１回：平成26年１月17日）における配布資料）」https://www.cas.go.jp/jp/seisaku/jyouhouhozen/dai1/siryou3.pdf
内閣官房内閣情報調査室（２０１４）「内閣情報調査室　採用案内２０１４」https://www.cas.go.jp/jp/saiyou/pdf/panf_2014.pdf
内閣官房内閣情報調査室（２０２０）「内閣情報調査室　採用案内２０２０」https://www.cas.go.jp/jp/saiyou/pdf/panf_2020.pdf

あとがき

本書では米国の研究者であるマーク・ローエンタール（Mark M. Lowenthal）の著書*Intelligence: From Secrets to Policy*を頻繁に引用・参照しています。同書は米国でも定番のインテリジェンス理論のテキストですが、現時点（2021年6月）での最新版は、2019年に出版された第8版です。筆者は2002年出版の第2版以降の各版を手元に置いていますが、その変遷を確認してみると、この約20年の間に大きく変化した点とほとんど変化していない点の双方があることが分かります。

大きく変化した点は本の分量です。2002年出版の第2版は全274頁でしたが、2019年出版の第8版は2倍以上の587頁になっています（索引等含む）。増加した紙面は、過去約20年間に出現した新たな諸課題、すなわち主に次の3点に費やされています。第1は、2004年以降の米国のインテリジェンス・コミュニティの改編とその実行、例えば、コミュニティの統合の在り方、伝統的な理念と新しい理念の調整等の問題です。第2は、2000年代以降の「テロとの闘い」におけるインテリジェンス機能の強化とその「副作用」とも言うべき状況、すなわち、安全と人権のバランス、民主的統制等の問題です。第3は、サイバーを始めとする技術革新への対応、例えば、インテリジェンスとサイバーセキュリティの統合等の問題です。一方、ローエンタールは、2017年に出版した別の著書*The Future of Intelligence*の中において、インテリジェンスの直面する今後の主な課題として、**民主主義との折り合い**、**新しい科学技術への対応**（サイバーやビッグデータ）、**組織ガバナンス**（コミュニティの統合や民主的統制）の3点を指摘しています。言うまでもなくローエンタールの指摘は主に米国のインテリジェンス機能を念頭に置いたものです。しかし、日本を含む西側先進諸国のインテリジェンス研究にも共通する今後の課題と言えるかもしれません。

第2版と第8版でほとんど変化していないのは、本の構成（章立て等）です。すなわち、インテリジェンス研究の基本的な理論体系はこの約20年間でほとんど変化していません。その背景には、前記のような近年の新しい問題や今後の諸課題も基本的には既存の理論体系に基づいて対応可能であるとの考え方がうかがわれます。我々は、日々新しく先端的な課題に直面する中で、往々にして古くて基礎的な考え方を忘れてしまいがちかもしれません。しかし、ローエンタールの著書の変遷をめぐるこうした状況は、**新しい状況に適切に対応するためにこそ伝統的な理論体系**（**古典**）**の理解が重要である**（いわば

「高層ビルを建てる時こそ基礎工事が大切」）との矜持を示唆しているように思われます。

本書の内容は、現在筆者が勤務している明治大学公共政策大学院（専門職大学院）ガバナンス研究科及び非常勤講師を務めている防衛大学校総合安全保障研究科（修士課程）において担当しているインテリジェンス関連の講義の内容がベースになっています。明治大学での講義は受講生のほぼ全員が留学生ですが、インテリジェンス機能の相対性、すなわち各国のインテリジェンス機能の背景にあるそれぞれの政治的、歴史的背景等を踏まえることの重要性を実感させてくれる機会です。防衛大学校での講義は受講生のほぼ全員が実務家であり、理論と実務の関係を踏まえることの重要性を常に意識させてくれる機会です。これらの講義に参加してくれた諸君との議論がなければ本書は執筆できなかったと思います。

筆者がかつて米国滞在中にご指導を頂いたロバート・サター先生（Robert Sutter）先生（ジョージワシントン大学教授）ジョージ・フィダス（George Fidas）先生（同大学非常勤講師）、故アーサー・ハルニック（Arthur S. Hulnick）先生（ボストン大学名誉教授）、ジョセフ・ウィップル（Joseph Wippl）先生（同大学教授）には、それぞれのご講義を通じて本書のヒントを多数頂戴しました。各先生はいずれも米国のインテリジェンス機関に勤務された後に学術研究の分野に転身されたご経歴を有し、「インテリジェンスにおける実務と学術理論の連接」に関する筆者のメンターでもあります。

前著『テロリズムとは何か』に引き続き、宮坂直史先生（防衛大学校人文社会学群国際関係学科教授）及び小谷賢先生（日本大学危機管理学部教授）には、本書の草稿に眼を通して頂き、有意義なご指摘を多数頂戴しました。時間や紙面の制約上全てにお応えすることはできませんでしたが、残された宿題には今後別の機会にしっかりと向き合いたいと思います。

この他、これまで筆者が勤務した職場における上司や同僚の方々の存在無しには本書の執筆は実現しなかったと思います。また、出版をお認め下さった慶應義塾大学出版会、筆者に辛抱強くお付き合い頂き様々なアドバイスを下さった同編集部の岡田智武氏にも多大なるご支援を賜りました。その他紙面の都合上この場では言及できない方々を含め、この本の出版は非常に多くの方々に支えられています。この場をお借りして改めて深く感謝を申し上げる次第です。

２０２１年６月

著　者

ラヂオプレス　173
リアリズム　25, 308
リーマンショック　315
陸軍中野学校　37
リクワイアメント（要求）　86, 125, 130
リクワイアメント・ギャップ　88
リスク・コミュニケーション　40, 66
立法府とのインテリジェンス共有　57, 238, 246
リテラシー　4
リニア思考　214
リビー　48
倫理上の問題　182
倫理性　313
レイヤリング　60, 161, 215
連邦上院インテリジェンス問題特別委員会　50, 66, 338-340
連邦情報庁（BND）　105
連邦捜査局（FBI）　141, 229
連邦保安庁（FSB）　75
ロシア　230, 231, 314, 318

人名

アイゼンハワー（Dwight D. Eisenhower）　277
アウラキ（Anwar al-Awlaki）　192, 258
アングルトン（James Angleton）　239, 250
ウルージー（James Woolsey）　329
大森義夫　37, 325
オサマ・ビン・ラディン（Usama bin Laden）　180, 185, 199
オバマ（Barack Obama）　24, 151, 187, 281, 325
カストロ（Fidel Castro）　157
北岡元　36
クラッパー（James Clapper）　154, 259, 325
クリントン（Bill Clinton）　94, 151, 329
クリントン（Hillary Clinton）　24
ゲーツ（Robert Gates）　24, 155
ケネディ（John F. Kennedy）　157, 254
コーツ（Daniel Coats）　65
後藤田正晴　96
ジェンセン（Carl Jensen）　228
茂田宏　327
スコウクロフト（Brent Scowcroft）　277
スノーデン（Edward Snowden）　162
ダレス（Allen Dulles）　157, 254
デイビス（Philip Davies）　35, 304
テネット（George Tenet）　329
ドイチェ（John Deutch）　340, 353
ドノバン（William J. Donovan）　144
トランプ（Donald Trump）　56, 65, 94, 163, 279, 317
トルーマン（Harry S. Truman）　30
中曽根康弘　96
ネグロポンテ（John Negroponte）　145
ノース（Oliver North）　263
バーンズ（William J. Burns）　325
バイデン（Joe Biden）　24, 50, 66, 317, 325, 337
パウエル（Colin Powell）　49, 161, 218
橋本龍太郎　325
パネッタ（Leon Panetta）　24, 155, 337
ファインスタイン（Dianne Feinstein）　296
フォード（Gerald Ford）　277
プーチン（Vladimir Putin）　163
フセイン（Saddam Hussein）　48
ブッシュ（George W. Bush）　48, 94, 102, 151, 161, 187, 277, 278, 329
ブレア（Dennis Blair）　140, 337
ブレナン（John Brennan）　281
ヘインズ（Avril Haines）　50, 66, 354
ポンペオ（Mike Pompeo）　259
マッド（Phillip Mudd）　205
マレン（Michael Mullen）　24
メルケル（Angela Merkel）　71
モレル（Michael Morell）　11, 101, 102, 215, 218, 254, 327, 344, 353
山本武利　37
ラムズフェルド（Donald Rumsfeld）　155
ルーズベルト（Franklin Roosevelt）　144
レイク（Anthony Lake）　281
レーガン（Ronald Regan）　158, 259, 334
ローエンタール（Mark Lowenthal）　10, 34, 97, 108, 154, 155, 171, 175, 205, 321, 344

な行

内閣衛星情報センター　114, 189, 298
内閣危機管理監　117
内閣サイバーセキュリティセンター（NISC）　241, 319
内閣情報会議　90, 113, 115, 116, 128, 130, 189
内閣情報官　90, 96, 111, 115, 119, 122, 130, 165, 332
内閣情報集約センター　114
内閣情報調査室　20, 108, 111, 122, 189, 230, 231, 236, 242, 298
内閣情報調査室長　96, 325, 330
内閣情報分析官　113, 128, 149
生情報　70
ニード・トゥ・シェア　46, 63, 161, 194, 196, 218, 219, 238, 246
ニード・トゥ・ノゥ　52, 56, 59, 62, 161, 179, 194, 196, 218, 219, 235, 237, 246, 270, 294, 301
二重スパイ　181, 182, 232, 238
年次脅威評価報告　95, 310
ノック（NOC）　177, 200, 201

は行

パイク委員会　158, 282
破壊活動　318
破壊活動防止法　109
白人至上主義　313
反響効果（Echo Chamber Effect）　173, 222
ハンセン事件　54, 73, 159, 179, 231, 235, 239, 248, 270
判断に関する確信の程度　210
判断能力　31
東シナ海における北朝鮮の不審船事案　184
非国家主体　26, 153, 180, 230, 311
ビジネス・インテリジェンス　26
ヒズボラ　230
ピッグス湾事件　41, 157, 217, 254, 258
非伝統的課題　311
非伝統的な安全保障概念　26
秘匿性の確保　44, 54, 59, 194, 219, 228, 245, 269, 302
秘密会　63, 283, 298, 301
秘密工作活動　35, 140, 157, 159, 164, 252, 283
秘密情報部（SIS ／ MI6）　121, 283, 286, 323
秘密保全に関する法制の整備について　129, 245
秘密保全法制の在り方に関する検討チーム　129, 243
ヒューミント（HUMINT）　152, 174, 326
評価報告書　163
ファイブ・アイズ　156, 184, 197, 198
フィードバック　97
フォークランド紛争　217, 306
副幹事会議（DEXCOM）　148
副長官級委員会（DC）　147, 151, 337
プリズムプログラム　58, 198
プロスペト理論　40
プロパガンダ　256
分析　92
分析部門と収集部門・工作部門の協力　46, 63
分析部門と収集部門・工作部門の分離　51, 56, 61, 237
米国国家カウンターインテリジェンス戦略　229, 230, 232, 241, 315, 345
米国大使館人質事件　158
米国大統領選挙に対するロシアの介入疑惑　162, 282
米国連邦下院インテリジェンス問題常設特別委員会（HPSCI）　280
米国連邦上院インテリジェンス問題特別委員会（SSCI）　280
ベトナム戦争　41, 157
ベンガジ米国政府公館襲撃事件　282
保安局法　33
保安部（SS ／ MI5）　76, 121, 283, 286, 324
保安部法　284
防衛省　20, 108, 110
防衛政策局（防衛省）　108
法執行機関　76, 141, 142
法務省　109
謀略活動　35, 252
ポリグラフ検査　235

ま行

マシント（MASHINT）　172
ミッションセンター　60, 196, 216, 219
　――制度　63
ミラー・イメージング　214
民主的統制　44, 57, 123, 127, 238, 246
「麦とモミ殻」　173, 223
無人偵察機　184, 189, 191, 192, 258, 265
モール・ハント（モグラ狩り）　227, 250

や・ら行

薬物取締局（DEA）　142, 315
四大臣会合　119

スパイ防止法　236
スペースシャトル・チャレンジャー号の爆発事故　217
政策決定（policy making）　19
政策判断（policy decision）　19, 21
政策判断者　19, 21, 27, 47
政策判断者の責任　29
政策部門　19
　――からのリクワイアメント（要求）優先　22, 44, 52, 61, 88, 99, 102, 114, 149, 159
　――とインテリジェンス部門の結節点　61, 89, 115, 163
　――とインテリジェンス部門の分離　21, 50, 66, 89, 115, 163, 259
政策立案（policy planning）　19, 20
政策立案部門　19, 21
正常性バイアス　215
正統性（legitimacy）　40, 58, 269
政府通信本部（GCHQ）　197, 285, 323
政府における情報保全に関する検討委員会　129, 243
責任回避本能　213
セキュリティクリアランス　55, 63, 234, 240, 243, 270, 283
説明責任　4, 7, 40, 66
潜入捜査　121, 340
戦略事務局（OSS）　144, 152, 155
総合幕僚会議議長　119
捜査機関　76
「掃除機問題」　223
総理大臣定例報告　90, 112, 116
素材情報　70
組織内インテリジェンス部門　105
ソ連の崩壊　41, 159, 215, 231
『孫子』　73, 174, 327

た行

第3の政策オプション　253, 260
第4次中東戦争　41
対衛星兵器　191
対外インテリジェンス　33, 74, 274, 335
対外インテリジェンス監視法（FISA）　187
対外情報庁（SVR）　75
対外ヒューミント担当機関　121
大韓航空機撃墜事件　184
対北朝鮮措置　233
大統領インテリジェンス問題諮問委員会（PIAB）　276
大統領定例報告（PDB）　89, 94, 101, 147, 148, 150, 154, 207, 208
大統領命令12333号　334
大統領命令12958号　234
大統領命令12968号　234
大量破壊兵器の拡散　313
タリバン　264, 314
短期的インテリジェンス　81, 89
団体規制法　109
地下鉄サリン事件　214, 314
地球温暖化　317
地球空間情報　188
チャーチ委員会　158, 259, 282
チャップマン基地自爆テロ事件　181, 199
中央情報局（CIA）　105, 140
中央情報長官（DCI）　94, 140, 145, 153, 166, 335
中国　74, 230, 231, 314, 318
中国人民解放軍　318
　――関係者によるサイバー・エスピオナージ事案　232
中長期的インテリジェンス　81
長官級（閣僚級）委員会（PC）　147, 150
長官級委員会　337
調査権限委員会事務局（IPCO）　285
朝鮮戦争　156
諜報　326
チリ・クーデター　257
適性評価　299
適性評価制度　235
テキント（TECHINT）　169, 309
デッド・ドロップ　248
デルタ航空機爆破テロ未遂事件　282
テロ支援国家　310
テロとの闘い　311
テロリズム　312
伝統的課題　308
伝統的な安全保障概念　26
電波部（防衛省情報本部）　110, 184, 329, 341, 342
東西冷戦の終了　159
特定秘密保護法　123, 129, 235, 236, 242, 290, 321, 322, 353
特務機関　37
トラフィック分析　185
トレンド分析　81

国家安全保障戦略　118
国家安全保障法　33, 74, 136, 144, 147, 150, 155, 156, 252, 334
国家インテリジェンス　33
国家インテリジェンス計画（NIP）　139, 147, 165, 280
国家インテリジェンス評価（NIE）　95, 113, 211
国家インテリジェンス評議会（NIC）　95, 113, 148
国家インテリジェンス分析官（NIO）　113, 148
国家インテリジェンス優先計画（NIPF）　90, 150
国家カウンターインテリジェンス・保安センター（NCSC）　148, 229, 315, 318
国家カウンターインテリジェンス戦略　318
国家拡散対策センター（NCPC）　148
国家主体　26
国家情報長官（DNI）　50, 60, 65, 89, 94, 119, 122, 137, 146, 149, 165, 305, 325
国家情報長官室（ODNI）　136, 140, 146
国家地球空間情報局（NGA）　143, 165, 189
国家偵察局（NRO）　143, 165
国家テロ対策センター（NCTC）　148
国家の動向に関わる問題（Nation State issue） 308
国家保安委員会（KGB）　71, 74
国境をまたぐ課題（Transnational Issue）　311
「子供のサッカー現象」　223
コミント（COMINT）　183
コリジアリティと合意形成　304

さ行

サード・パーティー・ルール　56, 59, 62, 237, 238, 246, 270, 294, 301
サイバーエスピオナージ　171
サイバー空間における外国の経済スパイ　318
サイバー軍　143, 171, 241, 318
サイバー攻撃　231
サイバーセキュリティ　241, 317
サイバーセキュリティ戦略　241, 319
財務省　109
財務省（DOT）　143, 165
サボタージュ　257
参議院情報監視審査会規程　291
ジェリー・リー事案　179, 232
ジオイント（GEOINT）　110, 144, 169, 188
シギント（SIGINT）　110, 143, 153, 162, 169, 183, 309
自己顕示欲　213
自己保身本能　213
実現可能性の評価　211
実務家　2, 4, 6
司法省　141
司法保安法　285
シャッター・コントロール　192
衆議院情報監視審査会規程　291
収集　91
首席監察官（IG）　278
首席監察官法　278
首席国家情報副長官（PDDNI）　148, 165
準軍事的活動　35, 258
情勢評価　20
省庁間政策委員会（IPC）　147, 151
情報監視審査会　123, 129, 245, 289, 290
情報関心　88, 91
情報機能強化検討会議　51, 62, 115-117, 127, 133
情報源の秘匿　52
情報コミュニティ　104, 330
情報収集衛星　144, 189, 199
情報収集衛星運営委員会　113, 189
情報収集衛星推進委員会　113, 189
情報セキュリティ　227
情報セキュリティ監視局　240
情報調査局（INR）　110, 143, 165
情報調整室（COI）　144, 152, 155
情報評価書　113, 118, 128, 149
情報保全諮問会議　129, 245
情報本部（防衛省）　108, 110, 184, 189, 341, 342
情報要求　88
商用衛星画像　191, 194
商用衛星画像ビジネス　172
シリア　310
「信号と雑音」　223
真珠湾攻撃　29, 41, 155, 214
身上調査（バックグラウンド・チェック） 235, 240
人的情報源　169, 174, 175, 179, 248, 249
スタックスネット事案　257, 318
ストーブ・パイプ（Stove Pipe）　195, 218
スノーデンによる暴露事案　58, 64, 71, 161, 163, 187, 196-198, 241, 262, 269, 274, 285
スパイ　169, 174
スパイ罪　232, 236, 240, 247, 248
スパイ事件　232
スパイ法　236, 316

か行

海外インテリジェンス　327
海上保安庁　109
街頭監視カメラ　177
外務省　20, 108, 110
カウンターインテリジェンス　55, 62, 125, 270
カウンターインテリジェンス・センター　113, 114, 129, 230, 242
カウンターインテリジェンス機能の強化に関する基本方針　129, 242
カウンターインテリジェンス推進会議　129, 242
カウンターエスピオナージ　227, 239
顔認証　177
拡大 IC　108
加工　92
カスタマー　19, 22, 53
画像・地理部（防衛省情報本部）　110, 189, 329
仮装身分捜査　121, 340
価値観　31
カトリーナ・リョン事案　228, 232, 238, 240
カナダ保安情報部　78
カナダ保安情報部（CSIS）　76
幹事会議（EXCOM）　148
感染症　316
官邸における情報機能の強化の方針　51, 62, 100, 109, 115, 127, 130, 132, 133
議会インテリジェンス保安委員会（ISC）　285, 305
気候変動　317
北朝鮮　230, 233, 310
欺瞞工作（Deception）　173, 181, 185, 190, 199
機密指定制度　55, 234, 243, 270
客観性の維持　32, 44, 47, 205, 269, 271, 302
客観性の確保　66
ギャング・オブ・エイト　63, 264, 283, 299
ギャング・オブ・フォー　63, 264, 283
九大臣会合　119
キューバ　230, 310
キューバ・ミサイル危機　157, 191
狭義の政策決定　19, 21
狭義の政策決定者　21, 27, 29, 47
行政改革会議　51, 110
競争的分析　217, 219
緊急事態大臣会合　119
金融庁　109
グアテマラ・クーデター　156, 257, 258
クーデター　258
クライアンティズム　215
グループ・シンク　217, 219, 306
軍事インテリジェンス計画（MIP）　139, 147, 165, 281
経済安全保障　26, 316, 353
経済産業省　109
経済スパイ法　316
警察庁　20, 108, 109
警備局（警察庁）　108, 109
結節点　61, 89, 115, 118, 130, 131, 147, 163, 226
結論の確度　209
研究員派遣プログラム　13
健康・環境　316
憲法擁護庁（BfV）　76, 121
公安調査庁　20, 77, 108, 109, 353
公開情報センター（OSE）　173
広義の政策決定　19
豪州保安情報部（ASIO）　76
合同インテリジェンス委員会（JIC）　286, 305
合同情報会議　113, 117, 128
顧客　19, 22, 53
国際経済　315
国際情報統括官組織（外務省）　108, 110
国際組織犯罪　314
国土安全保障省　13, 60
国土安全保障省（DHS）　142
国内安全保障局（DGSI）　76
国内インテリジェンス　74, 327, 335
国内インテリジェンス専従機関　121
国内テロ　313
国防省（DOD）　143
国防情報局　110
国防情報局（DIA）　143, 165
国務省（DOS）　143
ココム規制　316
国家安全保障　25
国家安全保障会議（日・NSC）　62, 90, 96, 106, 112, 115, 116, 118, 119, 130, 290
国家安全保障会議（NSC）　62, 89, 90, 95, 119, 149
国家安全保障局（NSA）　21, 71, 143, 161, 165, 184, 241, 250, 318
　――による米国内の関係者に対する無令状の通信傍受　57, 160, 187, 268
国家安全保障局（NSB）　142
国家安全保障局（日・NSS）　90, 106, 115, 118, 119, 130
国家安全保障局長　117, 119

索　引

数字・欧文

100%の真実解明　28
2002年カウンターインテリジェンス強化法　345
911事件　30, 41, 57, 59, 145, 160, 219, 282, 306, 321
911テロ事件調査委員会　335
CIAによるテロ容疑者等に対する拷問の疑いのある取調べ　58, 160, 183, 199, 268, 282
CIAによるテロ容疑者等の第三国への不適切な移送　58, 160, 183, 255, 262, 268, 273, 338, 340
CIAによる無人偵察機を利用したテロリスト等に対する攻撃　58, 160, 262, 268
IC首席監察官（IG IC）　279
ISIS　56, 73, 230, 313
MAGIC　156, 184
UKUSA協定（ユー・キューサ協定）　198
ULTRA　156, 184

あ行

愛国者法　160
アカウンタビリティー　66, 262
アジア通貨危機　315
アフガニスタン　264
アフガニスタン侵攻　41
アラブの春　215
アルカイダ　48, 180-182, 185, 192, 199, 230, 258, 259, 264, 313, 325
違法薬物取引　314
移民・税関執行局（ICE）　142
イミント（IMINT）　153, 169, 180, 188, 309, 312
イラク戦争　49, 160, 277
イラクにおける大量破壊兵器問題　30, 41, 59, 145, 160, 216, 219, 278, 282, 285, 314
イラクにおける大量破壊兵器問題調査委員会　336
イラン　230, 310, 314, 318
イラン・クーデター　156, 257, 258
イラン・コントラ事件　53, 57, 158, 254, 263, 268
イラン革命　41, 158
インテリジェンス
　——・コミュニティ　20, 104
　——・サイクル　22, 53, 85, 119, 127, 128, 130, 131
　——・プロセス　53, 84, 114
　——・プロダクト　18, 53, 81, 84, 114, 204
　——業務の継続性　85
　——研究　2
　——の客観性の維持　21
　——の失敗　29, 41, 60, 155
　——の政治化　48, 158, 161, 218, 269, 271, 274, 302, 325
　——文化　32, 36
　——理論　2
　カレント・——　81
　リサーチ・——　81
インテリジェンス監督委員会（IOB）　277
インテリジェンス機関法　33, 284
インテリジェンス・コミュニティ改編法（IRTPA法）　137, 140, 145, 146, 327
インテリジェンス研究センター（Center for the Study of Intelligence）　13
インテリジェンスと通信技術に関する検討グループ　162, 187, 278
インテリジェンス部門　20
　——と政策部門の分離　61
　——の責務　28
インテリジェンス保安委員会（ISC）　284
イント（INT）　170
インドの核実験　41, 314
インフォメーション　68
ウィキリークス　64, 196, 274
ウェン・ホー・リー事案　231, 240
ウクライナ疑惑　279
運輸保安局（TSA）　142
エイムズ事件　54, 73, 159, 179, 231, 235, 239, 247, 270
エシュロン（Echelon）　198
エネルギー省（DOE）　143, 165
エリント（ELINT）　183
沿岸警備隊　142, 165
王立カナダ騎馬警察（RCMP）　78
オール・ソース・アナリシス　95, 107, 113, 118, 125, 128, 148, 196, 217-219
オサマ・ビン・ラディン（UBL）掃討作戦　22, 192, 325
オシント（OSINT）　168, 172, 175
おとり捜査　121

小林 良樹（こばやし よしき）

明治大学公共政策大学院（専門職大学院）ガバナンス研究科 特任教授。

早稲田大学博士（学術）、ジョージワシントン大学修士（MIPP）。香港大学修士（MIPA）。トロント大学修士（MBA）。

1964年東京都生まれ。1987年、東京大学法学部卒業後に警察庁入庁。警察庁警備局外事第一課課長補佐、在香港日本国総領事館領事、在米国日本国大使館参事官、警察庁国際組織犯罪対策官、慶應義塾大学総合政策学部教授、高知県警本部長等を歴任。2016年3月からは内閣情報調査室の内閣情報分析官（国際テロ担当）として、テロ情勢分析に従事。2019年3月、内閣官房審議官（内閣情報調査室・内閣情報分析官）を最後に退官。同年4月より現職。

専門はインテリジェンス、テロリズム、社会安全政策等。

主要著書に『テロリズムとは何か―〈恐怖〉を読み解くリテラシー』（慶應義塾大学出版会、2020）、『犯罪学入門―ガバナンス・社会安全政策のアプローチ』（慶應義塾大学出版会、2019）、“Assessing Reform of the Japanese Intelligence Community,” *International Journal of Intelligence and Counterintelligence*, 28(4), August 2015, pp. 717-733、『インテリジェンスの基礎理論（第2版）』（立花書房、2014）等多数。

なぜ、インテリジェンスは必要なのか

2021年6月25日　初版第1刷発行
2022年5月19日　初版第2刷発行

著　者――――小林良樹
発行者――――依田俊之
発行所――――慶應義塾大学出版会株式会社
〒108-8346　東京都港区三田2-19-30
ＴＥＬ〔編集部〕03-3451-0931
〔営業部〕03-3451-3584〈ご注文〉
〔　〃　〕03-3451-6926
ＦＡＸ〔営業部〕03-3451-3122
振替00190-8-155497
https://www.keio-up.co.jp/
装　丁――――鈴木　衛
組　版――――株式会社STELLA
印刷・製本――中央精版印刷株式会社
カバー印刷――株式会社太平印刷社

Printed in Japan ISBN978-4-7664-2752-3